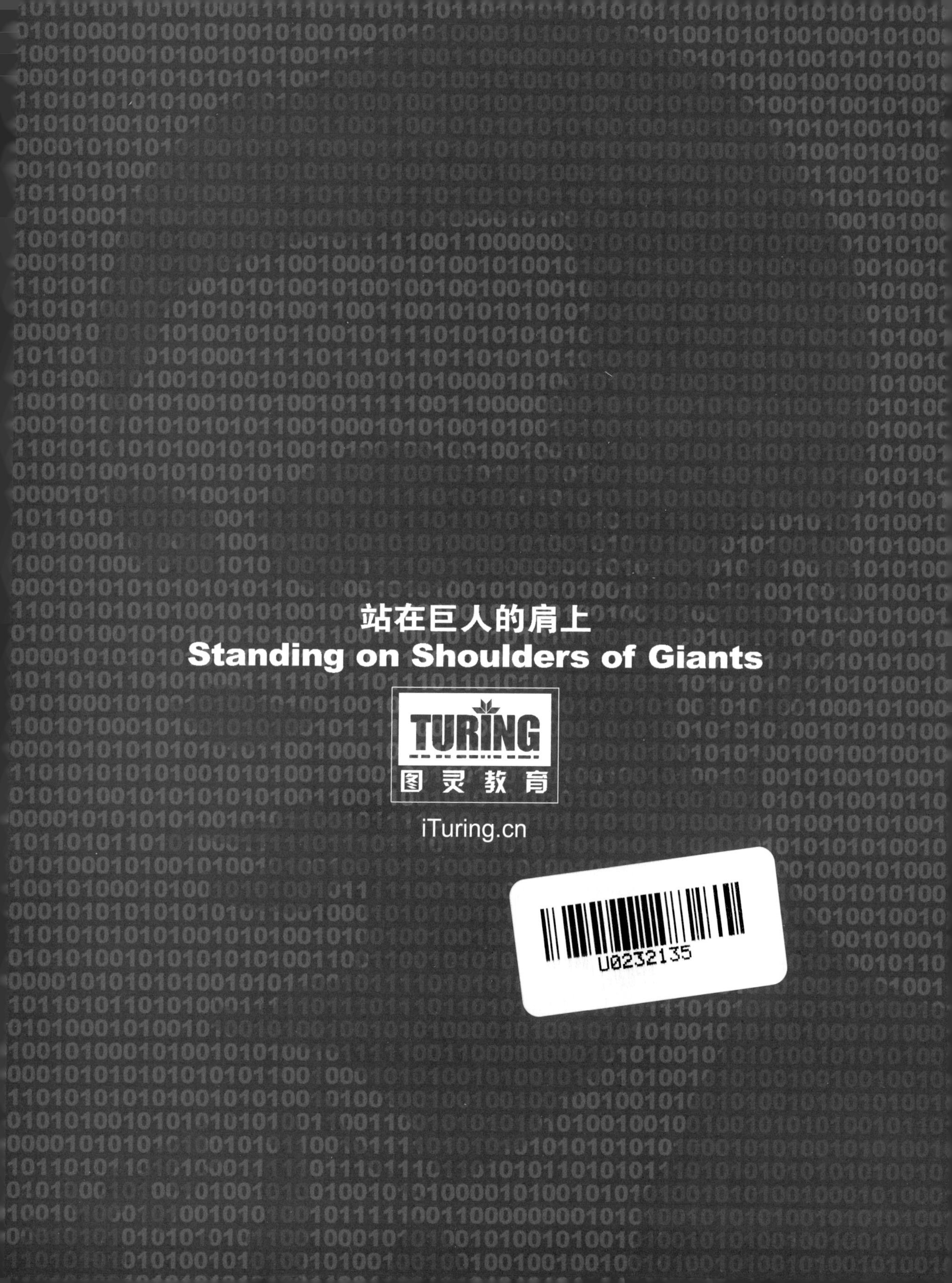
站在巨人的肩上
Standing on Shoulders of Giants
TURING
图灵教育
iTuring.cn
U0232135

站在巨人的肩上
Standing on Shoulders of Giants
TURING
图灵教育
iTuring.cn

[南非] Nick Pentreath 著　蔡立宇 黄章帅 周济民 译

Spark机器学习

Machine Learning with Spark

人民邮电出版社
北　京

图书在版编目（CIP）数据

Spark机器学习 / （南非）彭特里思（Pentreath, N.）著；蔡立宇，黄章帅，周济民译. -- 北京：人民邮电出版社，2015.9
（图灵程序设计丛书）
ISBN 978-7-115-39983-0

Ⅰ. ①S… Ⅱ. ①彭… ②蔡… ③黄… ④周… Ⅲ. ①数据处理软件—机器学习 Ⅳ. ①TP274②TP181

中国版本图书馆CIP数据核字(2015)第176607号

内 容 提 要

本书每章都设计了案例研究，以机器学习算法为主线，结合实例探讨了 Spark 的实际应用。书中没有让人抓狂的数据公式，而是从准备和正确认识数据开始讲起，全面涵盖了推荐系统、回归、聚类、降维等经典的机器学习算法及其实际应用。

本书适合互联网公司从事数据分析的人员，以及高校数据挖掘相关专业的师生阅读参考。

◆ 著　[南非] Nick Pentreath
译　蔡立宇　黄章帅　周济民
责任编辑　李松峰
责任印制　杨林杰
◆ 人民邮电出版社出版发行　北京市丰台区成寿寺路11号
邮编　100164　电子邮件　315@ptpress.com.cn
网址　http://www.ptpress.com.cn
北京鑫正大印刷有限公司印刷
◆ 开本：800×1000　1/16
印张：15
字数：355千字　2015年 9 月第 1 版
印数：1－4 000册　2015年 9 月北京第 1 次印刷
著作权合同登记号　图字：01-2015-2827号

定价：59.00元

读者服务热线：**(010)51095186转600**　印装质量热线：**(010)81055316**

反盗版热线：**(010)81055315**

广告经营许可证：京崇工商广字第 **0021** 号

版 权 声 明

前　言

近年来，被收集、存储和分析的数据量呈爆炸式增长，特别是与网络、移动设备相关的数据，以及传感器产生的数据。大规模数据的存储、处理、分析和建模，以前只有Google、Yahoo!、Facebook和Twitter这样的大公司才涉及，而现在越来越多的机构都会面对处理海量数据的挑战。

面对如此量级的数据以及常见的实时利用该数据的需求，人工驱动的系统难以应对。这就催生了所谓的大数据和机器学习系统，它们从数据中学习并可自动决策。

为了能以低成本实现对大规模数据的支持，Google、Yahoo!、Amazon和Facebook涌现了大量开源技术。这些技术旨在通过在计算机集群上进行分布式数据存储和计算来简化大数据处理。

这些技术中最广为人知的是Apache Hadoop，它极大简化了海量数据的存储（通过Hadoop Distributed File System，即HDFS）和计算（通过Hadoop MapReduce，一种在集群里多个节点上进行并行计算的框架）流程，并降低了相应的成本。

然而，MapReduce有其严重的缺点，如启动任务时的高开销、对中间数据和计算结果写入磁盘的依赖。这些都使得Hadoop不适合迭代式或低延迟的任务。Apache Spark是一个新的分布式计算框架，从设计开始便注重对低延迟任务的优化，并将中间数据和结果保存在内存中。Spark提供简洁明了的函数式API，并完全兼容Hadoop生态系统。

不止如此，Spark还提供针对Scala、Java和Python语言的原生API。通过Scala和Python的API，Spark应用程序可充分利用Scala或Python语言的优势。这些优势包括使用相关的解释程序进行实时交互式的程序编写。Spark目前还自带一个分布式机器学习和数据挖掘工具包MLlib。经过重点开发，这个包中已经包括一些针对常见计算任务的高质量、可扩展的算法。本书会涉及其中的部分算法。

在大型数据集上进行机器学习颇具挑战性。这主要是因为常见的机器学习算法并非为并行架构而设计。大部分情况下，设计这样的算法并不容易。机器学习模型一般具有迭代式的特性，而这与Spark的设计目标一致。并行计算的框架有很多，但很少能在兼顾速度、可扩展性、内存处理和容错性的同时，还提供灵活、表达力丰富的API。Spark是其中为数不多的一个。

本书将关注机器学习技术的实际应用。我们会简要介绍机器学习算法的一些理论知识，但总的来说本书注重技术实践。具体来说，我们会通过示例程序和样例代码，举例说明如何借助Spark、MLlib以及其他常见的免费机器学习和数据分析套件来创建一个有用的机器学习系统。

本书内容

第1章“Spark的环境搭建与运行”，会讲到如何安装和搭建Spark框架的本地开发环境，以及怎样使用Amazon EC2在云端创建Spark集群。之后介绍Spark编程模型和API。最后分别用Scala、Java和Python语言创建一个简单的Spark应用。

第2章“设计机器学习系统”，会展示一个贴合实际的机器学习系统案例。随后会针对该案例设计一个基于Spark的智能系统所对应的高层架构。

第3章“Spark上数据的获取、处理与准备”，会详细介绍如何从各种免费的公开渠道获取用于机器学习系统的数据。我们将学到如何进行数据处理和清理，并通过可用的工具、库和Spark函数将它们转换为符合要求的数据，使之具备可用于机器学习模型的特征。

第4章“构建基于Spark的推荐引擎”，展示了如何创建一个基于协同过滤的推荐模型。该模型将用于向给定用户推荐物品，以及创建与给定物品相似的物品。这一章还会讲到如何使用标准指标来评估推荐模型的效果。

第5章“Spark构建分类模型”，阐述如何创建二元分类模型，以及如何利用标准的性能评估指标来评估分类效果。

第6章“Spark构建回归模型”，扩展了第5章中的分类模型以创建一个回归模型，并详细介绍回归模型的评估指标。

第7章“Spark构建聚类模型”，探索如何创建聚类模型以及相关评估方法的使用。你会学到如何分析和可视化聚类结果。

第8章“Spark应用于数据降维”，将通过多种方法从数据中提取其内在结构并降低其维度。你会学到一些常见的降维方法，以及如何对它们进行应用和分析。这里还会讲到如何将降维的结果作为其他机器学习模型的输入。

第9章“Spark高级文本处理技术”，介绍处理大规模文本数据的方法。这包括从文本提取特征以及处理文本数据常见的高维特征的方法。

第10章“Spark Streaming在实时机器学习上的应用”，对Spark Streaming进行综述，并介绍在流数据上的机器学习中它如何实现对在线和增量学习方法的支持。

预备知识

本书假设读者已有基本的Scala、Java或Python编程经验，以及机器学习、统计学和数据分析方面的基础知识。

本书目标

本书的预期读者是初中级数据科学研究者、数据分析师、软件工程师和对大规模环境下的机器学习或数据挖掘感兴趣的人。读者不需要熟悉Spark，但若具有统计、机器学习相关软件（比如MATLAB、scikit-learn、Mahout、R和Weka等）或分布式系统（如Hadoop）的实践经验，会很有帮助。

排版约定

在本书中，你会发现一些不同的文本样式，用以区别不同种类的信息。下面举例说明。

代码段的格式如下：

```
val conf = new SparkConf()
.setAppName("Test Spark App")
.setMaster("local[4]")
val sc = new SparkContext(conf)
```

所有的命令行输入或输出的格式如下：

```
>tar xfvz spark-1.2.0-bin-hadoop2.4.tgz

>cd spark-1.2.0-bin-hadoop2.4
```

新术语和重点词汇以楷体标示。屏幕、目录或对话框上的内容这样表示："这些信息可以从AWS主页上依次点击'**Account**' | '**Security Credentials**' | '**Access Credentials**'看到。"

这个图标表示警告或需要特别注意的内容。

这个图标表示提示或者技巧。

读者反馈

欢迎提出反馈。如果你对本书有任何想法，喜欢它什么，不喜欢它什么，请让我们知道。要写出真正对大家有帮助的书，了解读者的反馈很重要。

一般的反馈，请发送电子邮件至feedback@packtpub.com，并在邮件主题中包含书名。

如果你有某个主题的专业知识，并且有兴趣写成或帮助促成一本书，请参考我们的作者指南http://www.packtpub.com/authors。

客户支持

现在，你是一位自豪的Packt图书的拥有者，我们会尽全力帮你充分利用你手中的书。

下载示例代码

你可以用你的账户从http://www.packtpub.com下载所有已购买Packt图书的示例代码文件。如果你从其他地方购买本书，可以访问http://www.packtpub.com/support并注册，我们将通过电子邮件把文件发送给你。

勘误表

虽然我们已尽力确保本书内容正确，但出错仍旧在所难免。如果你在我们的书中发现错误，不管是文本还是代码，希望能告知我们，我们不胜感激。这样做可以减少其他读者的困扰，帮助我们改进本书的后续版本。如果你发现任何错误，请访问http://www.packtpub.com/submit-errata提交，选择你的书，点击勘误表提交表单的链接，并输入详细说明。勘误一经核实，你的提交将被接受，此勘误将上传到本公司网站或添加到现有勘误表。从http://www.packtpub.com/support选择书名就可以查看现有的勘误表。

侵权行为

互联网上的盗版是所有媒体都要面对的问题。Packt非常重视保护版权和许可证。如果你发现我们的作品在互联网上被非法复制，不管以什么形式，都请立即为我们提供位置地址或网站名称，以便我们可以寻求补救。

请把可疑盗版材料的链接发到copyright@packtpub.com。

非常感谢你帮助我们保护作者，以及保护我们给你带来有价值内容的能力。

问题

如果你对本书内容存有疑问，不管是哪个方面，都可以通过questions@packtpub.com联系我们，我们将尽最大努力来解决。

致　谢

过去一年里，本书的写作过程如同过山车一般跌宕起伏，伴随着熬夜和周末加班。对机器学习和Apache Spark的热爱让我受益良多，也希望本书能让读者有所收获。

非常感谢Packt出版团队在本书写作和编辑过程中提供的帮助，感谢Rebecca、Susmita、Sudhir、Amey、Neil、Vivek、Pankaj和所有为本书出过力的人。

同样感谢StumbleUpon公司的Debora Donato，她提供过数据和法律方面的协助。

写书的过程可能会让人感到孤立无援，因此审校人的反馈对保证本书的可读性，以及知晓还需要作出哪些调整十分有帮助。我深深地感谢Andrea Mostosi、Hao Ren和Krishna Sankar花费时间审阅本书，并提供细致且极为重要的反馈。

家人和朋友的不懈支持是本书得以写成的必要因素。特别是我的好妻子Tammy，感谢她在若干个夜晚和周末的陪伴与支持。谢谢你们所有人！

最后，谢谢你阅读这本书，希望它对你能有所帮助。

目　录

第1章 Spark的环境搭建与运行

Apache Spark是一个分布式计算框架，旨在简化运行于计算机集群上的并行程序的编写。该框架对资源调度，任务的提交、执行和跟踪，节点间的通信以及数据并行处理的内在底层操作都进行了抽象。它提供了一个更高级别的API用于处理分布式数据。从这方面说，它与Apache Hadoop等分布式处理框架类似。但在底层架构上，Spark与它们有所不同。

Spark起源于加利福利亚大学伯克利分校的一个研究项目。学校当时关注分布式机器学习算法的应用情况。因此，Spark从一开始便为应对迭代式应用的高性能需求而设计。在这类应用中，相同的数据会被多次访问。该设计主要靠利用数据集内存缓存以及启动任务时的低延迟和低系统开销来实现高性能。再加上其容错性、灵活的分布式数据结构和强大的函数式编程接口，Spark在各类基于机器学习和迭代分析的大规模数据处理任务上有广泛的应用，这也表明了其实用性。

关于Spark项目的更多背景信息，包括其开发的核心研究论文，可从项目的历史介绍页面中查到：http://spark.apache.org/community.html#history。

Spark支持四种运行模式。

- 本地单机模式：所有Spark进程都运行在同一个Java虚拟机（Java Vitural Machine，JVM）中。
- 集群单机模式：使用Spark自己内置的任务调度框架。
- 基于Mesos：Mesos是一个流行的开源集群计算框架。
- 基于YARN：即Hadoop 2，它是一个与Hadoop关联的集群计算和资源调度框架。

本章主要包括以下内容。

- 下载Spark二进制版本并搭建一个本地单机模式下的开发环境。各章的代码示例都在该环境下运行。
- 通过Spark的交互式终端来了解它的编程模型及其API。
- 分别用Scala、Java和Python语言来编写第一个Spark程序。
- 在Amazon的Elastic Cloud Compute（EC2）平台上架设一个Spark集群。相比本地模式，该集群可以应对数据量更大、计算更复杂的任务。

通过自定义脚本，Spark同样可以运行在Amazon的Elastic MapReduce服务上，但这不在本书讨论范围内。相关信息可参考http://aws.amazon.com/articles/4926593393724923；本书写作时，这篇文章是基于Spark 1.1.0写的。

如果读者曾构建过Spark环境并有Spark程序编写基础，可以跳过本章。

1.1　Spark的本地安装与配置

Spark能通过内置的单机集群调度器来在本地运行。此时，所有的Spark进程运行在同一个Java虚拟机中。这实际上构造了一个独立、多线程版本的Spark环境。本地模式很适合程序的原型设计、开发、调试及测试。同样，它也适应于在单机上进行多核并行计算的实际场景。

Spark的本地模式与集群模式完全兼容，本地编写和测试过的程序仅需增加少许设置便能在集群上运行。

本地构建Spark环境的第一步是下载其最新的版本包（本书写作时为1.2.0版）。各个版本的版本包及源代码的GitHub地址可从Spark项目的下载页面找到：http://spark.apache.org/downloads.html。

Spark的在线文档http://spark.apache.org/docs/latest/涵盖了进一步学习Spark所需的各种资料。强烈推荐读者浏览查阅。

为了访问**HDFS**（Hadoop Distributed File System，Hadoop分布式文件系统）以及标准或定制的Hadoop输入源，Spark的编译需要与Hadoop的版本对应。上述下载页面提供了针对Hadoop 1、CDH4（Cloudera的Hadoop发行版）、MapR的Hadoop发行版和Hadoop 2（YARN）的预编译二进制包。除非你想构建针对特定版本Hadoop的Spark，否则建议你通过如下链接从Apache镜像下载Hadoop 2.4预编译版本：http://www.apache.org/dyn/closer.cgi/spark/spark-1.2.0/spark-1.2.0-bin-hadoop2.4.tgz。

Spark的运行依赖Scala编程语言（本书写作时为2.10.4版）。好在预编译的二进制包中已包含Scala运行环境，我们不需要另外安装Scala便可运行Spark。但是，JRE（Java运行时环境）或JDK（Java开发套件）是要安装的（相应的安装指南可参见本书代码包中的软硬件列表）。

下载完上述版本包后，解压，并在终端进入解压时新建的主目录：

```
>tar xfvz spark-1.2.0-bin-hadoop2.4.tgz
>cd spark-1.2.0-bin-hadoop2.4
```

用户运行Spark的脚本在该目录的bin目录下。我们可以运行Spark附带的一个示例程序来测试是否一切正常：

```
>./bin/run-example org.apache.spark.examples.SparkPi
```

该命令将在本地单机模式下执行SparkPi这个示例。在该模式下，所有的Spark进程均运行于同一个JVM中，而并行处理则通过多线程来实现。默认情况下，该示例会启用与本地系统的CPU核心数目相同的线程。示例运行完，应可在输出的结尾看到类似如下的提示：

```
...
14/11/27 20:58:47 INFO SparkContext: Job finished: reduce at SparkPi.scala:35,
took 0.723269s
Pi is roughly 3.1465
...
```

要在本地模式下设置并行的级别，以`local[N]`的格式来指定一个`master`变量即可。上述参数中的`N`表示要使用的线程数目。比如只使用两个线程时，可输入如下命令：

```
>MASTER=local[2] ./bin/run-example org.apache.spark.examples.SparkPi
```

1.2 Spark 集群

Spark集群由两类程序构成：一个驱动程序和多个执行程序。本地模式时所有的处理都运行在同一个JVM内，而在集群模式时它们通常运行在不同的节点上。

举例来说，一个采用单机模式的Spark集群（即使用Spark内置的集群管理模块）通常包括：

- 一个运行Spark单机主进程和驱动程序的主节点；
- 各自运行一个执行程序进程的多个工作节点。

在本书中，我们将使用Spark的本地单机模式做概念讲解和举例说明，但所用的代码也可运行在Spark集群上。比如在一个Spark单机集群上运行上述示例，只需传入主节点的URL即可：

```
>MASTER=spark://IP:PORT ./bin/run-example org.apache.spark.examples.SparkPi
```

其中的`IP`和`PORT`分别是主节点IP地址和端口号。这是告诉Spark让示例程序运行在主节点所对应的集群上。

Spark集群管理和部署的完整方案不在本书的讨论范围内。但是，本章后面会对Amazon EC2集群的设置和使用做简要说明。

Spark集群部署的概要介绍可参见如下链接：

- http://spark.apache.org/docs/latest/cluster-overview.html
- http://spark.apache.org/docs/latest/submitting-applications.html

1.3　Spark编程模型

在对Spark的设计进行更全面的介绍前，我们先介绍`SparkContext`对象以及Spark shell。后面将通过它们来了解Spark编程模型的基础知识。

虽然这里会对Spark的使用进行简要介绍并提供示例，但要想了解更多，可参考下面这些资料。

- Spark快速入门：http://spark.apache.org/docs/latest/quick-start.html。
- 针对Scala、Java和Python的《Spark编程指南》：http://spark.apache.org/docs/latest/programming-guide.html。

1.3.1　`SparkContext`类与`SparkConf`类

任何Spark程序的编写都是从`SparkContext`（或用Java编写时的`JavaSparkContext`）开始的。`SparkContext`的初始化需要一个`SparkConf`对象，后者包含了Spark集群配置的各种参数（比如主节点的URL）。

初始化后，我们便可用`SparkContext`对象所包含的各种方法来创建和操作分布式数据集和共享变量。Spark shell（在Scala和Python下可以，但不支持Java）能自动完成上述初始化。若要用Scala代码来实现的话，可参照下面的代码：

```
val conf = new SparkConf()
.setAppName("Test Spark App")
.setMaster("local[4]")
val sc = new SparkContext(conf)
```

这段代码会创建一个4线程的`SparkContext`对象，并将其相应的任务命名为`Test Spark APP`。我们也可通过如下方式调用`SparkContext`的简单构造函数，以默认的参数值来创建相应的对象。其效果和上述的完全相同：

```
val sc = new SparkContext("local[4]", "Test Spark App")
```

下载示例代码

你可从http://www.packtpub.com下载你账号购买过的Packt书籍所对应的示例代码。若书是从别处购买的，则可在https://www.packtpub.com/books/content/support注册，相应的代码会直接发送到你的电子邮箱。

1.3.2 Spark shell

Spark支持用Scala或Python REPL（Read-Eval-Print-Loop，即交互式shell）来进行交互式的程序编写。由于输入的代码会被立即计算，shell能在输入代码时给出实时反馈。在Scala shell里，命令执行结果的值与类型在代码执行完后也会显示出来。

要想通过Scala来使用Spark shell，只需从Spark的主目录执行`./bin/spark-shell`。它会启动Scala shell并初始化一个`SparkContext`对象。我们可以通过`sc`这个Scala值来调用这个对象。该命令的终端输出应该如下图所示：

```
spark-1.2.0-bin-hadoop2.4 — java — 119×61
Nicks-MacBook-Pro:spark-1.2.0-bin-hadoop2.4 Nick$ ./bin/spark-shell
Using Spark's default log4j profile: org/apache/spark/log4j-defaults.properties
14/11/27 22:02:26 INFO SecurityManager: Changing view acls to: Nick
14/11/27 22:02:26 INFO SecurityManager: Changing modify acls to: Nick
14/11/27 22:02:26 INFO SecurityManager: SecurityManager: authentication disabled; ui acls disabled; users with view per
missions: Set(Nick); users with modify permissions: Set(Nick)
14/11/27 22:02:26 INFO HttpServer: Starting HTTP Server
14/11/27 22:02:26 INFO Utils: Successfully started service 'HTTP class server' on port 55288.
Welcome to
      ____              __
     / __/__  ___ _____/ /__
    _\ \/ _ \/ _ `/ __/  '_/
   /___/ .__/\_,_/_/ /_/\_\   version 1.2.0
      /_/

Using Scala version 2.10.4 (Java HotSpot(TM) 64-Bit Server VM, Java 1.7.0_60)
Type in expressions to have them evaluated.
Type :help for more information.
14/11/27 22:02:30 WARN Utils: Your hostname, Nicks-MacBook-Pro.local resolves to a loopback address: 127.0.0.1; using 1
0.0.0.7 instead (on interface en0)
14/11/27 22:02:30 WARN Utils: Set SPARK_LOCAL_IP if you need to bind to another address
14/11/27 22:02:30 INFO SecurityManager: Changing view acls to: Nick
14/11/27 22:02:30 INFO SecurityManager: Changing modify acls to: Nick
14/11/27 22:02:30 INFO SecurityManager: SecurityManager: authentication disabled; ui acls disabled; users with view per
missions: Set(Nick); users with modify permissions: Set(Nick)
14/11/27 22:02:31 INFO Slf4jLogger: Slf4jLogger started
14/11/27 22:02:31 INFO Remoting: Starting remoting
14/11/27 22:02:31 INFO Remoting: Remoting started; listening on addresses :[akka.tcp://sparkDriver@10.0.0.7:55290]
14/11/27 22:02:31 INFO Utils: Successfully started service 'sparkDriver' on port 55290.
14/11/27 22:02:31 INFO SparkEnv: Registering MapOutputTracker
14/11/27 22:02:31 INFO SparkEnv: Registering BlockManagerMaster
14/11/27 22:02:31 INFO DiskBlockManager: Created local directory at /var/folders/_l/06wxljt13wqgm7r08jlc44_r0000gn/T/sp
ark-local-20141127220231-634b
14/11/27 22:02:31 INFO MemoryStore: MemoryStore started with capacity 265.4 MB
14/11/27 22:02:31 WARN NativeCodeLoader: Unable to load native-hadoop library for your platform... using builtin-java c
lasses where applicable
14/11/27 22:02:31 INFO HttpFileServer: HTTP File server directory is /var/folders/_l/06wxljt13wqgm7r08jlc44_r0000gn/T/s
park-0595fd59-f23f-4b83-8cda-5b7b68534335
14/11/27 22:02:31 INFO HttpServer: Starting HTTP Server
14/11/27 22:02:31 INFO Utils: Successfully started service 'HTTP file server' on port 55291.
14/11/27 22:02:32 INFO Utils: Successfully started service 'SparkUI' on port 4040.
14/11/27 22:02:32 INFO SparkUI: Started SparkUI at http://10.0.0.7:4040
14/11/27 22:02:32 INFO Executor: Using REPL class URI: http://10.0.0.7:55288
14/11/27 22:02:32 INFO AkkaUtils: Connecting to HeartbeatReceiver: akka.tcp://sparkDriver@10.0.0.7:55290/user/Heartbeat
Receiver
14/11/27 22:02:32 INFO NettyBlockTransferService: Server created on 55292
14/11/27 22:02:32 INFO BlockManagerMaster: Trying to register BlockManager
14/11/27 22:02:32 INFO BlockManagerMasterActor: Registering block manager localhost:55292 with 265.4 MB RAM, BlockManag
erId(<driver>, localhost, 55292)
14/11/27 22:02:32 INFO BlockManagerMaster: Registered BlockManager
14/11/27 22:02:32 INFO SparkILoop: Created spark context..
Spark context available as sc.

scala>
```

要想在Python shell中使用Spark，直接运行`./bin/pyspark`命令即可。与Scala shell类似，Python下的`SparkContext`对象可以通过Python变量`sc`来调用。上述命令的终端输出应该如下图所示：

```
spark-1.2.0-bin-hadoop2.4 — java — 119×61
Nicks-MacBook-Pro:spark-1.2.0-bin-hadoop2.4 Nick$ ./bin/pyspark
Python 2.7.8 |Anaconda 2.0.1 (x86_64)| (default, Aug 21 2014, 15:21:46)
[GCC 4.2.1 (Apple Inc. build 5577)] on darwin
Type "help", "copyright", "credits" or "license" for more information.
Anaconda is brought to you by Continuum Analytics.
Please check out: http://continuum.io/thanks and https://binstar.org
Using Spark's default log4j profile: org/apache/spark/log4j-defaults.properties
14/11/27 22:05:24 WARN Utils: Your hostname, Nicks-MacBook-Pro.local resolves to a loopback address: 127.0.0.1; using 1
0.0.0.7 instead (on interface en0)
14/11/27 22:05:24 WARN Utils: Set SPARK_LOCAL_IP if you need to bind to another address
14/11/27 22:05:24 INFO SecurityManager: Changing view acls to: Nick
14/11/27 22:05:24 INFO SecurityManager: Changing modify acls to: Nick
14/11/27 22:05:24 INFO SecurityManager: SecurityManager: authentication disabled; ui acls disabled; users with view per
missions: Set(Nick); users with modify permissions: Set(Nick)
14/11/27 22:05:24 INFO Slf4jLogger: Slf4jLogger started
14/11/27 22:05:24 INFO Remoting: Starting remoting
14/11/27 22:05:25 INFO Remoting: Remoting started; listening on addresses :[akka.tcp://sparkDriver@10.0.0.7:55313]
14/11/27 22:05:25 INFO Utils: Successfully started service 'sparkDriver' on port 55313.
14/11/27 22:05:25 INFO SparkEnv: Registering MapOutputTracker
14/11/27 22:05:25 INFO SparkEnv: Registering BlockManagerMaster
14/11/27 22:05:25 INFO DiskBlockManager: Created local directory at /var/folders/_l/06wxljt13wqgm7r08jlc44_r0000gn/T/sp
ark-local-20141127220525-7631
14/11/27 22:05:25 INFO MemoryStore: MemoryStore started with capacity 265.4 MB
14/11/27 22:05:25 WARN NativeCodeLoader: Unable to load native-hadoop library for your platform... using builtin-java c
lasses where applicable
14/11/27 22:05:25 INFO HttpFileServer: HTTP File server directory is /var/folders/_l/06wxljt13wqgm7r08jlc44_r0000gn/T/s
park-e5b50a14-c102-40bd-a04a-ba69485dfbea
14/11/27 22:05:25 INFO HttpServer: Starting HTTP Server
14/11/27 22:05:25 INFO Utils: Successfully started service 'HTTP file server' on port 55314.
14/11/27 22:05:25 INFO Utils: Successfully started service 'SparkUI' on port 4040.
14/11/27 22:05:25 INFO SparkUI: Started SparkUI at http://10.0.0.7:4040
14/11/27 22:05:25 INFO AkkaUtils: Connecting to HeartbeatReceiver: akka.tcp://sparkDriver@10.0.0.7:55313/user/Heartbeat
Receiver
14/11/27 22:05:25 INFO NettyBlockTransferService: Server created on 55315
14/11/27 22:05:25 INFO BlockManagerMaster: Trying to register BlockManager
14/11/27 22:05:25 INFO BlockManagerMasterActor: Registering block manager localhost:55315 with 265.4 MB RAM, BlockManag
erId(<driver>, localhost, 55315)
14/11/27 22:05:25 INFO BlockManagerMaster: Registered BlockManager
Welcome to
      ____              __
     / __/__  ___ _____/ /__
    _\ \/ _ \/ _ `/ __/  '_/
   /__ / .__/\_,_/_/ /_/\_\   version 1.2.0
      /_/

Using Python version 2.7.8 (default, Aug 21 2014 15:21:46)
SparkContext available as sc.
>>>
```

1.3.3　弹性分布式数据集

RDD（Resilient Distributed Dataset，弹性分布式数据集）是Spark的核心概念之一。一个RDD代表一系列的“记录”（严格来说，某种类型的对象）。这些记录被分配或分区到一个集群的多个节点上（在本地模式下，可以类似地理解为单个进程里的多个线程上）。Spark中的RDD具备容错性，即当某个节点或任务失败时（因非用户代码错误的原因而引起，如硬件故障、网络不通等），RDD会在余下的节点上自动重建，以便任务能最终完成。

1. 创建RDD

RDD可从现有的集合创建。比如在Scala shell中：

```
val collection = List("a", "b", "c", "d", "e")
val rddFromCollection = sc.parallelize(collection)
```

RDD也可以基于Hadoop的输入源创建，比如本地文件系统、HDFS和Amazon S3。基于Hadoop的RDD可以使用任何实现了Hadoop `InputFormat`接口的输入格式，包括文本文件、其他Hadoop

标准格式、HBase、Cassandra等。以下举例说明如何用一个本地文件系统里的文件创建RDD：

```
val rddFromTextFile = sc.textFile("LICENSE")
```

上述代码中的`textFile`函数（方法）会返回一个RDD对象。该对象的每一条记录都是一个表示文本文件中某一行文字的`String`（字符串）对象。

2. Spark操作

创建RDD后，我们便有了一个可供操作的分布式记录集。在Spark编程模式下，所有的操作被分为转换（transformation）和执行（action）两种。一般来说，转换操作是对一个数据集里的所有记录执行某种函数，从而使记录发生改变；而执行通常是运行某些计算或聚合操作，并将结果返回运行`SparkContext`的那个驱动程序。

Spark的操作通常采用函数式风格。对于那些熟悉用Scala或Python进行函数式编程的程序员来说，这不难掌握。但Spark API其实容易上手，所以那些没有函数式编程经验的程序员也不用担心。

Spark程序中最常用的转换操作便是map操作。该操作对一个RDD里的每一条记录都执行某个函数，从而将输入映射成为新的输出。比如，下面这段代码便对一个从本地文本文件创建的RDD进行操作。它对该RDD中的每一条记录都执行`size`函数。之前我们曾创建过一个这样的由若干`String`构成的RDD对象。通过map函数，我们将每一个字符串都转换为一个整数，从而返回一个由若干`Int`构成的RDD对象。

```
val intsFromStringsRDD = rddFromTextFile.map(line => line.size)
```

其输出应与如下类似，其中也提示了RDD的类型：

```
intsFromStringsRDD: org.apache.spark.rdd.RDD[Int] = MappedRDD[5] at map at
<console>:14
```

示例代码中的`=>`是Scala下表示匿名函数的语法。匿名函数指那些没有指定函数名的函数（比如Scala或Python中用`def`关键字定义的函数）。

> 匿名函数的具体细节并不在本书讨论范围内，但由于它们在Scala、Python以及Java 8中大量使用（示例或现实应用中都是），列举一些实例仍会有帮助。
>
> 语法`line => line.size`表示以`=>`操作符左边的部分作为输入，对其执行一个函数，并以`=>`操作符右边代码的执行结果为输出。在这个例子中，输入为`line`，输出则是`line.size`函数的执行结果。在Scala语言中，这种将一个`String`对象映射为一个`Int`的函数被表示为`String => Int`。
>
> 该语法使得每次使用如map这种方法时，都不需要另外单独定义一个函数。当函数简单且只需使用一次时（像本例一样时），这种方式很有用。

现在我们可以调用一个常见的执行操作count，来返回RDD中的记录数目。

```
intsFromStringsRDD.count
```

执行的结果应该类似如下输出：

```
14/01/29 23:28:28 INFO SparkContext: Starting job: count at <console>:17 ...
14/01/29 23:28:28 INFO SparkContext: Job finished: count at <console>:17, took
0.019227 s res4: Long = 398
```

如果要计算这个文本文件里每行字符串的平均长度，可以先使用sum函数来对所有记录的长度求和，然后再除以总的记录数目：

```
val sumOfRecords = intsFromStringsRDD.sum
val numRecords = intsFromStringsRDD.count
val aveLengthOfRecord = sumOfRecords / numRecords
```

结果应该如下：

```
aveLengthOfRecord: Double = 52.06030150753769
```

Spark的大多数操作都会返回一个新RDD，但多数的执行操作则是返回计算的结果（比如上面例子中，count返回一个Long，sum返回一个Double）。这就意味着多个操作可以很自然地前后连接，从而让代码更为简洁明了。举例来说，用下面的一行代码可以得到和上面例子相同的结果：

```
val aveLengthOfRecordChained = rddFromTextFile.map(line => line.size).sum /
rddFromTextFile.count
```

值得注意的一点是，Spark中的转换操作是延后的。也就是说，在RDD上调用一个转换操作并不会立即触发相应的计算。相反，这些转换操作会链接起来，并只在有执行操作被调用时才被高效地计算。这样，大部分操作可以在集群上并行执行，只有必要时才计算结果并将其返回给驱动程序，从而提高了Spark的效率。

这就意味着，如果我们的Spark程序从未调用一个执行操作，就不会触发实际的计算，也不会得到任何结果。比如下面的代码就只是返回一个表示一系列转换操作的新RDD：

```
val transformedRDD = rddFromTextFile.map(line => line.size).
filter(size => size > 10).map(size => size * 2)
```

相应的终端输出如下：

```
transformedRDD: org.apache.spark.rdd.RDD[Int] = MappedRDD[8] at map at <console>:14
```

注意，这里实际上没有触发任何计算，也没有结果被返回。如果我们现在在新的RDD上调用一个执行操作，比如sum，该计算将会被触发：

```
val computation = transformedRDD.sum
```

现在你可以看到一个Spark任务被启动，并返回如下终端输出：

```
...
14/11/27 21:48:21 INFO SparkContext: Job finished: sum at <console>:16,
took 0.193513 s
computation: Double = 60468.0
```

RDD支持的转换和执行操作的完整列表以及更为详细的例子，参见《Spark编程指南》(http://spark.apache.org/docs/latest/programming-guide.html#rdd operations)以及Spark API (Scala) 文档 (http://spark.apache.org/docs/latest/api/scala/index.html#org.apache.spark.rdd.RDD)。

3. RDD缓存策略

Spark最为强大的功能之一便是能够把数据缓存在集群的内存里。这通过调用RDD的cache函数来实现：

```
rddFromTextFile.cache
```

调用一个RDD的cache函数将会告诉Spark将这个RDD缓存在内存中。在RDD首次调用一个执行操作时，这个操作对应的计算会立即执行，数据会从数据源里读出并保存到内存。因此，首次调用cache函数所需要的时间会部分取决于Spark从输入源读取数据所需要的时间。但是，当下一次访问该数据集的时候，数据可以直接从内存中读出从而减少低效的I/O操作，加快计算。多数情况下，这会取得数倍的速度提升。

如果现在在已缓存了的RDD上调用count或sum函数，应该可以感觉到RDD的确已经载入到了内存中：

```
val aveLengthOfRecordChained = rddFromTextFile.map(line => line.size).
sum / rddFromTextFile.count
```

实际上，从下方的输出我们可以看到，数据在第一次调用cache时便已缓存到内存，并占用了大约62 KB的空间，余下270 MB可用：

```
...
14/01/30 06:59:27 INFO MemoryStore: ensureFreeSpace(63454) called with curMem=32960,
maxMem=311387750
14/01/30 06:59:27 INFO MemoryStore: Block rdd_2_0 stored as values to memory (estimated
size 62.0 KB, free 296.9 MB)
14/01/30 06:59:27 INFO BlockManagerMasterActor$BlockManagerInfo: Added rdd_2_0 in
memory on 10.0.0.3:55089 (size: 62.0 KB, free: 296.9 MB)
...
```

现在，我们再次求平均长度：

```
val aveLengthOfRecordChainedFromCached = rddFromTextFile.map(line => line.size).sum
/ rddFromTextFile.count
```

从如下的输出中应该可以看出缓存的数据是从内存直接读出的：

```
...
14/01/30 06:59:34 INFO BlockManager: Found block rdd_2_0 locally
...
```

Spark支持更为细化的缓存策略。通过persist函数可以指定Spark的数据缓存策略。关于RDD缓存的更多信息可参见：http://spark.apache.org/docs/latest/programming-guide.html#rdd-persistence。

1.3.4　广播变量和累加器

Spark的另一个核心功能是能创建两种特殊类型的变量：广播变量和累加器。

广播变量（broadcast variable）为只读变量，它由运行SparkContext的驱动程序创建后发送给会参与计算的节点。对那些需要让各工作节点高效地访问相同数据的应用场景，比如机器学习，这非常有用。Spark下创建广播变量只需在SparkContext上调用一个方法即可：

```
val broadcastAList = sc.broadcast(List("a", "b", "c", "d", "e"))
```

终端的输出表明，广播变量存储在内存中，占用的空间大概是488字节，仍余下270 MB可用空间：

```
14/01/30 07:13:32 INFO MemoryStore: ensureFreeSpace(488) called with curMem=96414,
maxMem=311387750
14/01/30 07:13:32 INFO MemoryStore: Block broadcast_1 stored as values to memory
(estimated size 488.0 B, free 296.9 MB)
broadCastAList: org.apache.spark.broadcast.Broadcast[List[String]] = Broadcast(1)
```

广播变量也可以被非驱动程序所在的节点（即工作节点）访问，访问的方法是调用该变量的value方法：

```
sc.parallelize(List("1", "2", "3")).map(x => broadcastAList.value ++ x).collect
```

这段代码会从{"1", "2", "3"}这个集合（一个Scala List）里，新建一个带有三条记录的RDD。map函数里的代码会返回一个新的List对象。这个对象里的记录由之前创建的那个broadcastAList里的记录与新建的RDD里的三条记录分别拼接而成。

注意，上述代码使用了collect函数。这个函数是一个Spark执行函数，它将整个RDD以Scala（Python或Java）集合的形式返回驱动程序。

通常只在需将结果返回到驱动程序所在节点以供本地处理时，才调用collect函数。

注意，collect函数一般仅在的确需要将整个结果集返回驱动程序并进行后续处理时才有必要调用。如果在一个非常大的数据集上调用该函数，可能耗尽驱动程序的可用内存，进而导致程序崩溃。

高负荷的处理应尽可能地在整个集群上进行，从而避免驱动程序成为系统瓶颈。然而在不少情况下，将结果收集到驱动程序的确是有必要的。很多机器学习算法的迭代过程便属于这类情况。

从如下结果可以看出，新生成的RDD里包含3条记录，其每一条记录包含一个由原来被广播的List变量附加一个新的元素所构成的新记录（也就是说，新记录分别以1、2、3结尾）。

```
...
14/01/31 10:15:39 INFO SparkContext: Job finished: collect at <console>:15, took
0.025806 s res6: Array[List[Any]] = Array(List(a, b, c, d, e, 1), List(a, b, c, d, e,
2), List(a, b, c, d, e, 3))
```

累加器（accumulator）也是一种被广播到工作节点的变量。累加器与广播变量的关键不同，是后者只能读取而前者却可累加。但支持的累加操作有一定的限制。具体来说，这种累加必须是一种有关联的操作，即它得能保证在全局范围内累加起来的值能被正确地并行计算以及返回驱动程序。每一个工作节点只能访问和操作其自己本地的累加器，全局累加器则只允许驱动程序访问。累加器同样可以在Spark代码中通过value访问。

关于累加器的更多信息，可参见《Spark编程指南》：http://spark.apache.org/docs/latest/programming-guide.html#shared-variables。

1.4 Spark Scala 编程入门

下面我们用上一节所提到的内容来编写一个简单的Spark数据处理程序。该程序将依次用Scala、Java和Python三种语言来编写。所用数据是客户在我们在线商店的商品购买记录。该数据存在一个CSV文件中，名为UserPurchaseHistory.csv，内容如下所示。文件的每一行对应一条购买记录，从左到右的各列值依次为客户名称、商品名以及商品价格。

```
John,iPhone Cover,9.99
John,Headphones,5.49
Jack,iPhone Cover,9.99
Jill,Samsung Galaxy Cover,8.95
Bob,iPad Cover,5.49
```

对于Scala程序而言，需要创建两个文件：Scala代码文件以及项目的构建配置文件。项目将使用**SBT**（Scala Build Tool，Scala构建工具）来构建。为便于理解，建议读者下载示例代码

scala-spark-app。该资源里的data目录下包含了上述CSV文件。运行这个示例项目需要系统中已经安装好SBT（编写本书时所使用的版本为0.13.1）。

配置SBT并不在本书讨论范围内，但读者可以从http://www.scala-sbt.org/release/docs/Getting-Started/Setup.html找到更多信息。

我们的SBT配置文件是build.sbt，其内容如下面所示（注意，各行代码之间的空行是必需的）：

```
name := "scala-spark-app"

version := "1.0"

scalaVersion := "2.10.4"

libraryDependencies += "org.apache.spark" %% "spark-core" % "1.2.0 "
```

最后一行代码是添加Spark到本项目的依赖库。

相应的Scala程序在ScalaApp.scala这个文件里。接下来我们会逐一讲解代码的各个部分。首先，导入所需要的Spark类：

```
import org.apache.spark.SparkContext
import org.apache.spark.SparkContext._

/**
 * 用Scala编写的一个简单的Spark应用
 */
object ScalaApp {
```

在主函数里，我们要初始化所需的`SparkContext`对象，并且用它通过`textFile`函数来访问CSV数据文件。之后对每一行原始字符串以逗号为分隔符进行分割，提取出相应的用户名、产品和价格信息，从而完成对原始文本的映射：

```
def main(args: Array[String]) {
  val sc = new SparkContext("local[2]", "First Spark App")
  // 将CSV格式的原始数据转化为(user,product,price)格式的记录集
  val data = sc.textFile("data/UserPurchaseHistory.csv")
    .map(line => line.split(","))
    .map(purchaseRecord => (purchaseRecord(0), purchaseRecord(1),
    purchaseRecord(2)))
```

现在，我们有了一个RDD，其每条记录都由`(user, product, price)`三个字段构成。我们可以对商店计算如下指标：

- 购买总次数
- 客户总个数
- 总收入

❑ 最畅销的产品

计算方法如下：

```
// 求购买次数
val numPurchases = data.count()
// 求有多少个不同客户购买过商品
val uniqueUsers = data.map{ case (user, product, price) => user }.distinct().count()
// 求和得出总收入
val totalRevenue = data.map{ case (user, product, price) => price.toDouble }.sum()
// 求最畅销的产品是什么
val productsByPopularity = data
  .map{ case (user, product, price) => (product, 1) }
  .reduceByKey(_ + _)
  .collect()
  .sortBy(-_._2)
val mostPopular = productsByPopularity(0)
```

最后那段计算最畅销产品的代码演示了如何进行Map/Reduce模式的计算，该模式随Hadoop而流行。第一步，我们将`(user, product, price)`格式的记录映射为`(product, 1)`格式。然后，我们执行一个`reduceByKey`操作，它会对各个产品的1值进行求和。

转换后的RDD包含各个商品的购买次数。有了这个RDD后，我们可以调用`collect`函数，这会将其计算结果以Scala集合的形式返回驱动程序。之后在驱动程序的本地对这些记录按照购买次数进行排序。（注意，在实际处理大量数据时，我们通常通过`sortByKey`这类操作来对其进行并行排序。）

最后，可在终端上打印出计算结果：

```
    println("Total purchases: " + numPurchases)
    println("Unique users: " + uniqueUsers)
    println("Total revenue: " + totalRevenue)
    println("Most popular product: %s with %d purchases".
format(mostPopular._1, mostPopular._2))
  }
}
```

可以在项目的主目录下执行`sbt run`命令来运行这个程序。如果你使用了IDE的话，也可以从Scala IDE直接运行。最终的输出应该与下面的内容相似：

```
...
[info] Compiling 1 Scala source to ...
[info] Running ScalaApp
...
14/01/30 10:54:40 INFO spark.SparkContext: Job finished: collect at
ScalaApp.scala:25, took 0.045181 s
Total purchases: 5
Unique users: 4
Total revenue: 39.91
Most popular product: iPhone Cover with 2 purchases
```

可以看到，商店总共有4个客户的5次交易，总收入为39.91。最畅销的商品是iPhone Cover，共购买2次。

1.5 Spark Java 编程入门

Java API与Scala API本质上很相似。Scala代码可以很方便地调用Java代码，但某些Scala代码却无法在Java里调用，特别是那些使用了隐式类型转换、默认参数和采用了某些Scala反射机制的代码。

一般来说，这些特性在Scala程序中会被广泛使用。这就有必要另外为那些常见的类编写相应的Java版本。由此，`SparkContext`有了对应的Java版本`JavaSparkContext`，而RDD则对应`JavaRDD`。

1.8及之前版本的Java并不支持匿名函数，在函数式编程上也没有严格的语法规范。于是，套用到Spark的Java API上的函数必须要实现一个带有`call`函数的`WrappedFunction`接口。这会使得代码冗长，所以我们经常会创建临时类来传递给Spark操作。这些类会实现操作所需的接口以及`call`函数，以取得和用Scala编写时相同的效果。

Spark提供对Java 8匿名函数（lambda）语法的支持。使用该语法能让Java 8书写的代码看上去很像等效的Scala版。

用Scala编写时，键/值对记录的RDD能支持一些特别的操作（比如`reduceByKey`和`saveAsSequenceFile`）。这些操作可以通过隐式类型转换而自动被调用。用Java编写时，则需要特别类型的`JavaRDD`来支持这些操作。它们包括用于键/值对的`JavaPairRDD`，以及用于数值记录的`JavaDoubleRDD`。

我们在这里只涉及标准的Java API语法。关于Java下支持的RDD以及Java 8 lambda表达式支持的更多信息可参见《Spark编程指南》：http://spark.apache.org/docs/latest/programming-guide.html#rdd-operations。

在后面的Java程序中，我们可以看到大部分差异。这些示例代码包含在本章示例代码的java-spark-app目录下。该目录的data子目录下也包含上述CSV数据。

这里会使用Maven构建工具来编译和运行这个项目。我们假设读者已经在其系统上安装好了该工具。

Maven的安装和配置并不在本书讨论范围内。通常它可通过Linux系统中的软件管理器或Mac OS X中的HomeBrew或MacPorts方便地安装。

详细的安装指南参见：http://maven.apache.org/download.cgi。

项目中包含一个名为JavaApp.java的Java源文件：

```
import org.apache.spark.api.java.JavaRDD;
import org.apache.spark.api.java.JavaSparkContext;
import org.apache.spark.api.java.function.DoubleFunction;
import org.apache.spark.api.java.function.Function;
import org.apache.spark.api.java.function.Function2;
import org.apache.spark.api.java.function.PairFunction;
import scala.Tuple2;

import java.util.Collections;
import java.util.Comparator;
import java.util.List;

/**
 * 用Java编写的一个简单的Spark应用
 */
public class JavaApp {

  public static void main(String[] args) {
```

正如在Scala项目中一样，我们首先需要初始化一个上下文对象。值得注意的是，这里所使用的是`JavaSparkContext`类而不是之前的`SparkContext`。类似地，调用`JavaSparkContext`对象，利用`textFile`函数来访问数据，然后将各行输入分割成多个字段。请注意下面代码的高亮部分是如何使用匿名类来定义一个分割函数的。该函数确定了如何对各行字符串进行分割。

```
JavaSparkContext sc = new JavaSparkContext("local[2]", "First Spark App");
// 将CSV格式的原始数据转化为(user,product,price)格式的记录集
JavaRDD<string[]> data =
sc.textFile("data/UserPurchaseHistory.csv")
.map(new Function<String, String[]>() {
  @Override
  public String[] call(String s) throws Exception {
    return s.split(",");
  }
});
```

现在可以算一下用Scala时计算过的指标。这里有两点值得注意的地方，一是下面Java API中有些函数（比如`distinct`和`count`）实际上和在Scala API中一样，二是我们定义了一个匿名类并将其传给map函数。匿名类的定义方式可参见代码的高亮部分。

```
// 求总购买次数
long numPurchases = data.count();
// 求有多少个不同客户购买过商品
long uniqueUsers = data.map(new Function<String[], String>() {
  @Override
  public String call(String[] strings) throws Exception {
    return strings[0];
  }
}).distinct().count();
// 求和得出总收入
```

```
double totalRevenue = data.map(new DoubleFunction<String[]>() {
  @Override
  public Double call(String[] strings) throws Exception {
    return Double.parseDouble(strings[2]);
  }
}).sum();
```

下面的代码展现了如何求出最畅销的产品，其步骤与Scala示例的相同。多出的那些代码看似复杂，但它们大多与Java中创建匿名函数有关，实际功能与用Scala时一样：

```
    // 求最畅销的产品是哪个
    // 首先用一个PairFunction和Tuple2类将数据映射成为(product,1)格式的记录
    // 然后，用一个Function2类来调用reduceByKey操作，该操作实际上是一个求和函数
    List<Tuple2<String, Integer>> pairs = data.map(new
    PairFunction<String[], String, Integer>() {
    @Override
    public Tuple2<String, Integer> call(String[] strings)
      throws Exception {
        return new Tuple2(strings[1], 1);
      }
    }).reduceByKey(new Function2<Integer, Integer, Integer>() {
      @Override
      public Integer call(Integer integer, Integer integer2)
      throws Exception {
        return integer + integer2;
      }
    }).collect();
    // 最后对结果进行排序。注意，这里会需要创建一个Comparator函数来进行降序排列
    Collections.sort(pairs, new Comparator<Tuple2<String, Integer>>() {
      @Override
      public int compare(Tuple2<String, Integer> o1,
      Tuple2<String, Integer> o2) {
        return -(o1._2() - o2._2());
      }
    });
    String mostPopular = pairs.get(0)._1();
    int purchases = pairs.get(0)._2();
    System.out.println("Total purchases: " + numPurchases);
    System.out.println("Unique users: " + uniqueUsers);
    System.out.println("Total revenue: " + totalRevenue);
    System.out.println(String.format("Most popular product:
    %s with %d purchases", mostPopular, purchases));
  }
}
```

从前面代码可以看出，Java代码和Scala代码相比虽然多了通过内部类来声明变量和函数的引用代码，但两者的基本结构类似。读者不妨分别练习这两种版本的代码，并比较一下计算同一个指标时两种语言在表达上的异同。

该程序可以通过在项目主目录下执行如下命令运行：

```
>mvn exec:java -Dexec.mainClass="JavaApp"
```

可以看到其输出和Scala版的很类似，而且计算结果完全一样：

```
...
14/01/30 17:02:43 INFO spark.SparkContext: Job finished: collect at
JavaApp.java:46, took 0.039167 s
Total purchases: 5
Unique users: 4
Total revenue: 39.91
Most popular product: iPhone Cover with 2 purchases
```

1.6 Spark Python 编程入门

Spark的Python API几乎覆盖了所有Scala API所能提供的功能，但的确有些特性，比如Spark Streaming和个别的API方法，暂不支持。具体可参见《Spark编程指南》的Python部分：http://spark.apache.org/docs/latest/programming-guide.html。

与上两节类似，这里将编写一个相同功能的Python版程序。我们假设读者系统中已安装2.6或更高版本的Python（多数Linux系统和Mac OS X已预装Python）。

如下示例代码可以在本章的python-spark-app目录下找到。相应的CSV数据文件也在该目录的data子目录中。项目代码在一个名为pythonapp.py的脚本里，其内容如下：

```
"""用Python编写的一个简单Spark应用"""
from pyspark import SparkContext

sc = SparkContext("local[2]", "First Spark App")
# 将CSV格式的原始数据转化为(user,product,price)格式的记录集
data = sc.textFile("data/UserPurchaseHistory.csv").map(lambda line:
line.split(",")).map(lambda record: (record[0], record[1], record[2]))
# 求总购买次数
numPurchases = data.count()
# 求有多少不同客户购买过商品
uniqueUsers = data.map(lambda record: record[0]).distinct().count()
# 求和得出总收入
totalRevenue = data.map(lambda record: float(record[2])).sum()
# 求最畅销的产品是什么
products = data.map(lambda record: (record[1], 1.0)).
reduceByKey(lambda a, b: a + b).collect()
mostPopular = sorted(products, key=lambda x: x[1], reverse=True)[0]

print "Total purchases: %d" % numPurchases
print "Unique users: %d" % uniqueUsers
print "Total revenue: %2.2f" % totalRevenue
print "Most popular product: %s with %d purchases" % (mostPopular[0], mostPopular[1])
```

对比Scala版和Python版代码，不难发现语法大致相同。主要不同在于匿名函数的表达方式上，匿名函数在Python语言中亦称lambda函数，lambda也是语法表达上的关键字。用Scala编写时，一个将输入x映射为输出y的匿名函数表示为`x => y`，而在Python中则是`lambda x : y`。在上面

代码的高亮部分，我们定义了一个将两个输入映射为一个输出的匿名函数。这两个输入的类型一般相同，这里调用的是相加函数，故写成`lambda a, b : a + b`。

运行该脚本的最好方法是在脚本目录下运行如下命令：

```
>$SPARK_HOME/bin/spark-submit pythonapp.py
```

上述代码中的`$SPARK_HOME`变量应该被替换为Spark的主目录，也就是在本章开始Spark预编译包解压生成的那个目录。

脚本运行完的输出应该和运行Scala和Java版时的类似，其结果同样也是：

```
...
14/01/30 11:43:47 INFO SparkContext: Job finished: collect at pythonapp.
py:14, took 0.050251 s
Total purchases: 5
Unique users: 4
Total revenue: 39.91
Most popular product: iPhone Cover with 2 purchases
```

1.7　在 Amazon EC2 上运行 Spark

Spark项目提供了在Amazon EC2上构建一个Spark集群所需的脚本，位于ec2文件夹下。输入如下命令便可调用该文件夹下的spark-ec2脚本：

```
>./ec2/spark-ec2
```

当不带参数直接运行上述代码时，终端会显示该命令的用法信息：

```
Usage: spark-ec2 [options] <actiom> <clusber_name>
<action> can be: launch, destroy, login, stop, start, get-master

Options:
...
```

在创建一个Spark EC2集群前，我们需要一个Amazon账号。

如果没有Amazon Web Service账号，可以在http://aws.amazon.com/注册。AWS的管理控制台地址是：http://aws.amazon.com/console/。

另外，我们还需要创建一个Amazon EC2密钥对和相关的安全凭证。Spark文档提到了在EC2上部署时的需求。

- 你要先自己创建一个Amazon EC2密钥对。通过管理控制台登入你的Amazon Web Services账号后，单击左边导航栏中的“**Key Pairs**”，然后创建并下载相应的私钥文件。通过`ssh`

远程访问EC2时，会需要提交该密钥。该密钥的系统访问权限必须设定为600（即只有你可以读写该文件），否则会访问失败。

- 当需要使用spark-ec2脚本时，需要设置AWS_ACCESS_KEY_ID和AWS_SECRET_ACCESS_KEY两个环境变量。它们分别为你的Amazon EC2访问密钥标识（key ID）和对应的密钥密码（secret access key）。这些信息可以从AWS主页上依次点击“**Account | Security Credentials | Access Credentials**”获得。

创建一个密钥时，最好选取一个好记的名字来命名。这里假设密钥名为spark，对应的密钥文件的名称为spark.pem。如上面提到的，我们需要确认密钥的访问权限并设定好所需的环境变量：

```
>chmod 600 spark.pem
>export AWS_ACCESS_KEY_ID="..."
>export AWS_SECRET_ACCESS_KEY="..."
```

上述下载所得的密钥文件只能下载一次（即在刚创建后），故对其既要安全保存又要避免丢失。

注意，下一节中会启用一个Amazon EC2集群，这会在你的AWS账号下产生相应的费用。

启动一个EC2 Spark集群

现在我们可以启动一个小型Spark集群了。启动它只需进入到**ec2**目录，然后输入：

```
>cd ec2
>./spark-ec2 -k spark -i spark.pem -s 1 --instance-type m3.medium
--hadoop-major-version 2 launch test-cluster
```

这将启动一个名为“test-cluster”的新集群，其包含“m3.medium”级别的主节点和从节点各一个。该集群所用的Spark版本适配于Hadoop 2。我们使用的密钥名和密钥文件分别是spark和spark.pem。

集群的完全启动和初始化会需要一些时间。在运行启动代码后，应该会立即看到如下图所示的内容：

```
Setting up security groups...
Creating security group test-cluster-master
Creating security group test-cluster-slaves
Searching for existing cluster test-cluster...
Spark AMI: ami-35b1885c
Launching instances...
Launched 1 slaves in us-east-1c, regid = r-5f328e75
Launched master in us-east-1c, regid = r-c0308cea
Waiting for instances to start up...
Waiting 120 more seconds...
```

如果集群启动成功，最终应可在终端中看到类似如下的输出：

```
ec2-54-91-61-225.compute-1.amazonaws.com: Killed 0 processes
Starting master @ ec2-54-227-127-14.compute-1.amazonaws.com
ec2-54-91-61-225.compute-1.amazonaws.com: TACHYON_LOGS_DIR: /root/tachyon/libexec/../logs
ec2-54-91-61-225.compute-1.amazonaws.com: Formatting RamFS: /mnt/ramdisk (2470mb)
ec2-54-91-61-225.compute-1.amazonaws.com: Starting worker @ ip-10-182-117-29.ec2.internal
Setting up ganglia
RSYNC'ing /etc/ganglia to slaves...
ec2-54-91-61-225.compute-1.amazonaws.com
Shutting down GANGLIA gmond:                               [FAILED]
Starting GANGLIA gmond:                                    [  OK  ]
Shutting down GANGLIA gmond:                               [FAILED]
Starting GANGLIA gmond:                                    [  OK  ]
Connection to ec2-54-91-61-225.compute-1.amazonaws.com closed.
Shutting down GANGLIA gmetad:                              [FAILED]
Starting GANGLIA gmetad:                                   [  OK  ]
Stopping httpd:                                            [FAILED]
Starting httpd: httpd: Syntax error on line 153 of /etc/httpd/conf/httpd.conf: Cannot load modules/mod_authn_alias.so int
o server: /etc/httpd/modules/mod_authn_alias.so: cannot open shared object file: No such file or directory
                                                           [FAILED]
Connection to ec2-54-227-127-14.compute-1.amazonaws.com closed.
Spark standalone cluster started at http://ec2-54-227-127-14.compute-1.amazonaws.com:8080
Ganglia started at http://ec2-54-227-127-14.compute-1.amazonaws.com:5080/ganglia
Done!
Nicks-MacBook-Pro:ec2 Nick$
```

要测试是否能连接到新集群，可以输入如下命令：

```
>ssh -i spark.pem root@ec2-54-227-127-14.compute-1.amazonaws.com
```

注意该命令中`root@`后面的IP地址需要替换为你自己的Amazon EC2的公开域名。该域名可在启动集群时的输出中找到。

另外也可以通过如下命令得到集群的公开域名：

```
>./spark-ec2 -i spark.pem get-master test-cluster
```

上述`ssh`命令执行成功后，你会连接到EC2上Spark集群的主节点，同时终端的输入应与如下类似：

```
       __|  __|_  )
       _|  (     /   Amazon Linux AMI
      ___|\___|___|

https://aws.amazon.com/amazon-linux-ami/2013.03-release-notes/
There are 60 security update(s) out of 254 total update(s) available
Run "sudo yum update" to apply all updates.
Amazon Linux version 2014.09 is available.
root@ip-10-150-79-53 ~]$
```

如果要测试集群是否已正确配置Spark环境，可以切换到Spark目录后运行一个示例程序：

```
>cd spark
>MASTER=local[2] ./bin/run-example SparkPi
```

其输出应该与在自己电脑上的输出类似：

```
...
14/01/30 20:20:21 INFO SparkContext: Job finished: reduce at SparkPi.
scala:35, took 0.864044012 s
Pi is roughly 3.14032
...
```

这样就有了包含多个节点的真实集群，可以测试集群模式下的Spark了。我们会在一个从节点的集群上运行相同的示例。运行命令和上面相同，但用主节点的URL作为MASTER的值：

```
>MASTER=spark://ec2-54-227-127-14.compute-1.amazonaws.com:7077 ./bin/
run-example SparkPi
```

注意，你需要将上面代码中的公开域名替换为你自己的。

同样，命令的输出应该和本地运行时的类似。不同的是，这里会有日志消息提示你的驱动程序已连接到Spark集群的主节点。

```
...
14/01/30 20:26:17 INFO client.Client$ClientActor: Connecting to master
spark://ec2-54-220-189-136.eu-west-1.compute.amazonaws.com:7077
14/01/30 20:26:17 INFO cluster.SparkDeploySchedulerBackend: Connected to Spark
cluster with app ID app-20140130202617-0001
14/01/30 20:26:17 INFO client.Client$ClientActor: Executor added: app-
20140130202617-0001/0 on worker-20140130201049-ip-10-34-137-45.eu-west-1.compute.
internal-57119 (ip-10-34-137-45.eu-west-1.compute.internal:57119) with 1 cores
14/01/30 20:26:17 INFO cluster.SparkDeploySchedulerBackend: Granted executor ID
app-20140130202617-0001/0 on hostPort ip-10-34-137-45.eu-
west-1.compute.internal:57119 with 1 cores, 2.4 GB RAM
14/01/30 20:26:17 INFO client.Client$ClientActor: Executor updated: app-
20140130202617-0001/0 is now RUNNING
14/01/30 20:26:18 INFO spark.SparkContext: Starting job: reduce at SparkPi.scala:39
...
```

读者不妨在集群上自由练习，熟悉一下Scala的交互式终端：

```
>./bin/spark-shell --master spark://ec2-54-227-127-14.compute-1.amazonaws.com:7077
```

练习完后，输入`exit`便可退出终端。另外也可以通过如下命令来体验PySpark终端：

```
>./bin/pyspark --master spark://ec2-54-227-127-14.compute-1.amazonaws.com:7077
```

通过Spark主节点网页界面，可以看到主节点下注册了哪些应用。该界面位于ec2-54-227-127-14.compute-1.amazonaws.com:8080（同样，需要将公开域名替换为你自己的）。你应该可以看到类似下面截图的界面，显示了之前运行过的一个程序以及两个已启动的终端任务。

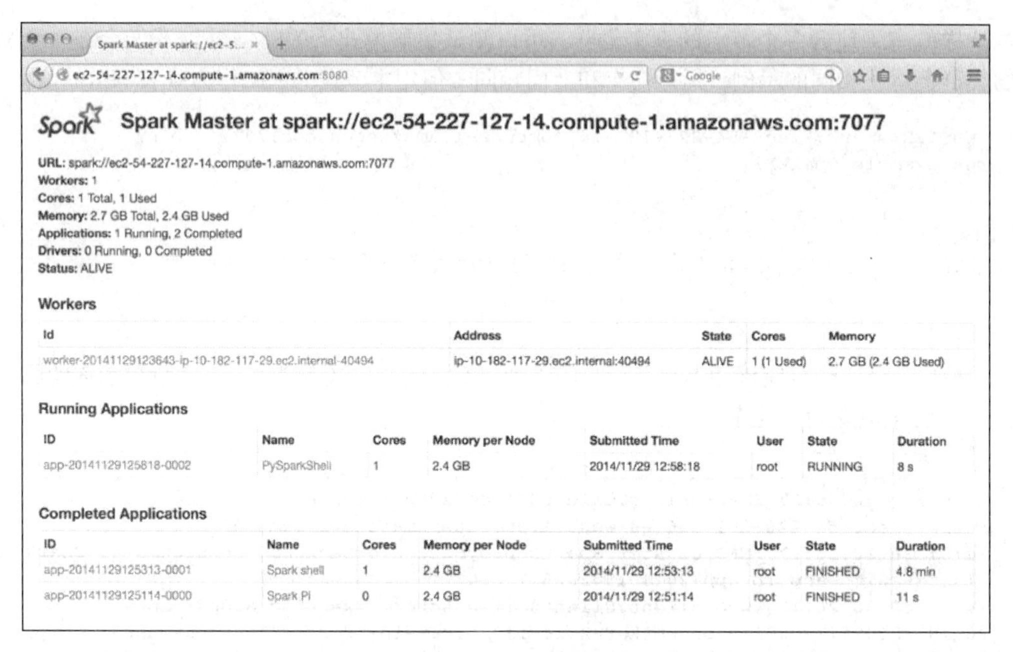

值得注意的是，Amazon会根据集群的使用情况收取费用。所以在集群使用完毕后，记得停止或终止这个测试集群。要终止该集群可以先在你本地系统的`ssh`会话里输入`exit`，然后再输入如下命令：

```
>./ec2/spark-ec2 -k spark -i spark.pem destroy test-cluster
```

应该可以看到这样的输出：

```
Are you sure you want to destroy the cluster test-cluster?
The following instances will be terminated:
Searching for existing cluster test-cluster...
Found 1 master(s), 1 slaves
> ec2-54-227-127-14.compute-1.amazonaws.com
> ec2-54-91-61-225.compute-1.amazonaws.com
ALL DATA ON ALL NODES WILL BE LOST!!
Destroy cluster test-cluster (y/N): y
Terminating master...
Terminating slaves...
```

输入`y`，然后回车便可终止该集群。

恭喜！现在你已经做到了在云端设置Spark集群，并在它上面运行了一个完全并发的示例程序，最后也终止了这个集群。如果在学习后续章节时你想在集群上运行示例或你自己的程序，都可以再次使用这些脚本并指定想要的集群规模和配置。（留意下费用并记得使用完毕后关闭它们就行。）

1.8 小结

本章我们谈到了如何在自己的电脑以及Amazon EC2的云端上配置Spark环境。通过Scala交互式终端，我们学习了Spark编程模型的基础知识并了解了它的API。另外我们还分别用Scala、Java和Python语言，编写了一个简单的Spark程序。

下一章，我们将考虑如何使用Spark来创建一个机器学习系统。

第2章 设计机器学习系统

本章，我们将为一个智能分布式机器学习系统设计高层架构，该系统以Spark作为其核心计算引擎。这里我们将会关注如何对现有的基于网页的业务进行重新设计，以令其能利用自动化机器学习系统来增强业务中的关键部分。本章的主要内容有：

- 介绍假想的业务场景
- 概述现有架构
- 探寻用机器学习系统来增强或是替代某些业务功能的可能途径
- 根据上述内容，提出新的架构

现代的大数据场景包含如下需求。

- 必须能与系统的其他组件整合，尤其是数据的收集和存储系统、分析和报告以及前端应用。
- 易于扩展且与其他组件相对独立。理想情况下，同时具备良好的水平和垂直可扩展性。
- 支持高效完成所需类型的计算，即机器学习和迭代式分析应用。
- 最好能同时支持批处理和实时处理。

Spark作为一个框架本身能满足上述需求。然而我们还需确保基于它设计的机器学习系统也能满足这些需求。若算法的实现存在能引发系统故障的瓶颈，比如不再能满足上述某些需求，那该实现就没多大意义。

2.1 MovieStream介绍

为便于说明我们的架构设计，这里假设存在一个贴近现实的情景。假设我们受命领导MovieStream数据科学团队。MovieStream是一家假想的互联网公司，为用户提供在线电影和电视节目的内容服务。

MovieStream成长迅速，其用户量和收录的电影都在快速增加。MovieStream现有系统可概括为图2-1：

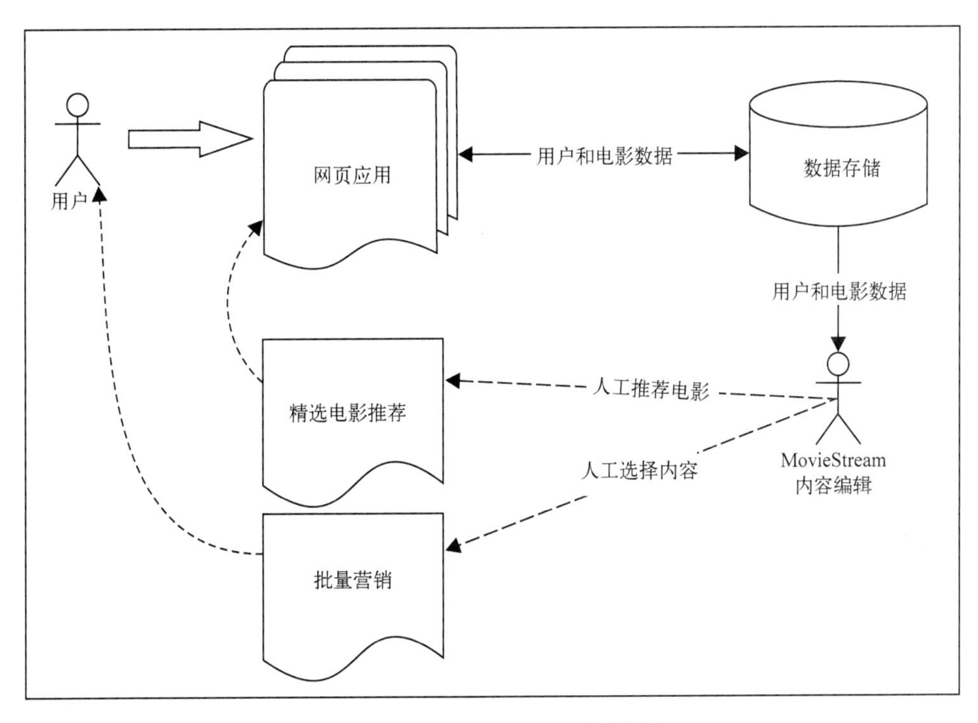

图2-1 MovieStream现有系统架构

如图所示，向用户推荐哪些电影和节目以及在站点的何处显示，都由MovieStream内容编辑团队负责。该团队还负责MovieStream的群发营销，包括电子邮件和其他直销渠道。现阶段，MovieStream以汇总的方式来收集用户的电影浏览记录，并能访问一些用户注册时所填写的资料。此外，他们还能访问其所收录的电影的一些基本元数据。

随着业务快速发展，新发布的电影和用户的活动不断增加，MovieStream团队愈发难以跟上这样的趋势。MovieStream的CEO之前对大数据、机器学习和人工智能有过较多了解。他希望我们能为MovieStream创建一个机器学习系统，以处理现在由内容团队人工处理的许多内容。

2.2 机器学习系统商业用例

我们该问的第一个问题或许是：为什么要使用机器学习？为何不直接仍以人工方式来支持MovieStream？使用机器学习的理由有很多(不使用的理由同样也有很多)，其中最为重要的几点有：

- 涉及的数据规模意味着完全依靠人工处理会很快跟不上MovieStream的发展；
- 机器学习和统计模型等基于模型的方式能发现人类（因数据集量级和复杂度过高）难以发现的模式；
- 基于模型的方式能避免个人或是情感上的偏见（只要应用时足够细心且正确）。

然而，没有任何理由说基于模型和基于人工的处理和决策不能并存。比如，许多机器学习系统依赖已标记的数据来训练模型。通常来说，标记数据代价高昂、耗时且需人工参与。文本数据分类和文本的情感标识便是很好的例子。许多现实中的系统会采取某种人力机制来为数据生成标识，并用于训练模型。之后，这些模型则部署到在线系统中用于大规模环境下的预测。

在MovieStream的案例中，我们并不需要担心机器学习的引入会使得内容团队多余。事实上，我们的目标是让机器学习来负担那些耗时且机器擅长的任务，并向内容团队提供工具以帮助他们更好地理解用户和内容。比如，帮助他们确定向电影库中新增哪些电影（新增电影代价高昂，因而对业务至关重要）。

2.2.1 个性化

对MovieStream的业务来说，个性化或许是机器学习最为重要的潜在应用。一般来说，个性化是根据各种因素来改变用户体验和呈现给用户内容。这些因素可能包括用户的行为数据和外部因素。

推荐（recommendation）从根本上说是个性化的一种，常指向用户呈现一个他们可能感兴趣的物品列表。推荐可用于网页（比如推荐相关产品）、电子邮件、其他直销渠道或移动应用等。

个性化和推荐十分相似，但推荐通常专指向用户显式地呈现某些产品或是内容，而个性化有时也偏向隐式。比如说，对MovieStream的搜索功能个性化，以根据该用户的数据来改变搜索结果。这些数据可能包括基于推荐的数据（在搜索产品或内容时），或基于地理位置和搜索历史等各种数据。用户可能不会明显感觉到搜索结果的变化，这就是个性化更偏向隐性的原因。

2.2.2 目标营销和客户细分

目标营销用与推荐类似的方法从用户群中找出要营销的对象。一般来说，推荐和个性化的应用场景都是一对一，而客户细分则试图将用户分成不同的组。其分组根据用户的特征进行，并可能参考行为数据。这种方法可能比较简单，也可能使用了某种机器学习模型，比如聚类。但无论如何，其结果都是对市场的若干细分。这些细分或许有助于理解各组用户的共性、同组用户之间的相似性，以及不同组之间的差异。

这些将能帮助MovieStream理解用户行为背后的动机。相比个性化时的一对一营销，它们甚至还能有助于制定针对用户群的更为广泛的营销策略。

当没有已标记数据时，这些方法能帮助制定营销策略，而非采取一刀切的方法。

2.2.3 预测建模与分析

第三种机器学习的应用领域是预测性分析。这个词的范围很宽泛，甚至从某种意义上说还覆盖推荐、个性化和目标营销。再考虑到推荐和市场细分有所区别，这里用预测建模（predictive modeling）来表示其他做预测的模型。借助活动记录、收入数据以及内容属性，MovieStream可以创建一个回归模型（regression model）来预测新电影的市场表现。

另外，我们也可使用分类模型（classificaiton model）来对只有部分数据的新电影自动分配标签、关键字或分类。

2.3 机器学习模型的种类

以上MovieSteam的例子列出了机器学习的一些应用场景，但这些并非全部。后面几章在介绍不同机器学习任务时还会提到一些相关例子。

以上应用案例和方法大致可分为如下两种。

- **监督学习（supervised learning）**：这种方法使用已标记数据来学习。推荐引擎、回归和分类便是例子。它们所使用的标记数据可以是用户对电影的评级（对推荐来说）、电影标签（对上述分类例子来说）或是收入数字（对回归预测来说）。我们将在第4章、第5章和第6章讨论监督学习。
- **无监督学习（unsupervised learning）**：一些模型的学习过程不需要标记数据，我们称其为无监督学习。这类模型试图学习或是提取数据背后的结构或从中抽取最为重要的特征。聚类、降维和文本处理的某些特征提取都是无监督学习。我们将在第7章、第8章和第9章分别介绍它们。

2.4 数据驱动的机器学习系统的组成

从高层设计来看，我们的机器学习系统的组成如图2-2所示，其中展示了机器学习的流程。该流程始于从数据存储处获取数据，之后将其转换为可用于机器学习模型的形式。随后的环节有对模型的训练、测试和完善，以及将最终的模型部署到生产系统中。有新数据产生时则重复该流程。

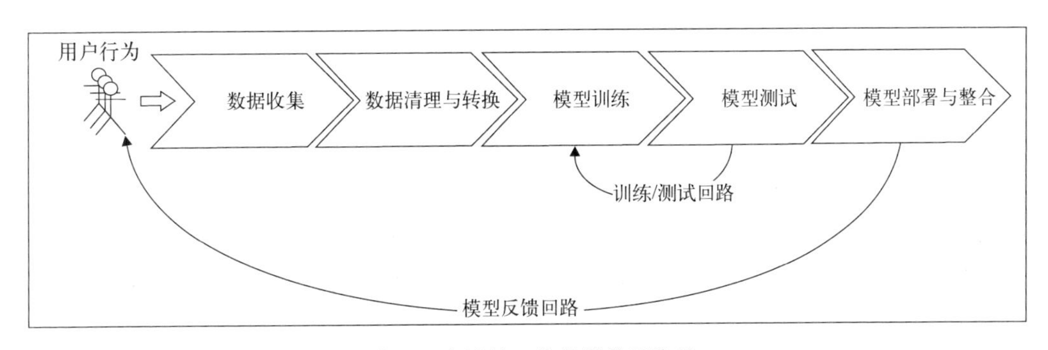

图2-2 常见的一种机器学习流程

2.4.1 数据获取与存储

机器学习流程的第一步是获取训练模型所需的数据。与其他公司类似，MovieStream的数据通常来自用户活动、其他系统（通常称作机器生成的数据）和外部数据源（比如某个用户访问站点的时间和当时的天气）。

获取这些数据的途径很多，比如收集浏览器里用户的活动记录、移动应用的事件日志或通过外部网络API来获取地理或天气信息。

获取数据后通常需将其存储起来。要存储的数据包括：原始数据、即时处理后的数据，以及可用于生产系统的最终建模结果。

数据存储并不简单，可能涉及多种系统。文件系统，如HDFS、Amazon S3等；SQL数据库，如MySQL或PostgreSQL；分布式NoSQL数据存储，如HBase、Cassandra和DynamoDB；搜索引擎，如Solr和Elasticsearch；流数据系统，如Kafka、Flume和Amazon Kinesis。

本书假设已获取相关数据，这样我们能专注在流程后续的处理和建模环节。

2.4.2 数据清理与转换

大部分机器学习模型所处理的都是特征（feature）。特征通常是输入变量所对应的可用于模型的数值表示。

虽然我们希望能将大部分时间用于机器学习模型探索，但通常经上述途径获取到的数据都是原始形式，需要进一步处理。比如我们记录的一些用户事件的细节，比如用户查看某部电影页面的时间、观看某部电影的时间或给出某些反馈的时间。我们还可能收集了一些外部信息，比如用户的位置（通过他们的IP查到）。这些时间日志通常由一些文字或数值信息组合而成。

绝大部分情况下，这些原始数据都需要经过预处理才能为模型所使用。预处理的情况可能包括以下几种。

- **数据过滤**：比如我们想从原始数据的部分数据中创建一个模型，而所需数据只是最近几月的活动数据或是满足特定条件的事件数据。
- **处理数据缺失、不完整或有缺陷**：许多现实中的数据集都存在某种程度上的不完整。这可能包括数据缺失（比如用户没有输入），数据存在错误或是缺陷（比如数据收集或存储时的错误，又或是技术问题或漏洞，以及软硬件故障）。可能要过滤掉非规整数据，或通过某种方式来填充缺失的数据点（比如选取数据集的平均值来作为缺失点的值）。
- **处理可能的异常、错误和异常值**：错误或异常的数据可能不利于模型的训练，所以需要过滤掉，或是通过某些方法来处理。

- **合并多个数据源**：比如可能要将各个用户的事件数据与不同的内部数据或是外部数据合并。内部数据如用户属性；外部数据如地理位置、天气和经济数据。
- **数据汇总**：某些模型需要输入的数据进行过某种汇总，比如统计各用户经历过的事件类型的总数目。

对数据进行初步预处理后，需要将其转换为一种适合机器学习模型的表示形式。对许多模型类型来说，这种表示就是包含数值数据的向量或矩阵。数据转换和特征提取时常见的挑战包括以下这些情况。

- 将类别数据（比如地理位置所在的国家或是电影的类别）编码为对应的数值表示。
- 从文本数据提取有用信息。
- 处理图像或是音频数据。
- 数值数据常被转换为类别数据以减少某个变量的可能值的数目。例如将年龄分为几个段（比如25~35、45~55等）。
- 对数值特征进行转换。比如对数值变量应用对数转换，这会有助于处理值域很大的变量。
- 对特征进行正则化、标准化，以保证同一模型的不同输入变量的值域相同。
- 特征工程是对现有变量进行组合或转换以生成新特征的过程。例如从其他数据求平均数，像求某个用户看电影的平均时间。

这些方法都会在本书的例子中讲到。

这些数据清理、探索、聚合和转换步骤，都能通过Spark核心API、SparkSQL引擎和其他外部Scala、Java或Python包做到。借助Spark的Hadoop功能还能实现上述多种存储系统上的读写。

2.4.3 模型训练与测试回路

当数据已转换为可用于模型的形式，便可开始模型的训练和测试。在这个部分，我们主要关注模型选择（model selection）问题。这可以归结为对特定任务最优建模方法的选择，或是对特定模型最佳参数的选择问题。在许多情况下，我们会想尝试多种模型并选出表现最好的那个（各模型都采用了最佳的参数时）。因而，这个词在现实中经常同时指代这两个过程。在这个阶段，探索多个模型组合（也称集成学习法，ensemble method）的效果也很常见。

在训练数据集上运行模型并在测试数据集（即为评估模型而预留的数据，在训练阶段模型没接触过该数据）上测试其效果，这个过程一般相对直接，被称作交叉验证（cross-validation）。

然而我们所处理的通常是大型数据集。这样，先在具有代表性的小样本数据集上进行初步的训练–测试回路，或是尽可能并行地选择模型，都会有所帮助。

Spark内置的机器学习库MLlib完全能胜任这个阶段的需求。本书将主要关注如何借助MLlib和Spark核心功能来实现对各种机器学习方法的模型训练、评估以及交叉验证。

2.4.4 模型部署与整合

通过训练测试循环找出最佳模型后，要让它能得出可付诸实践的预测，还需将其部署到生产系统中。

这个过程一般要将已训练的模型导入特定的数据存储中。该位置也是生产系统获取新版本的地方。通过这种方式，实时服务系统能在训练新模型时进行周期性的更新。

2.4.5 模型监控与反馈

监控机器学习系统在生产环境下的表现十分重要。在部署了最优训练的模型后，我们会想知道其在实际中的表现如何：它在新的未知数据上的表现是否符合预期？其准确度怎么样？毕竟不管之前的模型选择和优化做得如何，检验其实际表现的唯一方法是观察其在生产环境下的表现。

同样值得注意的是，模型准确度和预测效果只是现实中系统表现的一部分。通常还应该关注其他业务效果（比如收入和利润率）或用户体验（比如站点使用时间和用户总体活跃度）的相关指标。多数情况下很难将它们与模型预测能力直接关联。推荐系统或目标营销系统的准确度可能很重要，但它只与我们真正关心的那些指标（如用户体验度、活跃度以及最终收入）间接相关。

所以，现实中应该同时监控模型准确度相关指标和业务指标。我们可以尽可能在生产系统中部署不同的模型，通过调整它们而优化业务指标。实践中，这通常通过在线分割测试（live split test）进行。然而，做好这类测试并不容易。在线测试和实验可能引发错误，也可能效果不好，或者会使用基准模型，这些都会给用户体验和收入带来负面影响，故其代价高昂。

本阶段另一个重要的方面是*模型反馈*（model feedback），指通过用户的行为来对模型的预测进行反馈的过程。在现实系统中，模型的应用将影响用户的决策和潜在行为，从而反过来将从根本上改变模型自己将来的训练数据。

举例来说，假设我们部署了一个推荐系统。由于推荐实际上限制了用户的可选项，从而影响了用户的选择。我们希望用户的选择不会受模型的影响，然而这种反馈回路会反过来影响模型的训练数据，并最终对模型准确度和重要的业务指标产生不利影响。

好在我们可以借助一些机制来降低反馈回路的这种负面影响，比如提供一些无偏见的训练数据。这类数据来自那些没有被推荐的用户，又或者在一开始就考虑到这种平衡需求而划分出来的客户。这些机制有助于对数据的理解、探索以及利用已有的经验来提升系统的表现。

第10章将会简要介绍实时监控和模型更新的部分内容。

2.4.6　批处理或实时方案的选择

前几节简要概括了常见的批处理方法。在这类方法下，模型用所有数据或一部分数据进行周期性的重新训练。由于上述流程会花费一定的时间，这就使得批处理方法难以在新数据到达时立即完成模型的更新。

虽然本书将主要讨论批处理机器学习方法，但的确存在一类名为在线学习（online learning）的机器学习方法。它们在新数据到达时便能立即更新模型，从而使实时系统成为可能。常见的例子有对线性模型的在线优化算法，如随机梯度下降法。我们可以通过例子来学习该算法。这类方法的优势在于其系统将能对新的信息和底层行为（即输入数据的特征或是分布会随时间变化，现实中的绝大部分情况都会如此）作出快速的反应和调整。

但在实际生产环境中，在线学习模型也会面对特有的挑战。比如，对数据的获取和转换难以做到实时。在一个纯在线环境下选择适当的模型也不简单。在线训练和模型选择以及部署阶段的延时可能难以达到实时性的需求（比如在线广告对延时的需求是以毫秒计）。最后，批处理框架不适合对本质为流的数据进行实时处理。

幸运的是，Spark提供了实时流处理组件Spark Streaming，对实时机器学习任务来说是个不错的选择。第10章将探讨Spark Streaming和在线学习问题。

现实中的实时机器学习系统具有天生的复杂性，故实践中大部分的系统都以近实时性为设计目标。这是一种混合方法，它并不要求模型一定在数据到达时立即更新。相反，新的数据会被收集为小批量的训练数据，再输入给在线学习算法。大部分情况下，该方法会周期性地进行某种批处理。处理的内容可能包括在整个数据集上重新计算模型，或是更为复杂的某些数据处理以及模型的选择。这些能保证实时模型的表现不会随时间推移而变差。

另一种类似的方法是，在周期性批处理中进行重新计算时，若有新的数据到来则只对更复杂的模型进行近似更新。这样模型可从新的数据学习，但有短暂延迟。因为是近似更新，所以模型的准确度会随着时间推移而下降。但周期性地在所有数据上重新计算模型能弥补这一点。

2.5　机器学习系统架构

现在我们已经了解了如何在MovieStream的情景中应用机器学习系统，其可能的架构可概括为图2-3所示：

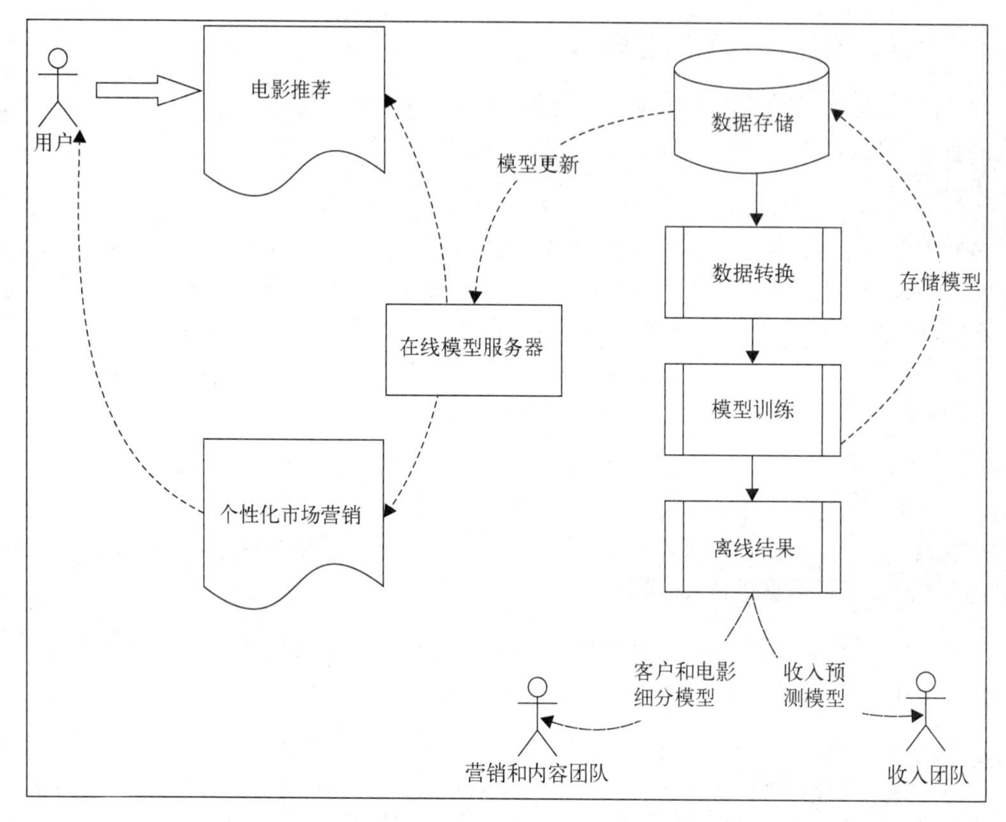

图2-3 MovieStream的未来架构

如图所示，该系统包含了早先机器学习流程示意图的内容，此外还包括：

- 收集与用户、用户行为和电影标题有关的数据；
- 将这些数据转为特征；
- 模型训练，包括训练-测试和模型选择环节；
- 将已训练模型部署到在线服务系统，并用于离线处理；
- 通过推荐和目标页面将模型结果反馈到MovieStream站点；
- 将模型结果返回到MovieStream的个性化营销渠道；
- 使用离线模型来为MovieSteam的各个团队提供工具，以帮助其理解用户的行为、内容目录的特点和业务收入的驱动因素。

动手练习

假设你现在要告知前端和基础设施工程团队你的机器学习系统需要哪些数据。想一想如何简要告诉他们该如何设计数据收集过程。画出原始数据（比如网页日志、时间日志等）可能的结构，以及它们在系统中的流向。需要考虑的方面有：

- 需要哪些数据源
- 数据格式应该如何
- 数据收集、处理、可能进行的汇总以及存储的频率
- 使用何种存储以保证可扩展性

2.6 小结

本章，你学到了数据驱动的自动化机器学习系统由哪些部分构成。我们同样也描述了一个真实系统的可能架构。

下一章，我们将讨论如何获取公开数据集以用于常见的机器学习任务，了解数据处理、清理和转换环节的一些基本概念。经过这些环节后，数据便可以用于训练机器学习模型了。

第3章

Spark上数据的获取、处理与准备

机器学习是一个极为广泛的领域，其应用范围已包括Web和移动应用、物联网、传感网络、金融服务、医疗健康和其他科研领域，而这些还只是其中一小部分。

由此，可用于机器学习的数据来源也极为广泛。本书将重点关注其在商业领域的应用。这类领域中可用的数据通常由组织的内部数据（比如金融公司的交易数据）以及外部数据（比如该金融公司下的金融资产价格数据）构成。

以第2章假想的互联网公司MovieStream为例，其主要的内部数据包括网站提供的电影数据、用户的服务信息数据以及行为数据。这些数据涉及电影和相关内容（比如标题、分类、图片、演员和导演）、用户信息（比如用户属性、位置和其他信息）以及用户活动数据（比如浏览数、预览的标题和次数、评级、评论，以及如赞、分享之类的社交数据，还有包括像Facebook和Twitter之类的社交网络属性）。

其外部数据来源则可能包括天气和地理定位信息，以及如IMDB和Rotten Tomators之类的第三方电影评级与评论信息等。

一般来说，获取实际的公司或机构的内部数据十分困难，因为这些信息很敏感（尤其是购买记录、用户或客户行为以及公司财务），也关系组织的潜在利益。这也是对这类数据应用机器学习建模的实用之处：一个预测精准的好模型有着极高的商业价值（Netflix Prize和Kaggle上机器学习比赛的成功就是很好的见证）。

本书将使用可以公开访问的数据来讲解数据处理和机器学习模型训练的相关概念。

本章内容包括：

- 简要概述机器学习中用到的数据类型；
- 举例说明从何处获取感兴趣的数据集（通常可从因特网上获取），其中一些会用于阐述本书所涉及模型的应用；
- 了解数据的处理、清理、探索和可视化方法；

- 介绍将原始数据转换为可用于机器学习算法特征的各种技术；
- 学习如何使用外部库或Spark内置函数来正则化输入特征。

3.1 获取公开数据集

商业敏感数据虽然难以获取，但好在仍有相当多有用数据可公开访问。它们中的不少常用来作为特定机器学习问题的基准测试数据。常见的有以下几个。

- **UCL机器学习知识库**：包括近300个不同大小和类型的数据集，可用于分类、回归、聚类和推荐系统任务。数据集列表位于：http://archive.ics.uci.edu/ml/。
- **Amazon AWS公开数据集**：包含的通常是大型数据集，可通过Amazon S3访问。这些数据集包括人类基因组项目、Common Crawl网页语料库、维基百科数据和Google Books Ngrams。相关信息可参见：http://aws.amazon.com/publicdatasets/。
- **Kaggle**：这里集合了Kaggle举行的各种机器学习竞赛所用的数据集。它们覆盖分类、回归、排名、推荐系统以及图像分析领域，可从Competitions区域下载：http://www.kaggle.com/competitions。
- **KDnuggets**：这里包含一个详细的公开数据集列表，其中一些上面提到过的。该列表位于：http://www.kdnuggets.com/datasets/index.html。

针对特定的应用领域与机器学习任务，仍有许多其他公开数据集。希望你自己也会接触到一些有趣的学术或是商业数据。

为说明Spark下的数据处理、转换和特征提取相关的概念，需要下载一个电影推荐方面的常用数据集MovieLens。它能应用于推荐系统和其他可能的机器学习任务，适合作为示例数据集。

Spark的机器学习库MLlib一直在紧锣密鼓地开发。但和Spark的核心不同，其全局API和设计的进度尚未完全稳定。

Spark 1.2.0引入了一个实验性质的新MLlib API，位于`ml`包下（现有的接口则位于`mllib`包下）。新API旨在加强原有的API和接口的设计，从而更容易衔接数据流程的各个环节。这些环节包括特征提取、正则化、数据集转化、模型训练和交叉验证。

新API仍处于实现阶段，在后续的版本中可能会出现重大的变更。因此，后续的章节将只关注相对更成熟的现有MLlib API。随着版本的更新，本书所提到的各种特征提取方法和模型将会简单地桥接到新API中。但新API的核心思路和大部分底层代码仍会保持原样。

MovieLens 100k数据集

MovieLens 100k数据集包含表示多个用户对多部电影的10万次评级数据，也包含电影元数据和用户属性信息。该数据集不大，方便下载和用Spark程序快速处理，故适合做讲解示例。

可从http://files.grouplens.org/datasets/movielens/ml-100k.zip下载这个数据集。

下载后，可在终端将其解压：

```
>unzip ml-100k.zip
  inflating: ml-100k/allbut.pl
  inflating: ml-100k/mku.sh
  inflating: ml-100k/README
  ...
  inflating: ml-100k/ub.base
  inflating: ml-100k/ub.test
```

这会创建一个名为ml-100k的文件夹。下面变更当前目录到该目录然后查看其内容。其中重要的文件有u.user（用户属性文件）、u.item（电影元数据）和u.data（用户对电影的评级）。

```
>cd ml-100k
```

关于数据集的更多信息可以从README获得，包括每个数据文件里的变量定义。我们可以使用head命令来查看各个文件中的内容。

比如说，可以看到u.user文件包含user.id、age、gender、occupation和ZIP code这些属性，各属性之间用管道符（|）分隔。

```
>head -5 u.user
  1|24|M|technician|85711
  2|53|F|other|94043
  3|23|M|writer|32067
  4|24|M|technician|43537
  5|33|F|other|15213
```

u.item文件则包含movie id、title、release date以及若干与IMDB link和电影分类相关的属性。各个属性之间也用|符号分隔：

```
>head -5 u.item
  1|Toy Story (1995)|01-Jan-1995||http://us.imdb.com/M/title-exact?Toy%20
Story%20(1995)|0|0|0|1|1|1|0|0|0|0|0|0|0|0|0|0|0|0|0
  2|GoldenEye (1995)|01-Jan-1995||http://us.imdb.com/M/title-
exact?GoldenEye%20(1995)|0|1|1|0|0|0|0|0|0|0|0|0|0|0|0|0|1|0|0
  3|Four Rooms (1995)|01-Jan-1995||http://us.imdb.com/M/title-
exact?Four%20Rooms%20(1995)|0|0|0|0|0|0|0|0|0|0|0|0|0|0|0|0|1|0|0
  4|Get Shorty (1995)|01-Jan-1995||http://us.imdb.com/M/title-
exact?Get%20Shorty%20(1995)|0|1|0|0|0|1|0|0|1|0|0|0|0|0|0|0|0|0|0
  5|Copycat (1995)|01-Jan-1995||http://us.imdb.com/M/title-
exact?Copycat%20(1995)|0|0|0|0|0|0|1|0|1|0|0|0|0|0|0|0|1|0|0
```

最后，u.data文件包含user id、movie id、rating（从1到5）和timestamp属性，各属

性间用制表符（\t）分隔。

```
>head -5 u.data
196     242     3       881250949
186     302     3       891717742
22      377     1       878887116
244     51      2       880606923
166     346     1       886397596
```

3.2 探索与可视化数据

有数据后，用启动Spark交互式终端来探索该数据吧！本节将通过IPython交互式终端和matplotlib库来对数据进行处理和可视化，故我们会用到Python和PySpark shell。

IPython是针对Python的一个高级交互式壳程序，包含内置一系列实用功能的pylab，其中有NumPy和SciPy用于数值计算，以及matplotlib用于交互式绘图和可视化。

建议使用最新版的IPython（本书写作时为2.3.1）。IPython的安装方法可参考如下指引：http://ipython.org/install.html。如果这是你第一次使用IPython，这里有一个教程：http://ipython.org/ipython-doc/stable/interactive/tutorial.html。

运行本章代码需要之前提到的所有软件包。它们的安装指南可从源代码包中找到。如果你刚开始使用Python且不熟悉这些包的安装过程，我们强烈推荐你使用一个预编译的科学Python套件，比如Anaconda（http://continuum.io/downloads）或Enthougt（https://store.enthought.com/downloads）。这些套件极大简化了安装过程且包含运行本章代码所需的一切。

PySpark支持运行Python时可指定的参数。在启动PySpark终端时，我们可以使用IPython而非标准的Python shell。启动时也可以向IPython传入其他参数，包括让它在启动时也启用pylab功能。

可以在Spark主目录下运行如下命令来实现上述需求：

```
>IPYTHON=1 IPYTHON_OPTS="--pylab" ./bin/pyspark
```

可以看到PySpark终端会启动，其输出和下面类似：

终端里的`IPython 2.3.1 -- An enhanced Interactive Python`和`Using matplotlib backend: MacOSX`输出行表示IPython和pylab均已被PySpark启用。

实际使用的操作系统和软件版本的不同，实际的输出可能会有所不同。

图3-1　IPython下的PySpark的终端界面

现在IPython终端已启动，我们可以探索MovieLens数据集并做些基本分析。

在本章的学习过程中，你可以将样本代码输入到IPython终端，也可通过IPython提供的Notebook 应用来完成。后者支持支持HTML显示，且在IPython终端的基础上提供了一些增强功能，如即时绘图、HTML标记，以及独立运行代码片段的功能。

本章的图片使用IPython Notebook生成。它们的样式可能会和你看到的不同，但只要内容上一致就没关系。如果愿意，你也可以使用Notebook来运行本章的代码。本章除提供Python代码外，还提供相应的IPython Notebook版本，以供你导入到IPython Notebook中。

IPython Notebook的使用指南可参见：http://ipython.org/ipython-doc/stable/interactive/notebook.html。

3.2.1　探索用户数据

首先来分析MovieLens用户的特征。在你的终端里输入如下代码（其中的`PATH`是指用`unzip`命令来解压MovieLens 100k数据集时所生成的主目录）：

```
user_data = sc.textFile("/PATH/ml-100k/u.user")
user_data.first()
```

其输出应该与下面类似：

```
u'1|24|M|technician|85711'
```

这是用户数据文件的首行。从中可以看到，它是由“|”字符分隔。

first函数与collect函数类似，但前者只向驱动程序返回RDD的首个元素。我们也可以使用take(k)函数来只返回RDD的前k个元素到驱动程序。

下面用“|”字符来分隔各行数据。这将生成一个RDD，其中每一个记录对应一个Python 列表，各列表由用户ID（user ID）、年龄（age）、性别（gender）、职业（occupation）和邮编（ZIP code）五个属性构成。

之后再统计用户、性别、职业和邮编的数目。这可通过如下代码实现。该数据集不大，故这里并未缓存它。

```
user_fields = user_data.map(lambda line: line.split("|"))
num_users = user_fields.map(lambda fields: fields[0]).count()
num_genders = user_fields.map(lambda fields:
fields[2]).distinct().count()
num_occupations = user_fields.map(lambda fields:
fields[3]).distinct().count()
num_zipcodes = user_fields.map(lambda fields:
fields[4]).distinct().count()
print "Users: %d, genders: %d, occupations: %d, ZIP codes: %d" % (num_users, num_genders,
num_occupations, num_zipcodes)
```

对应输出如下：

```
Users: 943, genders: 2, occupations: 21, ZIP codes: 795
```

接着用matplotlib的hist函数来创建一个直方图，以分析用户年龄的分布情况：

```
ages = user_fields.map(lambda x: int(x[1])).collect()
hist(ages, bins=20, color='lightblue', normed=True)
fig = matplotlib.pyplot.gcf()
fig.set_size_inches(16, 10)
```

这里hist函数的输入参数有ages数组、直方图的bins数目（即区间数，这里为20）。同时还使用了normed=True参数来正则化直方图，即让每个方条表示年龄在该区间内的数据量占总数据量的比。

你将能看到图3-2所示的直方图。从中可以看出MovieLens的用户偏年轻。大量用户处于15岁到35岁之间。

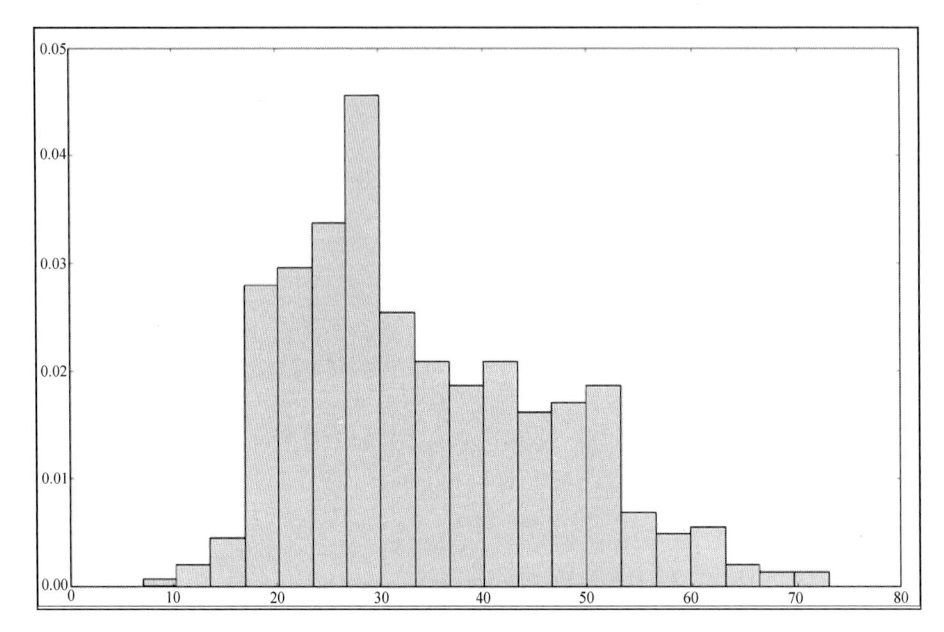

图3-2　用户的年龄段分布

若想了解用户的职业分布情况，可以用如下的代码来实现。首先利用之前用到的MapReduce方法来计算数据集中各种职业的出现次数，然后matplotlib下的bar函数来绘制一个不同职业的数量的条形图。

数据中对职业的描述用的是文本，所以需要对其稍作处理以便bar函数使用：

```
count_by_occupation = user_fields.map(lambda fields: (fields[3], 1)).
reduceByKey(lambda x, y: x + y).collect()
x_axis1 = np.array([c[0] for c in count_by_occupation])
y_axis1 = np.array([c[1] for c in count_by_occupation])
```

在得到各职业所占数量的RDD后，需将其转为两个数组才能用来做条形图。它们分别对应*x*轴（职业标签）与*y*轴（数量）。collect函数返回数量数据时并不排序。我们需要对该数据进行排序，从而在条形图中以从少到多的顺序来显示各个职业。

为此可先创建两个numpy数组。之后调用numpy的argsort函数来以数量升序从各数组中选取元素。注意这里会对*x*轴和*y*轴的数组都以*y*轴值排序（即以数量排序）：

```
x_axis = x_axis1[np.argsort(y_axis1)]
y_axis = y_axis1[np.argsort(y_axis1)]
```

有了条形图两轴所需的数据后便可创建条形图。创建时，会以职业作为*x*轴上的分类标签，以数量作为*y*轴的值。下面的代码也增加了如plt.xticks(rotation=30)之类的代码来美化条形图。

```
pos = np.arange(len(x_axis))
width = 1.0

ax = plt.axes()
ax.set_xticks(pos + (width / 2))
ax.set_xticklabels(x_axis)

plt.bar(pos, y_axis, width, color='lightblue')
plt.xticks(rotation=30)
fig = matplotlib.pyplot.gcf()
fig.set_size_inches(16, 10)
```


生成的图形应该和图3-3类似。从中可看出，数量最多的职业是student、other、educator、administrator、engineer和programmer。

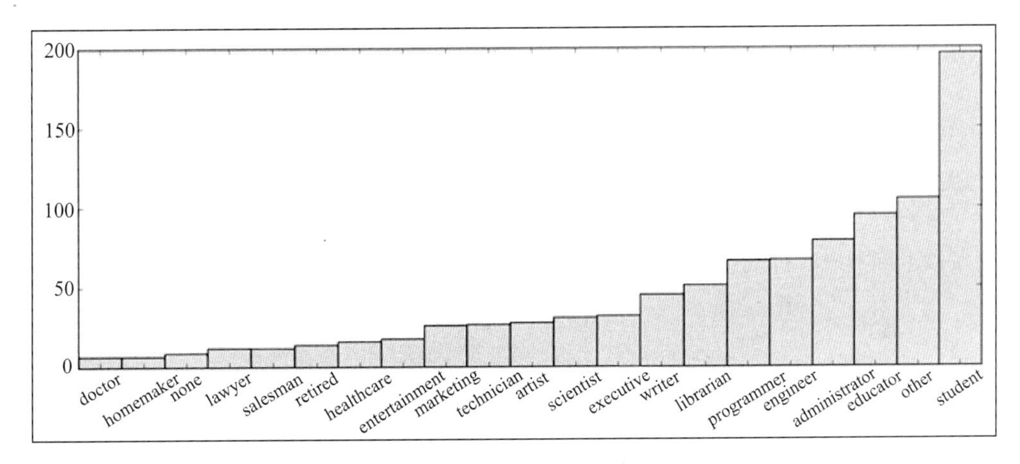

图3-3 用户的职业分布

Spark对RDD提供了一个名为`countByValue`的便捷函数。它会计算RDD里各不同值所分别出现的次数，并将其以Python `dict`函数的形式（或是Scala、Java下的`Map`函数）返回给驱动程序：

```
count_by_occupation2 = user_fields.map(lambda fields: fields[3]).countByValue()
print "Map-reduce approach:"
print dict(count_by_occupation2)
print ""
print "countByValue approach:"
print dict(count_by_occupation)
```

可以看到，上述两种方式的结果相同。

3.2.2 探索电影数据

接下来了解下电影分类数据的特征。如之前那样，我们可以先简单看一下某行记录，然后再统计电影总数。

```
movie_data = sc.textFile("/PATH/ml-100k/u.item")
print movie_data.first()
num_movies = movie_data.count()
print "Movies: %d" % num_movies
```

其终端上的输出如下：

```
1|Toy Story (1995)|01-Jan-1995||http://us.imdb.com/M/title-exact?Toy%20Story%20
(1995)|0|0|0|1|1|1|0|0|0|0|0|0|0|0|0|0|0|0|0
Movies: 1682
```

绘制电影年龄的分布图的方法和之前对用户年龄和职业分布的处理类似。电影年龄即其发行年份相对于现在过了多少年（在本数据中现在是1998年）。

从下面的代码可以看到，电影数据中有些数据不规整，故需要一个函数来处理解析release date时可能的解析错误。这里命名该函数为convert_year：

```
def convert_year(x):
  try:
    return int(x[-4:])
  except:
    return 1900 #若数据缺失年份则将其年份设为1900。在后续处理中会过滤掉这类数据
```

有了以上函数来解析发行年份后，便可在调用电影数据进行map转换时应用该函数，并取回其结果：

```
movie_fields = movie_data.map(lambda lines: lines.split("|"))
years = movie_fields.map(lambda fields: fields[2]).map(lambda x: convert_year(x))
```

解析出错的数据的年份已设为1900。要过滤掉这些数据可以使用Spark的filter转换操作：

```
years_filtered = years.filter(lambda x: x != 1900)
```

现实的数据经常会有不规整的情况，对其解析时就需要进一步的处理。上面便是一个很好的例子。事实上，这也表明了数据探索的重要性所在，即它有助于发现数据在完整性和质量上的问题。

过滤掉问题数据后，我们用当前年份减去发行年份，从而将电影发行年份列表转换为电影年龄。接着用countByValue来计算不同年龄电影的数目。最后绘制电影年龄直方图（同样会使用hist函数，且其values变量的值来自countByValue的结果，主键则为bins变量）：

```
movie_ages = years_filtered.map(lambda yr: 1998-yr).countByValue()
values = movie_ages.values()
bins = movie_ages.keys()
hist(values, bins=bins, color='lightblue', normed=True)
fig = matplotlib.pyplot.gcf()
fig.set_size_inches(16,10)
```

你会看到如图3-4这样的结果。它表明大部分电影发行于1998年的前几年。

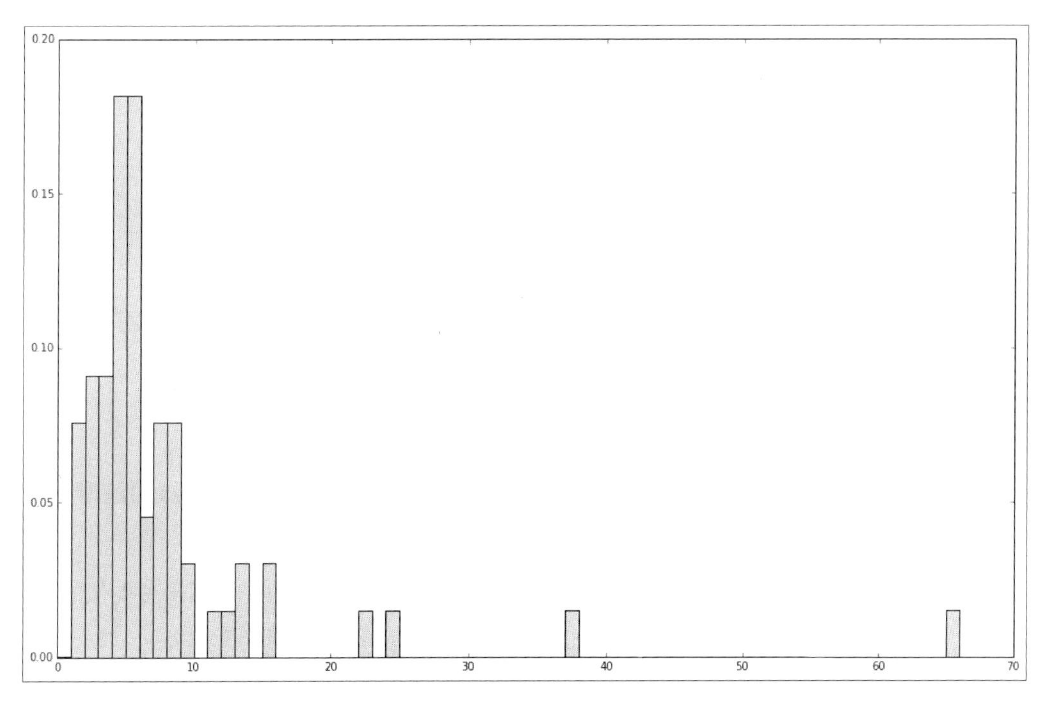

图3-4 电影的年龄分布

3.2.3 探索评级数据

现在来看一下评级数据：

```
rating_data = sc.textFile("/PATH/ml-100k/u.data")
print rating_data.first()
num_ratings = rating_data.count()
print "Ratings: %d" % num_ratings
```

这些代码的输出为：

```
196     242     3     881250949
Ratings: 100000
```

可以看到评级次数共有10万。另外和用户数据与电影数据不同，评级记录用“\t”分隔。你可能也已想到，我们会想做些基本的统计，以及绘制评级值分布的直方图。动手吧：

```
rating_data = rating_data_raw.map(lambda line: line.split("\t"))
ratings = rating_data.map(lambda fields: int(fields[2]))
max_rating = ratings.reduce(lambda x, y: max(x, y))
min_rating = ratings.reduce(lambda x, y: min(x, y))
mean_rating = ratings.reduce(lambda x, y: x + y) / num_ratings
median_rating = np.median(ratings.collect())
ratings_per_user = num_ratings / num_users
```

```
ratings_per_movie = num_ratings / num_movies
print "Min rating: %d" % min_rating
print "Max rating: %d" % max_rating
print "Average rating: %2.2f" % mean_rating
print "Median rating: %d" % median_rating
print "Average # of ratings per user: %2.2f" % ratings_per_user
print "Average # of ratings per movie: %2.2f" % ratings_per_movie
```

在终端执行以上命令后，输出应该与下面类似：

```
Min rating: 1
Max rating: 5
Average rating: 3.53
Median rating: 4
Average # of ratings per user: 106.00
Average # of ratings per movie: 59.00
```

从中可以看到，最低的评级为1，而最大的评级为5。这并不意外，因为评级的范围便是从1到5。

Spark对RDD也提供一个名为states的函数。该函数包含一个数值变量用于做类似的统计：

```
ratings.stats()
```

其输出为：

```
(count: 100000, mean: 3.52986, stdev: 1.12566797076, max: 5.0, min: 1.0)
```

可以看出，用户对电影的平均评级（mean）是3.5左右，而评级中位数（median）为4。这就能期待说评级的分布稍倾向高点的得分。要验证这点，可以创建一个评级值分布的条形图。具体做法和之前的类似：

```
count_by_rating = ratings.countByValue()
x_axis = np.array(count_by_rating.keys())
y_axis = np.array([float(c) for c in count_by_rating.values()])
# 这里对y轴正则化，使它表示百分比
y_axis_normed = y_axis / y_axis.sum()
pos = np.arange(len(x_axis))
width = 1.0

ax = plt.axes()
ax.set_xticks(pos + (width / 2))
ax.set_xticklabels(x_axis)

plt.bar(pos, y_axis_normed, width, color='lightblue')
plt.xticks(rotation=30)
fig = matplotlib.pyplot.gcf()
fig.set_size_inches(16, 10)
```

这会生成图3-5所示的结果：

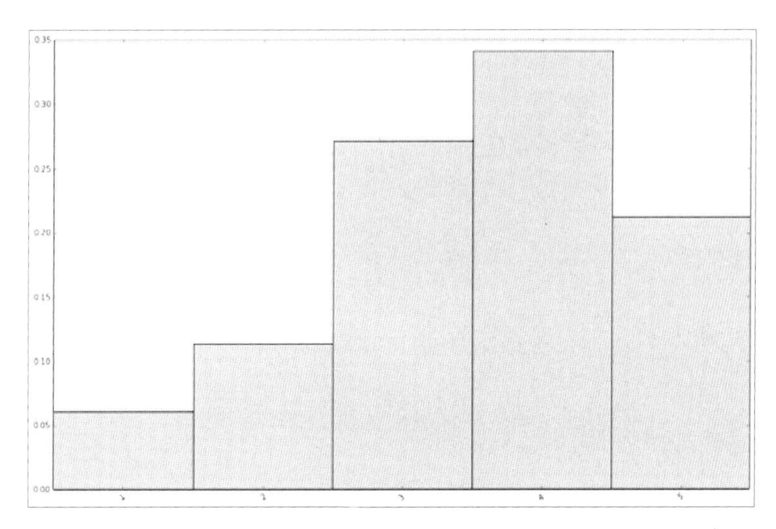

图3-5　电影评级的分布

其特征和我们之前所期待的相同，即评级的分布的确偏向中等以上。

同样也可以求各个用户评级次数的分布情况。记得之前我们已对评级数据用制表符分隔，从而生成过`rating_data` RDD。后续的代码中将再次用到该RDD变量。

计算各用户的评级次数的分布时，我们先从`rating_data` RDD里提取出以用户ID为主键、评级为值的键值对。之后调用Spark的`groupByKey`函数，来对评级以用户ID为主键进行分组：

```
user_ratings_grouped = rating_data.map(lambda fields: (int(fields[0]),
int(fields[2]))).\
    groupByKey()
```

接着求出每一个主键（用户ID）对应的评级集合的大小；这会给出各用户评级的次数：

```
user_ratings_byuser = user_ratings_grouped.map(lambda (k, v): (k, len(v)))
user_ratings_byuser.take(5)
```

要检查结果RDD，可从中选出少数记录。这应该会返回一个(用户`ID`, 评级次数)键值对类型的RDD：

```
[(1, 272), (2, 62), (3, 54), (4, 24), (5, 175)]
```

最后，用我们所熟悉的`hist`函数来绘制各用户评级分布的直方图。

```
user_ratings_byuser_local = user_ratings_byuser.map(lambda (k, v): v).collect()
hist(user_ratings_byuser_local, bins=200, color='lightblue', normed=True)
fig = matplotlib.pyplot.gcf()
fig.set_size_inches(16,10)
```

结果如图3-6所示。可以看出，大部分用户的评级次数少于100。但该分布也表明仍然有较多用户做出过上百次的评级。

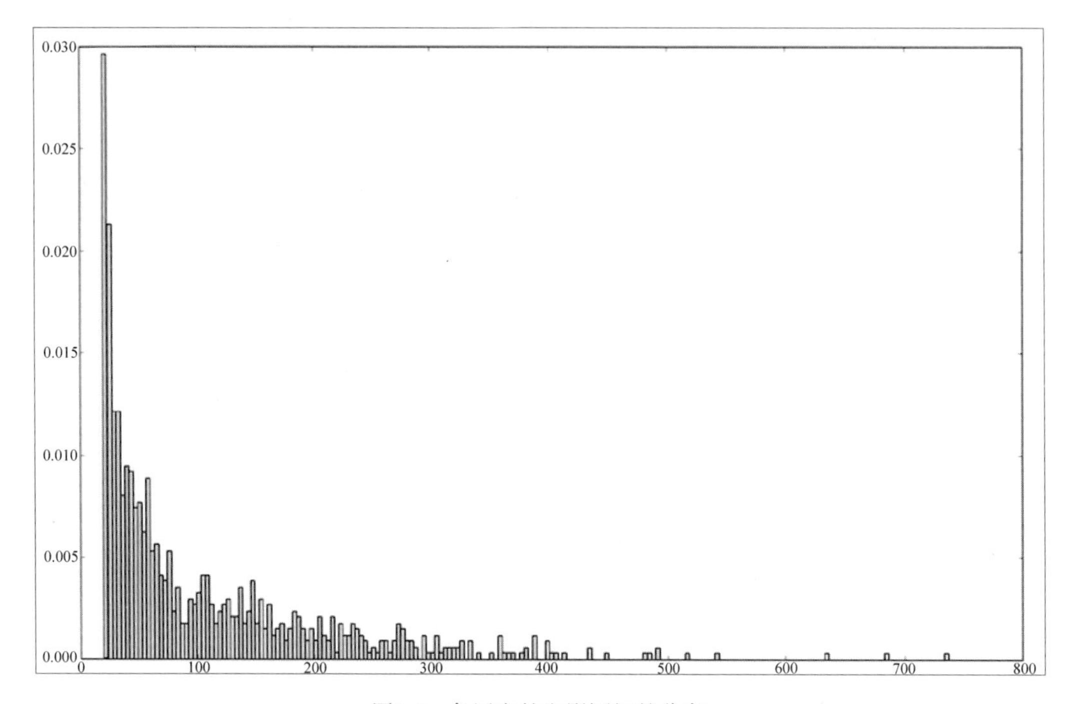

图3-6　各用户的电影评级的分布

可以用类似的方法绘制各个电影评级次数的直方图，读者可自己练习。如果觉得不够，甚至还可以提取出不同日期（可从评级数据集的最后一列的时间戳得到）下的电影评级情况，进而绘制出总评级次数、参与评级的不同用户的个数，以及被评级的不同电影的个数的时间线。时间线精确到每天。

3.3　处理与转换数据

现在我们已对数据集进行过探索性的分析，并了解了用户和电影的一些特征。那接下来做什么呢？

为让原始数据可用于机器学习算法，需要先对其进行清理，并可能需要将其进行各种转换，之后才能从转换后的数据里提取有用的特征。数据的转换和特征提取联系紧密。某些情况下，一些转换本身便是特征提取的过程。

在之前处理电影数据集时我们已经看到数据清理的必要性。一般来说，现实中的数据会存在信息不规整、数据点缺失和异常值问题。理想情况下，我们会修复非规整数据。但很多数据集都源于一些难以重现的收集过程（比如网络活动数据和传感器数据），故实际上会难以修复。值缺失和异常也很常见，且处理方式可与处理非规整信息类似。总的来说，大致的处理方法如下。

- **过滤掉或删除非规整或有值缺失的数据**：这通常是必须的，但的确会损失这些数据里那些好的信息。
- **填充非规整或缺失的数据**：可以根据其他的数据来填充非规整或缺失的数据。方法包括用零值、全局期望或中值来填充，或是根据相邻或类似的数据点来做插值（通常针对时序数据）等。选择正确的方式并不容易，它会因数据、应用场景和个人经验而不同。
- **对异常值做鲁棒处理**：异常值的主要问题在于即使它们是极值也不一定就是错的。到底是对是错通常很难分辨。异常值可被移除或是填充，但的确存在某些统计技术（如鲁棒回归）可用于处理异常值或是极值。
- **对可能的异常值进行转换**：另一种处理异常值或极值的方法是进行转换。对那些可能存在异常值或值域覆盖过大的特征，利用如对数或高斯核对其转换。这类转换有助于降低变量存在的值跳跃的影响，并将非线性关系变为线性的。

非规整数据和缺失数据的填充

前面已经举过过滤非规整数据的例子。顺着上述代码，下面的代码对发行日期有问题的数据采取了填充策略，即用发行日期的中位数来填充问题数据。

```
years_pre_processed = movie_fields.map(lambda fields: fields[2]).map(lambda x:
convert_year(x)).collect()
years_pre_processed_array = np.array(years_pre_processed)
```

在选取所有的发行日期后，这里首先计算发行年份的平均数和中位数。选取的数据不包含非规整数据。然后用numpy的函数来找出year_pre_processed_array中的非规整数据点的序号（之前我们给该数据点分配了1900的值）。最后通过该序号来将中位数作为非规整数据的发行年份：

```
mean_year = np.mean(years_pre_processed_array[years_pre_processed_array!=1900])
median_year = np.median(years_pre_processed_array[years_pre_processed_array!=1900])
index_bad_data = np.where(years_pre_processed_array==1900)[0][0]
years_pre_processed_array[index_bad_data] = median_year
print "Mean year of release: %d" % mean_year
print "Median year of release: %d" % median_year
print "Index of '1900' after assigning median: %s" % np.where(years_pre_processed_
array == 1900)[0]
```

其输出应如下：

```
Mean year of release: 1989
Median year of release: 1995
Index of '1900' after assigning median: []
```

这里同时求出了发行年份的平均值和中位值。从输出也可看到，发行年份分布的偏向使得其中位值很高。特定情况下通常不容易确定选取什么样的值来做填充才够精确。 但在本例中，从该偏向来看使用中位值来填充的确可行。

> 严格来说，上面示例代码的可扩展性并不很高，因为它要把数据都返回给驱动程序。平均值的计算可通过Spark下数值型RDD的mean函数来实现，但目前并没相应的中位数函数。我们可以自己编写这个函数来求中位数，又或是用sample函数（后面几章会更多看到）计算样本的中位数。

3.4　从数据中提取有用特征

在完成对数据的初步探索、处理和清理后，便可从中提取可供机器学习模型训练用的特征。

特征（feature）指那些用于模型训练的变量。每一行数据包含可供提取到训练样本中的各种信息。从根本上说，几乎所有机器学习模型都是与用向量表示的数值特征打交道；因此，我们需要将原始数据转换为数值。

特征可以概括地分为如下几种。

- **数值特征**（numerical feature）：这些特征通常为实数或整数，比如之前例子中提到的年龄。
- **类别特征**（categorical feature）：它们的取值只能是可能状态集合中的某一种。我们数据集中的用户性别、职业或电影类别便是这类。
- **文本特征**（text feature）：它们派生自数据中的文本内容，比如电影名、描述或是评论。
- **其他特征**：大部分其他特征都最终表示为数值。比如图像、视频和音频可被表示为数值数据的集合。地理位置则可由经纬度或地理散列（geohash）表示。

这里我们将谈到数值、类别以及文本类的特征。

3.4.1　数值特征

原始的数值和一个数值特征之间的区别是什么？实际上，任何数值数据都能作为输入变量。但是，机器学习模型中所学习的是各个特征所对应的向量的权值。这些权值在特征值到输出或是目标变量（指在监督学习模型中）的映射过程中扮演重要角色。

由此我们会想使用那些合理的特征，让模型能从这些特征学到特征值和目标变量之间的关系。比如年龄就是一个合理的特征。年龄的增加和某项支出之间可能就存在直接关系。类似地，高度也是一个可直接使用的数值特征。

当数值特征仍处于原始形式时，其可用性相对较低，但可以转化为更有用的表示形式。位置信息便是如此。若使用原始位置信息（比如用经纬度表示的），我们的模型可能学习不到该信息和某个输出之间的有用关系，这就使得该信息的可用性不高，除非数据点的确很密集。然而若对位置进行聚合或挑选后（比如聚焦为一个城市或国家），便容易和特定输出之间存在某种关联了。

3.4.2 类别特征

当类别特征仍为原始形式时，其取值来自所有可能取值所构成的集合而不是一个数字，故不能作为输入。如之前的例子中的用户职业便是一个类别特征变量，其可能取值有学生、程序员等。

这样的类别特征也称作名义（nominal）变量，即其各个可能取值之间没有顺序关系。相反，那些存在顺序关系的（比如之前提到的评级，从定义上说评级5会高于或是好于评级1）则被称为有序（ordinal）变量。

将类别特征表示为数字形式，常可借助k之1（1-of-k）方法进行。将名义变量表示为可用于机器学习任务的形式，会需要借助如k之1编码这样的方法。有序变量的原始值可能就能直接使用，但也常会经过和名义变量一样的编码处理。

假设变量可取的值有k个。如果对这些值用1到k编序，则可以用长度为k的二元向量来表示一个变量的取值。在这个向量里，该取值对应的序号所在的元素为1，其他元素都为0。

比如，我们可以取回occupation的所有可能取值：

```
all_occupations = user_fields.map(lambda fields: fields[3]). distinct().collect()
all_occupations.sort()
```

然后可以依次对各可能的职业分配序号（注意，为与Python、Scala以及Java中数组编序相同，这里也从0开始编号）：

```
idx = 0
all_occupations_dict = {}
for o in all_occupations:
    all_occupations_dict[o] = idx
    idx +=1
# 看一下“k之1”编码会对新的例子分配什么值
print "Encoding of 'doctor': %d" % all_occupations_dict['doctor']
print "Encoding of 'programmer': %d" % all_occupations_dict['programmer']
```

其输出如下：

```
Encoding of 'doctor': 2
Encoding of 'programmer': 14
```

最后来编码programmer的取值。首先需创建一个长度和可能的职业数目相同（本例中为5）的numpy数组，其各元素值为0。这可通过numpy的zeros函数实现。

之后将提取单词programmer的序号，并将数组中对应该序号的那个元素值赋为1：

```
K = len(all_occupations_dict)
binary_x = np.zeros(K)
k_programmer = all_occupations_dict['programmer']
binary_x[k_programmer] = 1
print "Binary feature vector: %s" % binary_x
print "Length of binary vector: %d" % K
```

对应的输出为：

```
Binary feature vector: [ 0.  0.  0.  0.  0.  0.  0.  0.  0.  0.  0.  0.  0.  0.  1.
0.  0.  0.  0.  0.  0.]
Length of binary vector: 21
```

3.4.3　派生特征

上面曾提到，从现有的一个或多个变量派生出新的特征常常是有帮助的。理想情况下，派生出的特征能比原始属性带来更多信息。

比如，可以分别计算各用户已有的电影评级的平均数。这将能给模型加入针对不同用户的个性化特征（事实上，这常用于推荐系统）。在前文中我们也从原始的评级数据里创建了新的特征以学习出更好的模型。

从原始数据派生特征的例子包括计算平均值、中位值、方差、和、差、最大值或最小值以及计数。在先前内容中，我们也看到是如何从电影的发行年份和当前年份派生了新的movie age特征的。这类转换背后的想法常常是对数值数据进行某种概括，并期望它能让模型学习更容易。

数值特征到类别特征的转换也很常见，比如划分为区间特征。进行这类转换的变量常见的有年龄、地理位置和时间。

将时间戳转为类别特征

下面以对评级时间的转换为例，说明如何将数值数据装换为类别特征。该时间的格式为Unix的时间戳。我们可以用Python的datetime模块从中提取出日期、时间以及点钟（hour）信息。其结果将是由各评级对应的点钟数所构成的RDD。

需要定义一个函数将评级时间戳提取为datetime的格式：

```
def extract_datetime(ts):
    import datetime
    return datetime.datetime.fromtimestamp(ts)
```

下面会再次用到之前例子中求出的rating_data RDD。

我们首先使用map将时间戳属性转换为Python int 类型。然后通过extract_datetime函数将各时间戳转为datetime类型的对象，进而提取出其点钟数。

```
timestamps = rating_data.map(lambda fields: int(fields[3]))
hour_of_day = timestamps.map(lambda ts: extract_datetime(ts).hour)
```

```
hour_of_day.take(5)
```

若取出结果RDD的前5条记录，可看到如下输出：

```
[17, 21, 9, 7, 7]
```

这就完成了从原始的时间数据到表示评级发生的点钟的类别特征的转换。

现在，假设我们觉得这样的表示过于粗糙，想更为精确。我们可以将点钟数划分到一天中的不同时段。

比如可以说7点到12点是上午，12点到14点是中午，以此类推。要生成这些时间段，可以创建一个以点钟数为输入的函数来返回相应的时间段：

```
def assign_tod(hr):
  times_of_day = {
    'morning' : range(7, 12),
    'lunch' : range(12, 14),
    'afternoon' : range(14, 18),
    'evening' : range(18, 23),
    'night' : range(23, 7)
  }
  for k, v in times_of_day.iteritems():
    if hr in v:
      return k
```

现在对`hour_of_day` RDD里的各次评级的点钟数调用`assign_tod`函数：

```
time_of_day = hour_of_day.map(lambda hr: assign_tod(hr))
time_of_day.take(5)
```

如果我们选择查看该新RDD里的前5条记录，会输出如下已转换的值：

```
['afternoon', 'evening', 'morning', 'morning', 'morning']
```

我们已将时间戳变量转为点钟数，再接着转为了时间段，从而得到了一个类别特征。我们可以借助之前提到的k之1编码方法来生成其相应的二元特征向量。

3.4.4　文本特征

从某种意义上说，文本特征也是一种类别特征或派生特征。下面以电影的描述（我们的数据集中不含该数据）来举例。即便作为类别数据，其原始的文本也不能直接使用。因为假设每个单词都是一种可能的取值，那单词之间可能出现的组合有几乎无限种。这时模型几乎看不到有相同的特征出现两次，学习的效果也就不理想。从中可以看出，我们会希望将原始的文本转换为一种更便于机器学习的形式。

文本的处理方式有很多种。自然语言处理便是专注于文本内容的处理、表示和建模的一个领域。关于文本处理的完整内容并不在本书的讨论范围内，但我们会介绍一种简单且标准化的文本特征提取方法。该方法被称为词袋（bag-of-word）表示法。

词袋法将一段文本视为由其中的文本或数字组成的集合，其处理过程如下。

- **分词（tokenization）**：首先会应用某些分词方法来将文本分隔为一个由词（一般如单词、数字等）组成的集合。可用的方法如空白分隔法。这种方法在空白处对文本分隔并可能还删除其他如标点符号和其他非字母或数字字符。
- **删除停用词（stop words removal）**：之后，它通常会删除常见的单词，比如the、and和but（这些词被称作**停用词**）。
- **提取词干（stemming）**：下一步则是词干的提取。这是指将各个词简化为其基本的形式或者干词。常见的例子如复数变为单数（比如dogs变为dog等）。提取的方法有很多种，文本处理算法库中常常会包括多种词干提取方法。
- **向量化（vectorization）**：最后一步就是用向量来表示处理好的词。二元向量可能是最为简单的表示方式。它用1和0来分别表示是否存在某个词。从根本上说，这与之前提到的*k*之1编码相同。与*k*之1相同，它需要一个词的字典来实现词到索引序号的映射。随着遇到的词增多，各种词可能达数百万。由此，使用稀疏矩阵来表示就很关键。这种表示只记录某个词是否出现过，从而节省内存和磁盘空间，以及计算时间。

在第9章我们会提到更为复杂的文本处理和特征提取方法，包括词权重赋值法。这些方法远比之前看到的二元编码复杂。

提取简单的文本特征

我们以数据集中的电影标题为例，来示范如何提取文本特征为二元矩阵。

首先需创建一个函数来过滤掉电影标题中可能存在的发行年月。如果标题中存在发行年月，就只保留电影的名称。

我们使用Python的正则表达式模块`re`来寻找标题里位于括号之间的年份。如果找到与表达式匹配的字段，我们将提取标题中匹配起始位置（即左括号所在的位置）之前的部分。下面代码中的`raw[:grps.start()]`实现了该功能：

```
def extract_title(raw):
  import re
  # 该表达式找寻括号之间的非单词（数字）
  grps = re.search("\((\w+)\)", raw)
  if grps:
    # 只选取标题部分，并删除末尾的空白字符
    return raw[:grps.start()].strip()
  else:
    return raw
```

之后从`movie_fields` RDD里提取出原始的电影标题：

```
raw_titles = movie_fields.map(lambda fields: fields[1])
```

用前5个原始标题来测试一下extract_title函数：

```
for raw_title in raw_titles.take(5):
  print extract_title(raw_title)
```

要验证该函数功能，可查看结果：

```
Toy Story
GoldenEye
Four Rooms
Get Shorty
Copycat
```

下面对原始标题调用该函数，并调用一个分词法来将处理后的标题转为词。这里会使用之前提到的简单空白分词法：

```
movie_titles = raw_titles.map(lambda m: extract_title(m))
# 下面用简单空白分词法将标题分词为词
title_terms = movie_titles.map(lambda t: t.split(" "))
print title_terms.take(5)
```

该方法将给出的结果如下：

```
[[u'Toy', u'Story'], [u'GoldenEye'], [u'Four', u'Rooms'], [u'Get', u'Shorty'],
[u'Copycat']]
```

从中可以看到，各标题都以空白进行了分隔，从而使得各个单词成为一个词。

> 这里我们没有谈到一些处理的细节，比如将文本转为小写、删除如标点符号和特殊字符之类的非单词或非数字字符、删除连接词和词干提取。但这些步骤对现实中的应用很重要。第9章将提供更多这些方面的内容。
>
> 上述处理步骤（不含词干提取）很容易用字符串的函数、正则表达式和Spark API来实现。自己试一下！

我们需要创建一个词字典，来实现词到一个整数序号的映射，以便能为每一个词分配一个对应到向量元素的序号。

这里首先使用Spark的flatMap函数（下面代码中的高亮部分）来扩展title_terms RDD中每个记录的字符串列表，以得到一个新的字符串RDD。该RDD的每个记录是一个名为all_terms的词。

之后取回所有不同的词，并给他们分配序号。其做法和之前对职业进行k之1编码完全相同：

```
# 下面取回所有可能的词，以便构建一个词到序号的映射字典
all_terms = title_terms.flatMap(lambda x: x).distinct().collect()
# 创建一个新的字典来保存词，并分配k之1序号
idx = 0
all_terms_dict = {}
```

```
for term in all_terms:
  all_terms_dict[term] = idx
  idx +=1
```

我们可以打印出不同的词的数目有多少，并用一些词来测试下映射的情况：

```
print "Total number of terms: %d" % len(all_terms_dict)
print "Index of term 'Dead': %d" % all_terms_dict['Dead']
print "Index of term 'Rooms': %d" % all_terms_dict['Rooms']
```

上述代码的输出如下：

```
Total number of terms: 2645
Index of term 'Dead': 147
Index of term 'Rooms': 1963
```

也可以通过Spark的`zipWithIndex`函数来更高效得到相同结果。该函数以各值的RDD为输入，对值进行合并以生成一个新的键值对RDD。对新的RDD，其主键为词，值为词在词字典中的序号。我们会用到`collectAsMap`将该RDD以Python的`dict`函数形式返回到驱动程序。

```
all_terms_dict2 = title_terms.flatMap(lambda x: x).distinct().
zipWithIndex().collectAsMap()
print "Index of term 'Dead': %d" % all_terms_dict2['Dead']
print "Index of term 'Rooms': %d" % all_terms_dict2['Rooms']
```

其输出为：

```
Index of term 'Dead': 147
Index of term 'Rooms': 1963
```

最后一步是创建一个函数。该函数将一个词集合转换为一个稀疏向量的表示。具体实现时，我们会创建一个空白稀疏矩阵。该矩阵只有一行，列数为字典的总词数。之后我们会逐一检查输入集合中的每一个词，看它是否在词字典中。如果在，那就给矩阵里相应序数位置的向量赋值1：

```
# 该函数输入一个词列表，并用k之1编码类似的方式将其编码为一个scipy稀疏向量
def create_vector(terms, term_dict):
  from scipy import sparse as sp
    num_terms = len(term_dict)
    x = sp.csc_matrix((1, num_terms))
    for t in terms:
      if t in term_dict:
        idx = term_dict[t]
        x[0, idx] = 1
  return x
```

之后，对提取出的各个词的RDD的各记录都应用该函数。

```
all_terms_bcast = sc.broadcast(all_terms_dict)
term_vectors = title_terms.map(lambda terms: create_vector(terms,
all_terms_bcast.value))
term_vecors.take(5)
```

现在可得到新稀疏向量RDD的前几条记录如下：

```
[<1x2645 sparse matrix of type '<type 'numpy.float64'>'
  with 2 stored elements in Compressed Sparse Column format>,
 <1x2645 sparse matrix of type '<type 'numpy.float64'>'
  with 1 stored elements in Compressed Sparse Column format>,
 <1x2645 sparse matrix of type '<type 'numpy.float64'>'
  with 2 stored elements in Compressed Sparse Column format>,
 <1x2645 sparse matrix of type '<type 'numpy.float64'>'
  with 2 stored elements in Compressed Sparse Column format>,
 <1x2645 sparse matrix of type '<type 'numpy.float64'>'
  with 1 stored elements in Compressed Sparse Column format>]
```

现在每一个电影标题都被转换为一个稀疏向量。可以看到那些提取出了2个词的标题所对应的向量里也是2个非零元素，而只提取了1个词的则只对应到了1个非零元素，等等。

注意上面示例代码中用Spark的broadcast函数来创建了一个包含词字典的广播变量。现实场景中该字典可能会极大，故适合使用广播变量。

3.4.5 正则化特征

在将特征提取为向量形式后，一种常见的预处理方式是将数值数据正则化（normalization）。其背后的思想是将各个数值特征进行转换，以将它们的值域规范到一个标准区间内。正则化的方法有如下几种。

- **正则化特征**：这实际上是对数据集中的单个特征进行转换。比如减去平均值（特征对齐）或是进行标准的正则转换（以使得该特征的平均值和标准差分别为0和1）。
- **正则化特征向量**：这通常是对数据中的某一行的所有特征进行转换，以让转换后的特征向量的长度标准化。也就是缩放向量中的各个特征以使得向量的范数为1（常指一阶或二阶范数）。

下面将用第二种情况举例说明。向量正则化可通过numpy的norm函数来实现。具体来说，先计算一个随机向量的二阶范数，然后让向量中的每一个元素都除该范数，从而得到正则化后的向量：

```
np.random.seed(42)
x = np.random.randn(10)
norm_x_2 = np.linalg.norm(x)
normalized_x = x / norm_x_2
print "x:\n%s" % x
print "2-Norm of x: %2.4f" % norm_x_2
print "Normalized x:\n%s" % normalized_x
print "2-Norm of normalized_x: %2.4f" %
np.linalg.norm(normalized_x)
```

其输出应该如下（注意上面的代码中将随机种子的值设为42，以保证每次运行的结果相同）：

```
x: [ 0.49671415 -0.1382643  0.64768854  1.52302986 -0.23415337 -0.23413696
1.57921282  0.76743473 -0.46947439  0.54256004]
2-Norm of x: 2.5908
Normalized x: [ 0.19172213 -0.05336737  0.24999534 0.58786029 -0.09037871 -0.09037237
0.60954584  0.29621508 -0.1812081  0.20941776]
2-Norm of normalized_x: 1.0000
```

用MLlib正则化特征

Spark在其MLlib机器学习库中内置了一些函数用于特征的缩放和标准化。它们包括供标准正态变换的`StandardScaler`，以及提供与上述相同的特征向量正则化的`Normalizer`。

在后面几章中，我们会探索这些函数的使用方法。但现在，我们只简单比较一下MLlib的`Normalizer`与我们自己函数的结果：

```
from pyspark.mllib.feature import Normalizer
normalizer = Normalizer()
vector = sc.parallelize([x])
```

在导入所需的类后，会要初始化`Normalizer`（其默认使用与之前相同的二阶范数）。注意用Spark时，大部分情况下`Normalizer`所需的输入为一个RDD（它包含`numpy`数值或MLlib向量）。作为举例，我们会从`x`向量创建一个单元素的RDD。

之后将会对我们的RDD调用`Normalizer`的`transform`函数。由于该RDD只含有一个向量，可通过`first`函数来返回向量到驱动程序。接着调用`toArray`函数来将该向量转换为`numpy`数组：

```
normalized_x_mllib = normalizer.transform(vector).first().toArray()
```

最后来看一下之前打印过的那些值，并做个比较：

```
print "x:\n%s" % x
print "2-Norm of x: %2.4f" % norm_x_2
print "Normalized x MLlib:\n%s" % normalized_x_mllib
print "2-Norm of normalized_x_mllib: %2.4f" % np.linalg.
norm(normalized_x_mllib)
```

其结果会和之前用我们自己的代码时的完全相同。但不管怎样，相比自己编写的函数，使用MLlib内置的函数无疑会更方便和高效！

3.4.6　用软件包提取特征

虽然上面已经提到了不少特征提取的方法，但每次都要为这些常见任务编写代码并不轻松。当然，我们可以为之创建可重用的代码库。但更好的是可以依赖现有的工具和软件包。

Spark支持Scala、Java和Python的绑定。我们可以通过这些语言所开发的软件包，借助其中完善的工具箱来实现特征的处理和提取，以及向量表示。特征提取可借助的软件包有scikit-learn、 gensim、scikit-image、matplotlib、Python的NLTK、Java编写的OpenNLP以及用Scala编写的Breeze和Chalk。实际上，Breeze自Spark 1.0开始就成为Spark的一部分了。后几章也会介绍如何使用Breeze的线性代数功能。

3.5 小结

本章，我们看到了如何寻找可用于各种机器学习模型的常见公开数据集。学到了如何导入、处理和清理数据，以及如何将原始数据转为特征向量以供模型训练的常见方法。

下一章，我们将介绍推荐系统的基本概念、创建推荐模型的方法、如何使用模型来做推荐，以及如何评价模型。

第 4 章

构建基于Spark的推荐引擎

前几章介绍了数据处理和特征提取的一些基本概念。从本章开始，我们将从推荐引擎开始，对各机器学习模型进行详细探讨。

推荐引擎或许是最为大众所知的一种机器学习模型。人们或许并不知道它确切是什么，但在使用Amazon、Netflix、YouTube、Twitter、LinkedIn和Facebook这些流行站点的时候，可能已经接触过了。推荐是这些网站背后的核心组件之一，有时还是一个重要的收入来源。

推荐引擎背后的想法是预测人们可能喜好的物品并通过探寻物品之间的联系来辅助这个过程。从这点上来说，它和同样也做预测的搜索引擎互补。但与搜索引擎不同，推荐引擎试图向人们呈现的相关内容并不一定就是人们所搜索的，其返回的某些结果甚至人们都没听说过。

一般来讲，推荐引擎试图对用户与某类物品之间的联系建模。比如，第2章MovieStream的案例中，我们使用推荐引擎来告诉用户有哪些电影他们可能会喜欢。如果这点做得很好，就能吸引用户持续使用我们的服务。这对双方都有好处。同样，如果能准确告诉用户有哪些电影与某一电影相似，就能方便用户在站点上找到更多感兴趣的信息。这也能提升用户的体验、参与度以及站点内容对用户的吸引力。

实际上，推荐引擎的应用并不限于电影、书籍或是产品。本章内容同样适用于用户与物品关系或社交网络中用户与用户之间的关系。比方说向用户推荐他们可能认识或关注的用户。

推荐引擎很适合如下两类常见场景（两者可兼有）。

- **可选项众多**：可选的物品越多，用户就越难找到想要的物品。如果用户知道他们想要什么，那搜索能有所帮助。然而最适合的物品往往并不为用户所事先知道。这时，通过向用户推荐相关物品，其中某些可能用户事先不知道，将能帮助他们发现新物品。
- **偏个人喜好**：当人们主要根据个人喜好来选择物品时，推荐引擎能利用集体智慧，根据其他有类似喜好用户的信息来帮助他们发现所需物品。

本章将涉及如下内容：

- 介绍推荐引擎的类型；
- 用用户偏好数据来建立一个推荐模型；

- 使用上述模型来为用户进行推荐和求指定物品的类似物品（即相关物品）；
- 应用标准的评估指标来评估该模型的预测能力。

4.1　推荐模型的分类

推荐系统的研究已经相当广泛，也存在很多设计方法。最为流行的两种方法是基于内容的过滤和协同过滤。另外，排名模型等近期也受到不少关注。实践中的方案很多是综合性的，它们将多种方法的元素合并到一个模型中或是进行组合。

4.1.1　基于内容的过滤

基于内容的过滤利用物品的内容或是属性信息以及某些相似度定义，来求出与该物品类似的物品。这些属性值通常是文本内容（比如标题、名称、标签及该物品的其他元数据）。对多媒体来说，可能还涉及从音频或视频中提取的其他属性。

类似地，对用户的推荐可以根据用户的属性或是描述得出，之后再通过相同的相似度定义来与物品属性做匹配。比如，用户可以表示为他所接触过的各物品属性的综合。该表示可作为该用户的一种描述。之后可以用它来与物品的属性进行比较以找出符合用户描述的物品。

4.1.2　协同过滤

协同过滤是一种借助众包智慧的途径。它利用大量已有的用户偏好来估计用户对其未接触过的物品的喜好程度。其内在思想是相似度的定义。

在基于用户的方法的中，如果两个用户表现出相似的偏好（即对相同物品的偏好大体相同），那就认为他们的兴趣类似。要对他们中的一个用户推荐一个未知物品，便可选取若干与其类似的用户并根据他们的喜好计算出对各个物品的综合得分，再以得分来推荐物品。其整体的逻辑是，如果其他用户也偏好某些物品，那这些物品很可能值得推荐。

同样也可以借助基于物品的方法来做推荐。这种方法通常根据现有用户对物品的偏好或是评级情况，来计算物品之间的某种相似度。这时，相似用户评级相同的那些物品会被认为更相近。一旦有了物品之间的相似度，便可用用户接触过的物品来表示这个用户，然后找出和这些已知物品相似的那些物品，并将这些物品推荐给用户。同样，与已有物品相似的物品被用来生成一个综合得分，而该得分用于评估未知物品的相似度。

基于用户或物品的方法的得分取决于若干用户或是物品之间依据相似度所构成的集合（即邻居），故它们也常被称为最近邻模型。

最后，也存在不少基于模型的方法是对“用户–物品”偏好建模。这样，对未知“用户–物品”组合上应用该模型便可得出新的偏好。

4.1.3　矩阵分解

Spark推荐模型库当前只包含基于矩阵分解（matrix factorization）的实现，由此我们也将重点关注这类模型。它们有吸引人的地方。首先，这些模型在协同过滤中的表现十分出色。而在Netflix Prize等知名比赛中的表现也很拔尖。

关于Netflix Prize比赛中表现最好的模型的更多信息，可参见：http://techblog.netflix.com/2012/04/netflix-recommendations-beyond-5-stars.html。

1. 显式矩阵分解

当要处理的那些数据是由用户所提供的自身的偏好数据，这些数据被称作显式偏好数据。这类数据包括如物品评级、赞、喜欢等用户对物品的评价。

这些数据可以转换为以用户为行、物品为列的二维矩阵。矩阵的每一个数据表示某个用户对特定物品的偏好。大部分情况下单个用户只会和少部分物品接触，所以该矩阵只有少部分数据非零（即该矩阵很稀疏）。

举个简单的例子，假设我们有如下用户对电影的评级数据：

```
Tom, Star Wars, 5
Jane, Titanic, 4
Bill, Batman, 3
Jane, Star Wars, 2
Bill, Titanic, 3
```

它们可转为如下评级矩阵：

用户 / 电影	《蝙蝠侠》	《星球大战》	《泰坦尼克号》
Bill	3	3	
Jane		2	4
Tom		5	

图4-1　一个简单的电影评级矩阵

对这个矩阵建模，可以采用矩阵分解（或矩阵补全）的方式。具体就是找出两个低维度的矩阵，使得它们的乘积是原始的矩阵。因此这也是一种降维技术。假设我们的用户和物品数目分别是U和I，那对应的“用户–物品”矩阵的维度为$U \times I$，类似图4-2所示：

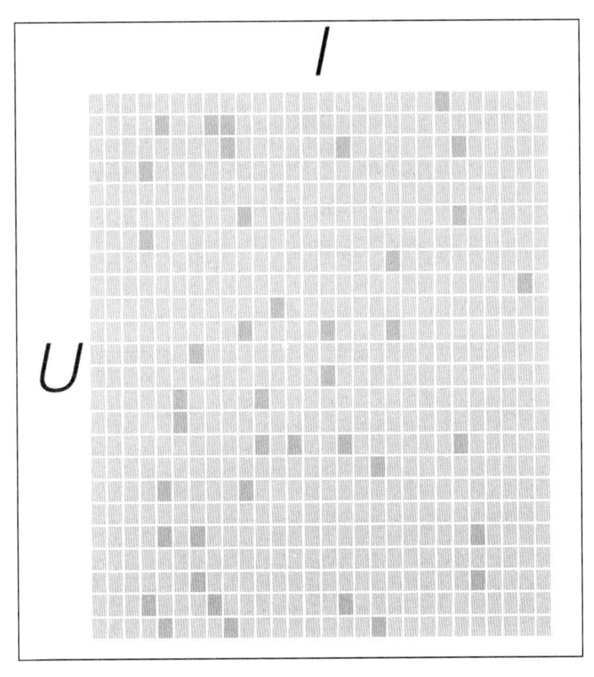

图4-2　一个稀疏的评级矩阵

要找到和“用户–物品”矩阵近似的k维（低阶）矩阵，最终要求出如下两个矩阵：一个用于表示用户的$U \times k$维矩阵，以及一个表征物品的$I \times k$维矩阵。这两个矩阵也称作因子矩阵。它们的乘积便是原始评级矩阵的一个近似。值得注意的是，原始评级矩阵通常很稀疏，但因子矩阵却是稠密的，如图4-3所示：

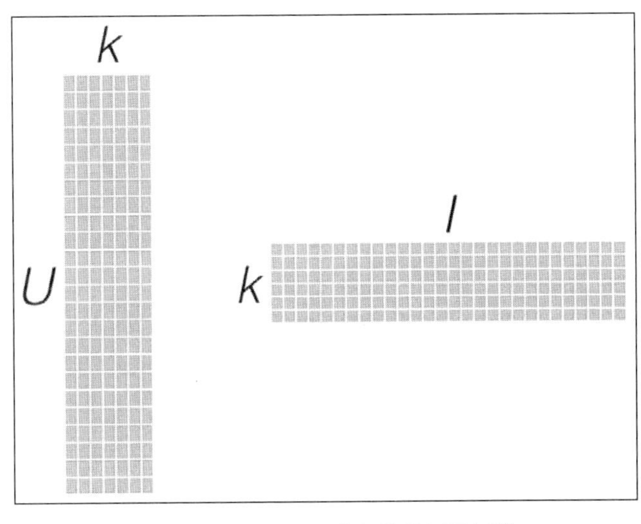

图4-3　用户因子矩阵和物品因子矩阵

这类模型试图发现对应“用户–物品”矩阵内在行为结构的隐含特征（这里表示为因子矩阵），所以也把它们称为隐特征模型。隐含特征或因子不能直接解释，但它可能表示了某些含义，比如对电影的某个导演、种类、风格或某些演员的偏好。

由于是对“用户–物品”矩阵直接建模，用这些模型进行预测也相对直接：要计算给定用户对某个物品的预计评级，就从用户因子矩阵和物品因子矩阵分别选取相应的行（用户因子向量）与列（物品因子向量），然后计算两者的点积即可。

图4-4中的高亮部分为因子向量：

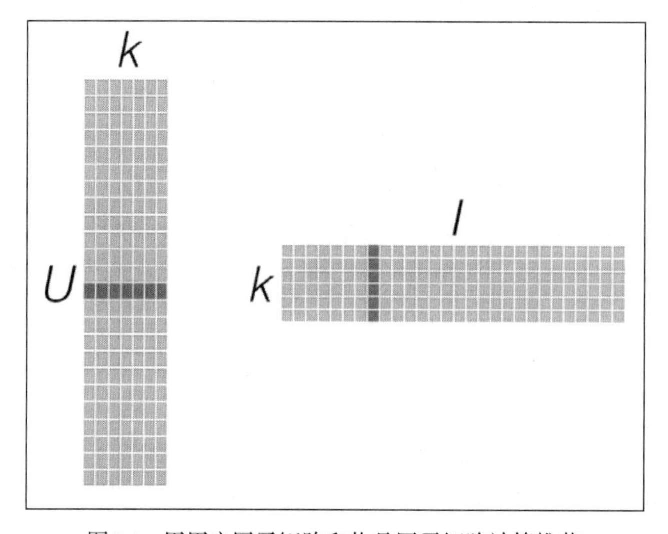

图4-4　用用户因子矩阵和物品因子矩阵计算推荐

而对于物品之间相似度的计算，可以用最近邻模型中用到的相似度衡量方法。不同的是，这里可以直接利用物品因子向量，将相似度计算转换为对两物品因子向量之间相似度的计算，如图4-5所示：

因子分解类模型的好处在于，一旦建立了模型，对推荐的求解便相对容易。但也有弊端，即当用户和物品的数量很多时，其对应的物品或是用户的因子向量可能达到数以百万计。这将在存储和计算能力上带来挑战。另一个好处是，这类模型的表现通常都很出色。

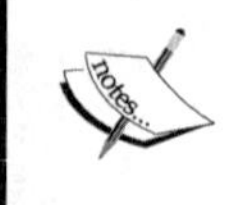

Oryx（https://github.com/OryxProject/oryx）和Prediction.io（https://github.com/PredictionIO/PredictionIO）等项目专注于提供大规模建模服务，服务内容包括基于矩阵分解的推荐。

因子分解类模型也存在某些弱点。相比最近邻模型，这类模型在理解和可解释性上难度都有所增加。另外，其模型训练阶段的计算量也很大。

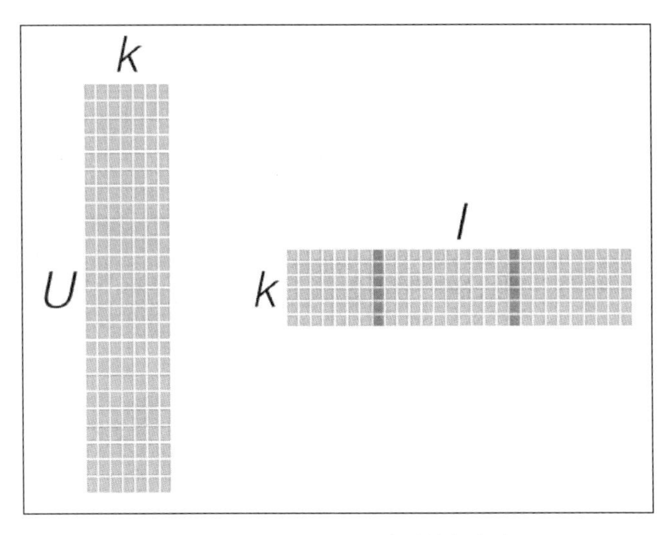

图4-5 用物品因子矩阵计算相似度

2. 隐式矩阵分解

上面针对的是评级之类的显式偏好数据，但能收集到的偏好数据里也会包含大量的隐式反馈数据。在这类数据中，用户对物品的偏好不会直接给出，而是隐含在用户与物品的交互之中。二元数据（比如用户是否观看了某个电影或是否购买了某个商品）和计数数据（比如用户观看某电影的次数）便是这类数据。

处理隐式数据的方法相当多。MLlib实现了一个特定方法，它将输入的评级数据视为两个矩阵：一个二元偏好矩阵P以及一个信心权重矩阵C。

举例来说，假设之前提到的“用户–电影”评级实际上是各用户观看电影的次数，那上述两个矩阵会类似图4-6所示。其中，矩阵P表示用户是否看过某些电影，而矩阵C则以观看的次数来表示信心权重。一般来说，某个用户观看某个电影的次数越多，那我们对该用户的确喜欢该电影的信心也就越强。

P

用户/物品	《蝙蝠侠》	《星球大战》	《泰坦尼克号》
Bill	1	1	
Jane		1	1
Tom		1	

C

用户/物品	《蝙蝠侠》	《星球大战》	《泰坦尼克号》
Bill	3	3	
Jane		2	4
Tom		5	

图4-6 用物品因子矩阵计算相似度

隐式模型仍然会创建一个用户因子矩阵和一个物品因子矩阵。但是，模型所求解的是偏好矩阵而非评级矩阵的近似。类似地，此时用户因子向量和物品因子向量的点积所得到的分数也不再是一个对评级的估值，而是对某个用户对某一物品偏好的估值（该值的取值虽并不严格地处于0到1之间，但十分趋近于这个区间）。

3. 最小二乘法

最小二乘法（Alternating Least Squares，ALS）是一种求解矩阵分解问题的最优化方法。它功能强大、效果理想而且被证明相对容易并行化。这使得它很适合如Spark这样的平台。在本书写作时，它是MLlib唯一已实现的求解方法。

ALS的实现原理是迭代式求解一系列最小二乘回归问题。在每一次迭代时，固定用户因子矩阵或是物品因子矩阵中的一个，然后用固定的这个矩阵以及评级数据来更新另一个矩阵。之后，被更新的矩阵被固定住，再更新另外一个矩阵。如此迭代，直到模型收敛（或是迭代了预设好的次数）。

Spark文档的协同过滤部分引用了ALS算法的核心论文。对显式数据和隐式数据的处理的组件背后使用的都是该算法。具体参见：http://spark.apache.org/docs/latest/mllib-collaborative-filtering.html。

4.2　提取有效特征

这里，我们将采用显式评级数据，而不使用其他用户或物品的元数据以及“用户–物品”交互数据。这样，所需的输入数据就只需包括每个评级对应的用户ID、影片ID和具体的星级。

从MovieLens 100k数据集提取特征

从Spark主目录启动Spark shell。启动时保证内存分配充足：

```
>./bin/spark-shell -driver-memory 4g
```

后续代码使用和上一章中相同的MovieLens数据集。用你自己保存该数据集的路径作为下面代码中的输入路径参数。

先看下原始的评级数据集：

```
val rawData = sc.textFile("/PATH/ml-100k/u.data")
rawData.first()
```

其输出类似如下所示：

```
14/03/30 11:42:41 WARN NativeCodeLoader: Unable to load native-hadoop
library for your platform... using builtin-java classes where applicable
14/03/30 11:42:41 WARN LoadSnappy: Snappy native library not loaded
14/03/30 11:42:41 INFO FileInputFormat: Total input paths to process : 1
14/03/30 11:42:41 INFO SparkContext: Starting job: first at <console>:15
14/03/30 11:42:41 INFO DAGScheduler: Got job 0 (first at <console>:15)
with 1 output partitions (allowLocal=true)
14/03/30 11:42:41 INFO DAGScheduler: Final stage: Stage 0 (first at <console>:15)
14/03/30 11:42:41 INFO DAGScheduler: Parents of final stage: List()
14/03/30 11:42:41 INFO DAGScheduler: Missing parents: List()
14/03/30 11:42:41 INFO DAGScheduler: Computing the requested partition locally
14/03/30 11:42:41 INFO HadoopRDD: Input split: file:/Users/Nick/
workspace/datasets/ml-100k/u.data:0+1979173
14/03/30 11:42:41 INFO SparkContext: Job finished: first at <console>:15,
took 0.030533 s
res0: String = 196   242   3   881250949
```

之前也提过，该数据由用户ID、影片ID、星级和时间戳等字段依次组成，各字段间用制表符分隔。但这里在训练模型时，时间戳信息是不需要的。那我们简单地提取出前三个字段即可：


```
val rawRatings = rawData.map(_.split("\t").take(3))
```

上面先对各个记录用`\t`分割，这会返回一个`Array[String]`数组。之后调用Scala的`take`函数来仅保留数组的前三个元素，它们分别对应用户ID、影片ID、星级。

`rawRatings.first()`命令会只将新RDD的第一条记录返回到驱动程序。通过调用它，我们可以检查一下新RDD。该命令的输出如下：

```
14/03/30 12:24:00 INFO SparkContext: Starting job: first at <console>:21
14/03/30 12:24:00 INFO DAGScheduler: Got job 1 (first at <console>:21)
with 1 output partitions (allowLocal=true)
14/03/30 12:24:00 INFO DAGScheduler: Final stage: Stage 1 (first at <console>:21)
14/03/30 12:24:00 INFO DAGScheduler: Parents of final stage: List()
14/03/30 12:24:00 INFO DAGScheduler: Missing parents: List()
14/03/30 12:24:00 INFO DAGScheduler: Computing the requested partition locally
14/03/30 12:24:00 INFO HadoopRDD: Input split: file:/Users/Nick/
workspace/datasets/ml-100k/u.data:0+1979173
14/03/30 12:24:00 INFO SparkContext: Job finished: first at <console>:21,
took 0.00391 s
res6: Array[String] = Array(196, 242, 3)
```

下面使用Spark的MLlib来训练模型。先看一下有哪些可用模型及它们的输入如何。首先，从MLlib导入ALS模型：

```
import org.apache.spark.mllib.recommendation.ALS
```

在终端上可以使用Tab键来查看ALS对象可用的函数有那些。输入`ALS.`（注意点号），然后按Tab键，应可看到如下自动完成功能所提示的函数项：

```
ALS.
asInstanceOf    isInstanceOf    main    toString    train    trainImplicit
```

这里要使用的函数是train。若只输入ALS.train 然后回车，终端会提示错误。但这个错误会包含该函数的声明信息：

```
ALS.train

<console>:12: error: ambiguous reference to overloaded definition,

both method train in object ALS of type (ratings: org.apache.spark.rdd.
RDD[org.apache.spark.mllib.recommendation.Rating], rank: Int, iterations:
Int)org.apache.spark.mllib.recommendation.MatrixFactorizationModel

and method train in object ALS of type (ratings: org.apache.spark.
rdd.RDD[org.apache.spark.mllib.recommendation.Rating], rank: Int,
iterations: Int, lambda: Double)org.apache.spark.mllib.recommendation.
MatrixFactorizationModel

match expected type ?
              ALS.train
                  ^
```

由此可知，所需提供的输入参数至少有ratings、rank和iterations。第二个函数另外还需要一个lambda参数。先导入上面提到的Rating类，再类似地输入Rating()后回车，便可看到Rating对象所需的参数：

```
import org.apache.spark.mllib.recommendation.Rating
Rating()
<console>:13: error: not enough arguments for method apply: (user: Int,
product: Int, rating: Double)org.apache.spark.mllib.recommendation.Rating
in object Rating.
Unspecified value parameters user, product, rating.
              Rating()
                    ^
```

上述输出表明ALS模型需要一个由Rating记录构成的RDD，而Rating类则是对用户ID、影片ID（这里是通称product）和实际星级这些参数的封装。我们可以调用map方法将原来的各ID和星级的数组转换为对应的Rating对象，从而创建所需的评级数据集。

```
val ratings = rawRatings.map { case Array(user, movie, rating) =>
Rating(user.toInt, movie.toInt, rating.toDouble) }
```

注意，这里需要使用toInt或toDouble来将原始的评级数据（它从文本文件生成，类型为String）转换为Int或Double类型的数值输入。另外，这里还使用了case语句来提取各属性对应的变量名并直接使用它们。（这样就不用使用val user = ratings(0)之类的表达。）

关于Scala中case语句和模式匹配的更多信息可参见http://docs.scala-lang.org/tutorials/tour/pattern-matching.html。

现在就有了所需的RDD[Rating]。可以通过如下命令验证它：

```
ratings.first()
14/03/30 12:32:48 INFO SparkContext: Starting job: first at <console>:24
14/03/30 12:32:48 INFO DAGScheduler: Got job 2 (first at <console>:24)
with 1 output partitions (allowLocal=true)
14/03/30 12:32:48 INFO DAGScheduler: Final stage: Stage 2 (first at <console>:24)
14/03/30 12:32:48 INFO DAGScheduler: Parents of final stage: List()
14/03/30 12:32:48 INFO DAGScheduler: Missing parents: List()
14/03/30 12:32:48 INFO DAGScheduler: Computing the requested partition locally
14/03/30 12:32:48 INFO HadoopRDD: Input split: file:/Users/Nick/
workspace/datasets/ml-100k/u.data:0+1979173
14/03/30 12:32:48 INFO SparkContext: Job finished: first at <console>:24,
took 0.003752 s
res8: org.apache.spark.mllib.recommendation.Rating = Rating(196,242,3.0)
```

4.3 训练推荐模型

从原始数据提取出这些简单特征后，便可训练模型。MLlib已实现模型训练的细节，这不需要我们担心。我们只需提供上述指定类型的新RDD以及其他所需参数来作为训练的输入即可。

4.3.1 使用MovieLens 100k数据集训练模型

现在可以开始训练模型了，所需的其他参数有以下几个。

- **rank**：对应ALS模型中的因子个数，也就是在低阶近似矩阵中的隐含特征个数。因子个数一般越多越好。但它也会直接影响模型训练和保存时所需的内存开销，尤其是在用户和物品很多的时候。因此实践中该参数常作为训练效果与系统开销之间的调节参数。通常，其合理取值为10到200。
- **iterations**：对应运行时的迭代次数。ALS能确保每次迭代都能降低评级矩阵的重建误差，但一般经少数次迭代后ALS模型便已能收敛为一个比较合理的好模型。这样，大部分情况下都没必要迭代太多次（10次左右一般就挺好）。
- **lambda**：该参数控制模型的正则化过程，从而控制模型的过拟合情况。其值越高，正则化越严厉。该参数的赋值与实际数据的大小、特征和稀疏程度有关。和其他的机器学习模型一样，正则参数应该通过用非样本的测试数据进行交叉验证来调整。

作为示例，这里将使用的rank、iterations和lambda参数的值分别为50、10和0.01：

```
val model = ALS.train(ratings, 50, 10, 0.01)
```

上述代码返回一个MatrixFactorizationModel对象。该对象将用户因子和物品因子分别保存在一个(id,factor)对类型的RDD中。它们分别称作userFeatures和productFeatures。比如输入：

```
model.userFeatures
```

将会输出：

```
res14: org.apache.spark.rdd.RDD[(Int, Array[Double])] =
FlatMappedRDD[659] at flatMap at ALS.scala:231
```

可以看到，各因子的类型为Array[Double]。

注意，MLlib中ALS的实现里所用的操作都是延迟性的转换操作。所以，只在当用户因子或物品因子结果RDD调用了执行操作时，实际的计算才会发生。要强制计算发生，则可调用Spark的执行操作，如count：

```
model.userFeatures.count
```

这将触发相应的计算并产生类似如下的输出：

```
14/03/30 13:10:40 INFO SparkContext: Starting job: count at <console>:26
14/03/30 13:10:40 INFO DAGScheduler: Registering RDD 665 (map at ALS. scala:147)
14/03/30 13:10:40 INFO DAGScheduler: Registering RDD 664 (map at ALS. scala:146)
14/03/30 13:10:40 INFO DAGScheduler: Registering RDD 674
(mapPartitionsWithIndex at ALS.scala:164)
...
14/03/30 13:10:45 INFO SparkContext: Job finished: count at <console>:26, took 5.068255
s res16: Long = 943
```

在电影因子上调用count将得如下输出：

```
model.productFeatures.count
14/03/30 13:15:21 INFO SparkContext: Starting job: count at <console>:26
14/03/30 13:15:21 INFO DAGScheduler: Got job 10 (count at <console>:26)
with 1 output partitions (allowLocal=false)
14/03/30 13:15:21 INFO DAGScheduler: Final stage: Stage 165 (count at
<console>:26)
14/03/30 13:15:21 INFO DAGScheduler: Parents of final stage: List(Stage
169, Stage 166)
14/03/30 13:15:21 INFO DAGScheduler: Missing parents: List()
14/03/30 13:15:21 INFO DAGScheduler: Submitting Stage 165
(FlatMappedRDD[883] at flatMap at ALS.scala:231), which has no missing parents
14/03/30 13:15:21 INFO DAGScheduler: Submitting 1 missing tasks from
Stage 165 (FlatMappedRDD[883] at flatMap at ALS.scala:231)
...
14/03/30 13:15:21 INFO SparkContext: Job finished: count at <console>:26,
took 0.030044 s
res21: Long = 1682
```

恰如预期，每个用户和每部电影都会有对应的因子数组（分别含943个和1682个因子）。

4.3.2　使用隐式反馈数据训练模型

MLlib中标准的矩阵分解模型用于显式评级数据的处理。若要处理隐式数据，则可使用

trainImplicit函数。其调用方式和标准的train模式类似，但多了一个可设置的alpha参数（也是一个正则化参数，lambda应通过测试和交叉验证法来设置）。

alpha参数指定了信心权重所应达到的基准线。该值越高则所训练出的模型越认为用户与他所没评级过的电影之间没有相关性。

> 作为练习，试将现有的MovieLens数据集转换为一个隐式数据集。一种方法是将它转为二元的反馈数据，这可通过对评级设置某种阈值来实现。
>
> 另一种方式是将评级值转为信心权重。（比方说，低评级则意味权值为0甚至是负数，MLlib支持这种方式。）
>
> 在该隐式数据集上训练出一个模型并与下一节的模型做比较。

4.4 使用推荐模型

有了训练好的模型后便可用它来做预测。预测通常有两种：为某个用户推荐物品，或找出与某个物品相关或相似的其他物品。

4.4.1 用户推荐

用户推荐是指向给定用户推荐物品。它通常以“前*K*个”形式展现，即通过模型求出用户可能喜好程度最高的前*K*个商品。这个过程通过计算每个商品的预计得分并按照得分进行排序实现。

具体实现方法取决于所采用的模型。比如若采用基于用户的模型，则会利用相似用户的评级来计算对某个用户的推荐。而若采用基于物品的模型，则会依靠用户接触过的物品与候选物品之间的相似度来获得推荐。

利用矩阵分解方法时，是直接对评级数据进行建模，所以预计得分可视作相应用户因子向量和物品因子向量的点积。

1. 从MovieLens 100k数据集生成电影推荐

MLlib的推荐模型基于矩阵分解，因此可用模型所求得的因子矩阵来计算用户对物品的预计评级。下面只针对利用MovieLens中显式数据做推荐的情形，使用隐式模型时的方法与之相同。

MatrixFactorizationModel类提供了一个predict函数，以方便地计算给定用户对给定物品的预期得分：

```
val predictedRating = model.predict(789, 123)
```

其输出如下：

```
14/03/30 16:10:10 INFO SparkContext: Starting job: lookup at
MatrixFactorizationModel.scala:45
14/03/30 16:10:10 INFO DAGScheduler: Got job 30 (lookup at
MatrixFactorizationModel.scala:45) with 1 output partitions (allowLocal=false)
...
14/03/30 16:10:10 INFO SparkContext: Job finished: lookup at
MatrixFactorizationModel.scala:46, took 0.023077 s
predictedRating: Double = 3.128545693368485
```

可以看到，该模型预测用户789对电影123的评级为3.12。

ALS模型的初始化是随机的，这可能让你看到的结果和这里不同。实际上，每次运行该模型所产生的推荐也会不同。

`predict`函数同样可以以`(user, item)`ID对类型的RDD对象为输入，这时它将为每一对都生成相应的预测得分。我们可以借助这个函数来同时为多个用户和物品进行预测。

要为某个用户生成前*K*个推荐物品，可借助`MatrixFactorizationModel`所提供的`recommendProducts`函数来实现。该函数需两个输入参数：`user`和`num`。其中`user`是用户ID，而`num`是要推荐的物品个数。

返回值为预测得分最高的前`num`个物品。这些物品的序列按得分排序。该得分为相应的用户因子向量和各个物品因子向量的点积。

现在，算下给用户789推荐的前10个物品：

```
val userId = 789
val K = 10
val topKRecs = model.recommendProducts(userId, K)
```

这就求得了为用户789所能推荐的物品及对应的预计得分。将这些信息打印出来以便查看：

```
println(topKRecs.mkString("\n"))
```

其输出应与如下类似：

```
Rating(789,715,5.931851273771102)
Rating(789,12,5.582301095666215)
Rating(789,959,5.516272981542168)
Rating(789,42,5.458065302395629)
Rating(789,584,5.449949837103569)
Rating(789,750,5.348768847643657)
Rating(789,663,5.30832117499004)
Rating(789,134,5.278933936827717)
Rating(789,156,5.250959077906759)
Rating(789,432,5.169863417126231)
```

2. 检验推荐内容

要直观地检验推荐的效果，可以简单比对下用户所评级过的电影的标题和被推荐的那些电影的电影名。首先，我们需要读入电影数据（这是在上一章探索过的数据集）。这些数据会导入为`Map[Int, String]`类型，即从电影ID到标题的映射：

```
val movies = sc.textFile("/PATH/ml-100k/u.item")
val titles = movies.map(line => line.split("\\|").take(2)).map(array
=> (array(0).toInt,
  array(1))).collectAsMap()
titles(123)
```

其输出如下：

```
res68: String = Frighteners, The (1996)
```

对用户789，我们可以找出他所接触过的电影、给出最高评级的前10部电影及名称。具体实现时，可先用Spark的`keyBy`函数来从`ratings` RDD来创建一个键值对RDD。其主键为用户ID。然后利用`lookup`函数来只返回给定键值（即特定用户ID）对应的那些评级数据到驱动程序。


```
val moviesForUser = ratings.keyBy(_.user).lookup(789)
```

来看下这个用户评价了多少电影。这会用到`moviesForUser`的`size`函数：

```
println(moviesForUser.size)
```

可以看到，这个用户对33部电影做过评级。

接下来，我们要获取评级最高的前10部电影。具体做法是利用`Rating`对象的`rating`属性来对`moviesForUser`集合进行排序并选出排名前10的评级（含相应电影ID）。之后以其为输入，借助`titles`映射为“(电影名称，具体评级)”形式。再将名称与具体评级打印出来：

```
moviesForUser.sortBy(-_.rating).take(10).map(rating => (titles(rating.product),
rating.rating)).foreach(println)
```

其输出如下：

```
(Godfather, The (1972),5.0)
(Trainspotting (1996),5.0)
(Dead Man Walking (1995),5.0)
(Star Wars (1977),5.0)
(Swingers (1996),5.0)
(Leaving Las Vegas (1995),5.0)
(Bound (1996),5.0)
(Fargo (1996),5.0)
(Last Supper, The (1995),5.0)
(Private Parts (1997),4.0)
```

现在看下对该用户的前10个推荐，并利用上述相同的方式来查看它们的电影名（注意这些推荐已排序）：

```
topKRecs.map(rating => (titles(rating.product), rating.rating)).foreach(println)
```

其输出如下：

```
(To Die For (1995),5.931851273771102)
(Usual Suspects, The (1995),5.582301095666215)
(Dazed and Confused (1993),5.516272981542168)
(Clerks (1994),5.458065302395629)
(Secret Garden, The (1993),5.449949837103569)
(Amistad (1997),5.348768847643657)
(Being There (1979),5.30832117499004)
(Citizen Kane (1941),5.278933936827717)
(Reservoir Dogs (1992),5.250959077906759)
(Fantasia (1940),5.169863417126231)
```

读者可自己对比下两份电影名单，看这些推荐效果如何。这里不再做阐述。

4.4.2　物品推荐

物品推荐是为回答如下问题：给定一个物品，有哪些物品与它最相似？这里，相似的确切定义取决于所使用的模型。大多数情况下，相似度是通过某种方式比较表示两个物品的向量而得到的。常见的相似度衡量方法包括皮尔森相关系数（Pearson correlation）、针对实数向量的余弦相似度（cosine similarity）和针对二元向量的杰卡德相似系数（Jaccard similarity）。

1. 从MovieLens 100k数据集生成相似电影

`MatrixFactorizationModel`当前的API不能直接支持物品之间相似度的计算。所以我们要自己实现。

这里会使用余弦相似度来衡量相似度。另外采用jblas线性代数库（MLlib的依赖库之一）来求向量点积。这些和现有的`predict`和`recommendProducts`函数的实现方式类似，但我们会用到余弦相似度而不仅仅只是求点积。

我们想利用余弦相似度来对指定物品的因子向量与其他物品的做比较。进行线性计算时，除了因子向量外，还需要创建一个`Array[Double]`类型的向量对象。以该类型对象为构造函数的输入来创建一个`jblas.DoubleMatrix`类型对象的方法如下：

```
import org.jblas.DoubleMatrix
val aMatrix = new DoubleMatrix(Array(1.0, 2.0, 3.0))
```

其输出如下：

```
aMatrix: org.jblas.DoubleMatrix = [1.000000; 2.000000; 3.000000]
```

注意，使用jblas时，向量和矩阵都表示为一个DoubleMatrix类对象，但前者的是一维的而后者为二维的。

我们需要定义一个函数来计算两个向量之间的余弦相似度。余弦相似度是两个向量在n维空间里两者夹角的度数。它是两个向量的点积与各向量范数（或长度）的乘积的商。（余弦相似度用的范数为L2-范数，L2-norm。）这样，余弦相似度是一个正则化了的点积。

该相似度的取值在–1到1之间。1表示完全相似，0表示两者互不相关（即无相似性）。这种衡量方法很有帮助，因为它还能捕捉负相关性。也就是说，当为–1时则不仅表示两者不相关，还表示它们完全不同。

下面来创建这个cosineSimilarity函数：

```
def cosineSimilarity(vec1: DoubleMatrix, vec2: DoubleMatrix): Double = {
  vec1.dot(vec2) / (vec1.norm2() * vec2.norm2())
}
```

注意，这里定义了该函数的返回类型为Double，但这并非必需。Scala的类型推断机制能自动知道这个返回值。但写明函数的返回类型是有帮助的。

下面以物品567为例从模型中取回其对应的因子。这可以通过调用lookup函数来实现。之前曾用过该函数来取回特定用户的评级信息。下面的代码中还使用了head函数。lookup函数返回了一个数组而我们只需第一个值（实际上，数组里也只会有一个值，也就是该物品的因子向量）。

这个因子的类型为Array[Double]，所以后面会用它来创建一个Double[Matrix]对象，然后再用该对象来计算它与自己的相似度：

```
val itemId = 567
val itemFactor = model.productFeatures.lookup(itemId).head
val itemVector = new DoubleMatrix(itemFactor)
cosineSimilarity(itemVector, itemVector)
```

其输出如下：

```
res113: Double = 1.0
```

现在求各个物品的余弦相似度：

```
val sims = model.productFeatures.map{  case (id, factor) =>
  val factorVector = new DoubleMatrix(factor)
  val sim = cosineSimilarity(factorVector, itemVector)
  (id, sim)
}
```

接下来，对物品按照相似度排序，然后取出与物品567最相似的前10个物品：

```
// 早先时已定义过K=10
val sortedSims = sims.top(K)(Ordering.by[(Int, Double), Double] { case
(id, similarity) => similarity })
```

上述代码里使用了Spark的top函数。相比使用collect函数将结果返回驱动程序然后再本地排序，它能分布式计算出“前K个”结果，因而更高效。（注意，推荐系统要处理的用户和物品数目可能数以百万计。）

Spark需要知道如何对sims RDD里的(item id, similarity score)对排序。为此，我们另外传入了一个参数给top函数。这个参数是一个Scala Ordering对象，它会告诉Spark根据键值对里的值排序（也就是用similarity排序）。

最后，打印出这10个与给定物品最相似的物品：

```
println(sortedSims.take(10).mkString("\n"))
```

输出如下：

```
(567,1.0000000000000002)
(1471,0.6932331537649621)
(670,0.6898690594544726)
(201,0.6897964975027041)
(343,0.6891221044611473)
(563,0.6864214133620066)
(294,0.6812075443259535)
(413,0.6754663844488256)
(184,0.6702643811753909)
(109,0.6594872765176396)
```

很正常，排名第一的最相似物品就是我们给定的物品。之后便是以相似度排序的其他类似物品。

2. 检查推荐的相似物品

来看下我们所给定的电影的名称是什么：

```
println(titles(itemId))
```

输出为：

```
Wes Craven's New Nightmare (1994)
```

如在用户推荐中所做过的，我们可以看看推荐的那些电影名称是什么，从而直观上检查一下基于物品推荐的结果。这一次我们取前11部最相似电影，以排除给定的那部。所以，可以选取列表中的第1到11项：

```
val sortedSims2 = sims.top(K + 1)(Ordering.by[(Int, Double), Double] {
case (id, similarity) => similarity })
```

```
sortedSims2.slice(1, 11).map{ case (id, sim) => (titles(id), sim)
}.mkString("\n")
```

这将给出被推荐的那些电影的名称以及相应的相似度：

```
(Hideaway (1995),0.6932331537649621)
(Body Snatchers (1993),0.6898690594544726)
(Evil Dead II (1987),0.6897964975027041)
(Alien: Resurrection (1997),0.6891221044611473)
(Stephen King's The Langoliers (1995),0.6864214133620066)
(Liar Liar (1997),0.6812075443259535)
(Tales from the Crypt Presents: Bordello of Blood
(1996),0.6754663844488256)
(Army of Darkness (1993),0.6702643811753909)
(Mystery Science Theater 3000: The Movie (1996),0.6594872765176396)
(Scream (1996),0.6538249646863378)
```

同样，因为模型的初始化是随机的，这里显示的结果可能与你运行得到的结果有所不同。

上面我们使用余弦相似度得出了相似物品。可以试着同样用该相似度，用用户因子向量来计算与给定用户类似的用户有哪些。

4.5 推荐模型效果的评估

如何知道训练出来的模型是一个好模型？这就需要某种方式来评估它的预测效果。评估指标（evaluation metric）指那些衡量模型预测能力或准确度的方法。它们有些直接度量模型的预测目标变量的好坏（比如均方差），有些则关注模型对那些其并未针对性优化过但又十分接近真实应用场景数据的预测能力（比如平均准确率）。

评估指标提供了同一模型在不同参数下，又或是不同模型之间进行比较的标准方法。通过这些指标，人们可以从待选的模型中找出表现最好的那个模型。

这里将会演示如何计算推荐系统和协同过滤模型里常用的两个指标：均方差以及*K*值平均准确率。

4.5.1 均方差

均方差（Mean Squared Error，MSE）直接衡量“用户–物品”评级矩阵的重建误差。它也是一些模型里所采用的最小化目标函数，特别是许多矩阵分解类方法，比如ALS。因此，它常用于显式评级的情形。

它的定义为各平方误差的和与总数目的商。其中平方误差是指预测到的评级与真实评级的差值的平方。

下面以用户789为例做讲解。现在从之前计算的moviesForUser这个Ratings集合里找出该用户的第一个评级：

```
val actualRating = moviesForUser.take(1)(0)
```

输出为：

```
actualRating: org.apache.spark.mllib.recommendation.Rating = Rating(789,1012,4.0)
```

可以看到该用户对该电影的评级为4。然后，求模型的预计评级：

```
val predictedRating = model.predict(789, actualRating.product)
```

其输出是：

```
...
14/04/13 13:01:15 INFO SparkContext: Job finished: lookup at
MatrixFactorizationModel.scala:46, took 0.025404 s

predictedRating: Double = 4.001005374200248
```

可以看出模型预测的评级差不多也是4，十分接近用户的实际评级。最后，我们计算实际评级和预计评级的平方误差：

```
val squaredError = math.pow(predictedRating - actualRating.rating, 2.0)
```

这将输出：

```
squaredError: Double = 1.010777282523947E-6
```

要计算整个数据集上的MSE，需要对每一条(user, movie, actual rating, predicted rating)记录都计算该平均误差，然后求和，再除以总的评级次数。具体实现如下：

以下代码取自Apache Spark编程指南中的ALS部分：http://spark.apache.org/docs/latest/mllib-collaborative-filtering.html。

首先从ratings RDD里提取用户和物品的ID，并使用model.predict来对各个“用户–物品”对做预测。所得的RDD以“用户和物品ID”对作为主键，对应的预计评级作为值：

```
val usersProducts = ratings.map{ case Rating(user, product, rating)
=> (user, product)
}
val predictions = model.predict(usersProducts).map{
    case Rating(user, product, rating) => ((user, product), rating)
}
```

接着提取出真实的评级。同时，对ratings RDD做映射以让“用户–物品”对为主键，实际评级为对应的值。这样，就得到了两个主键组成相同的RDD。将两者连接起来，以创建一个新的RDD。这个RDD的主键为“用户–物品”对，键值为相应的实际评级和预计评级。

```
val ratingsAndPredictions = ratings.map{
  case Rating(user, product, rating) => ((user, product), rating)
}.join(predictions)
```

最后，求上述MSE。具体先用reduce来对平方误差求和，然后再除以count函数所求得的总记录数：

```
val MSE = ratingsAndPredictions.map{
    case ((user, product), (actual, predicted)) => math.pow((actual - predicted), 2)
}.reduce(_ + _) / ratingsAndPredictions.count
println("Mean Squared Error = " + MSE)
```

对应的输出如下：

```
Mean Squared Error = 0.08231947642632852
```

均方根误差（Root Mean Squared Error，RMSE）的使用也很普遍，其计算只需在MSE上取平方根即可。这不难理解，因为两者背后使用的数据（即评级数据）相同。它等同于求预计评级和实际评级的差值的标准差。如下代码便可求出：

```
val RMSE = math.sqrt(MSE)
println("Root Mean Squared Error = " + RMSE)
```

其输出的均方根误差为：

```
Root Mean Squared Error = 0.2869137090247319
```

4.5.2 *K*值平均准确率

*K*值平均准确率（MAPK）的意思是整个数据集上的*K*值平均准确率（Average Precision at K metric，APK）的均值。APK是信息检索中常用的一个指标。它用于衡量针对某个查询所返回的“前*K*个”文档的平均相关性。对于每次查询，我们会将结果中的前*K*个与实际相关的文档进行比较。

用APK指标计算时，结果中文档的排名十分重要。如果结果中文档的实际相关性越高且排名也更靠前，那APK分值也就越高。由此，它也很适合评估推荐的好坏。因为推荐系统也会计算“前*K*个”推荐物，然后呈现给用户。如果在预测结果中得分更高（在推荐列表中排名也更靠前）的物品实际上也与用户更相关，那自然这个模型就更好。APK和其他基于排名的指标同样也更适合评估隐式数据集上的推荐。这里用MSE相对就不那么合适。

当用APK来做评估推荐模型时，每一个用户相当于一个查询，而每一个“前*K*个”推荐物组成的集合则相当于一个查到的文档结果集合。用户对电影的实际评级便对应着文档的实际相关性。这样，APK所试图衡量的是模型对用户感兴趣和会去接触的物品的预测能力。

以下计算平均准确率的代码基于https://github.com/benhamner/Metrics。

关于MAPK的更多信息可参见https://www.kaggle.com/wiki/MeanAveragePrecision。

计算APK的代码实现如下：

```
def avgPrecisionK(actual: Seq[Int], predicted: Seq[Int], k: Int): Double = {
  val predK = predicted.take(k)
  var score = 0.0
  var numHits = 0.0
  for ((p, i) <- predK.zipWithIndex) {
    if (actual.contains(p)) {
      numHits += 1.0
      score += numHits / (i.toDouble + 1.0)
    }
  }
  if (actual.isEmpty) {
    1.0
  } else {
    score / scala.math.min(actual.size, k).toDouble
  }
}
```

可以看到，该函数包括两个数组。一个以各个物品及其评级为内容，另一个以模型所预测的物品及其评级为内容。

下面来计算对用户789推荐的APK指标怎么样。首先提取出用户实际评级过的电影的ID：

```
val actualMovies = moviesForUser.map(_.product)
```

输出如下：

```
actualMovies: Seq[Int] = ArrayBuffer(1012, 127, 475, 93, 1161, 286, 293, 9, 50, 294,
181, 1, 1008, 508, 284, 1017, 137, 111, 742, 248, 249, 1007, 591, 150, 276, 151, 129,
100, 741, 288, 762, 628, 124)
```

然后提取出推荐的物品列表，*K*设定为10：

```
val predictedMovies = topKRecs.map(_.product)
```

输出如下：

```
predictedMovies: Array[Int] = Array(27, 497, 633, 827, 602, 849, 401, 584, 1035, 1014)
```

然后用下面的代码来计算平均准确率：

```
val apk10 = avgPrecisionK(actualMovies, predictedMovies, 10)
```

输出如下：

```
apk10: Double = 0.0
```

这里，APK的得分为0，这表明该模型在为该用户做相关电影预测上的表现并不理想。

全局MAPK的求解要计算对每一个用户的APK得分，再求其平均。这就要为每一个用户都生成相应的推荐列表。针对大规模数据处理时，这并不容易，但我们可以通过Spark将该计算分布式进行。不过，这就会有一个限制，即每个工作节点都要有完整的物品因子矩阵。这样它们才能独立地计算某个物品向量与其他所有物品向量之间的相关性。然而当物品数量众多时，单个节点的内存可能保存不下这个矩阵。此时，这个限制也就成了问题。

事实上并没有其他简单的途径来应对这个问题。一种可能的方式是只计算与所有物品中的一部分物品的相关性。这可通过局部敏感哈希算法（Locality Sensitive Hashing）等来实现：http://en.wikipedia.org/wiki/Locality-sensitive_hashing。

下面看一看如何求解。首先，取回物品因子向量并用它来构建一个DoubleMatrix对象：

```
val itemFactors = model.productFeatures.map { case (id, factor)
=> factor }.collect()
val itemMatrix = new DoubleMatrix(itemFactors)
println(itemMatrix.rows, itemMatrix.columns)
```

输出如下：

```
(1682,50)
```

这说明itemMatrix的行列数分别为1682和50。这正常，因为电影数目和因子维数分别就是这么多。接下来，我们将该矩阵以一个广播变量的方式分发出去，以便每个工作节点都能访问到：

```
val imBroadcast = sc.broadcast(itemMatrix)
```

将看到如下输出：

```
14/04/13 21:02:01 INFO MemoryStore: ensureFreeSpace(672960) called with
curMem=4006896, maxMem=311387750
14/04/13 21:02:01 INFO MemoryStore: Block broadcast_21 stored as values
to memory (estimated size 657.2 KB, free 292.5 MB)
imBroadcast: org.apache.spark.broadcast.Broadcast[org.jblas.DoubleMatrix]
= Broadcast(21)
```

现在可以计算每一个用户的推荐。这会对每一个用户因子进行一次map操作。在这个操作里，会对用户因子矩阵和电影因子矩阵做乘积，其结果为一个表示各个电影预计评级的向量（长度为1682，即电影的总数目）。之后，用预计评级对它们排序：

```
val allRecs = model.userFeatures.map{ case (userId, array) =>
  val userVector = new DoubleMatrix(array)
  val scores = imBroadcast.value.mmul(userVector)
  val sortedWithId = scores.data.zipWithIndex.sortBy(-_._1)
  val recommendedIds = sortedWithId.map(_._2 + 1).toSeq
  (userId, recommendedIds)
}
```

其输出如下：

```
allRecs: org.apache.spark.rdd.RDD[(Int, Seq[Int])] = MappedRDD[269] at
map at <console>:29
```

这样就有了一个由每个用户ID及各自相对应的电影ID列表构成的RDD。这些电影ID按照预计评级的高低排序。

如前面代码片段中加粗的部分所示，返回的电影ID需要加上1。这是因为物品因子矩阵的编号从0开始，而我们电影的编号是从1开始。

还需要每个用户对应的一个电影ID列表作为传入到APK函数的`actual`参数。我们已经有`ratings` RDD，所以只需从中提取用户和电影的ID即可。

使用Spark的`groupBy`操作便可得到一个新RDD。该RDD包含每个用户ID所对应的`(userid, movieid)`对（因为`groupBy`操作所用的主键就是用户ID）：

```
val userMovies = ratings.map{ case Rating(user, product, rating) =>
(user, product)}.groupBy(_._1)
```

其输出如下：

```
userMovies: org.apache.spark.rdd.RDD[(Int, Seq[(Int, Int)])] =
MapPartitionsRDD[277] at groupBy at <console>:21
```

最后，可以通过Spark的`jion`操作将这两个RDD以用户ID相连接。这样，对于每一个用户，我们都有一个实际和预测的那些电影的ID。这些ID可以作为APK函数的输入。与计算MSE时类似，我们调用`reduce`操作来对这些APK得分求和，然后再除以总的用户数目（即`allRecs` RDD的大小）：

```
val K = 10
val MAPK = allRecs.join(userMovies).map{ case (userId, (predicted,
actualWithIds)) =>
  val actual = actualWithIds.map(_._2).toSeq
  avgPrecisionK(actual, predicted, K)
}.reduce(_ + _) / allRecs.count
println("Mean Average Precision at K = " + MAPK)
```

上述代码会输出指定*K*值时的平均准确度：

```
Mean Average Precision at K = 0.030486963254725705
```

我们模型的MAPK得分相当低。但请注意，推荐类任务的这个得分通常都较低，特别是当物品的数量极大时。

试着给`lambda`和`rank`设置其他的值，看一下你能否找到一个RMSE和MAPK得分更好的模型。

4.5.3 使用MLlib内置的评估函数

前面我们从零开始对模型进行了MSE、RMSE和MAPK三方面的评估。这是一段很有用的练习。同样，MLlib下的`RegressionMetrics`和`RankingMetrics`类也提供了相应的函数以方便模型评估。

1. RMSE和MSE

首先，我们使用`RegressionMetrics`来求解MSE和RMSE得分。实例化一个`Regression-Metrics`对象需要一个键值对类型的RDD。其每一条记录对应每个数据点上相应的预测值与实际值。代码实现如下。这里仍然会用到之前已经算出的`ratingsAndPredictions` RDD：

```
import org.apache.spark.mllib.evaluation.RegressionMetrics
val predictedAndTrue = ratingsAndPredictions.map { case ((user,
product), (predicted, actual)) => (predicted, actual) }
val regressionMetrics = new RegressionMetrics(predictedAndTrue)
```

之后就可以查看各种指标的情况，包括MSE和RMSE。下面将这些指标打印出来：

```
println("Mean Squared Error = " + regressionMetrics.meanSquaredError)
println("Root Mean Squared Error = " + regressionMetrics.rootMeanSquaredError)
```

可以看到，输出的MSE和RMSE结果和之前我们所得到的完全相同：

```
Mean Squared Error = 0.08231947642632852
Root Mean Squared Error = 0.2869137090247319
```

2. MAP

与计算MSE和RMSE一样，可以使用MLlib的`RankingMetrics`类来计算基于排名的评估指标。类似地，需要向我们之前的平均准确率函数传入一个键值对类型的RDD。其键为给定用户预测的推荐物品的ID数组，而值则是实际的物品ID数组。

`RankingMetrics`中的K值平均准确率函数的实现与我们的有所不同，因而结果会不同。但全局平均准确率（Mean Average Precision，MAP，并不设定阈值K）会和当K值较大（比如设为总的物品数目）时我们模型的计算结果相同。

首先，使用RankingMetrics来计算MAP：

```
import org.apache.spark.mllib.evaluation.RankingMetrics
val predictedAndTrueForRanking = allRecs.join(userMovies).map{ case
(userId, (predicted, actualWithIds)) =>
  val actual = actualWithIds.map(_._2)
  (predicted.toArray, actual.toArray)
}
val rankingMetrics = new RankingMetrics(predictedAndTrueForRanking)
println("Mean Average Precision = " + rankingMetrics.meanAveragePrecision)
```

其输出如下：

```
Mean Average Precision = 0.07171412913757183
```

接下来用和之前完全相同的方法来计算MAP，但是将*K*值设到很高，比如2000：

```
val MAPK2000 = allRecs.join(userMovies).map{ case (userId, (predicted,
actualWithIds)) =>
  val actual = actualWithIds.map(_._2).toSeq
  avgPrecisionK(actual, predicted, 2000)
}.reduce(_ + _) / allRecs.count
println("Mean Average Precision = " + MAPK2000)
```

你会发现，用这种方法计算得到的MAP与使用RankingMetrics计算得出的MAP相同：

```
Mean Average Precision = 0.07171412913757186
```

注意，本章并未涉及交叉验证，相关内容后面会详细讲述。那些方法同样可用于推荐模型的性能指标评估。这些指标就包括本章提到的MSE、RMSE和MAP。

4.6 小结

本章，我们用Spark的MLlib库训练了一个协同过滤推荐模型。我们也学会了如何使用该模型来向用户推荐他们可能会喜好的物品，以及找出和指定物品类似的物品。最后，我们用一些常见的指标来对该模型的预测能力进行了评估。

下一章将讲到如何使用Spark来训练一个模型以对数据分类，以及用标准的评估机制来衡量模型性能。

第5章

Spark构建分类模型

本章，你将学习分类模型的基础知识以及如何在各种应用中使用这些模型。分类通常是指将事物分成不同的类别。在分类模型中，我们期望根据一组特征来判断类别，这些特征代表了物体、事件或上下文相关的属性（变量）。

最简单的分类形式是分两个类别，即“二分类”。一般讲其中一类标记为正类（记为1），另外一类标记为负类（记为–1或者0）。

图5-1展示了一个二分类的简单例子。例子中输入的特征有二维，分别用*x*和*y*轴表示每一维的值。我们的目标是训练一个模型，可以将二维空间中的新数据点分成红色和蓝色两类。

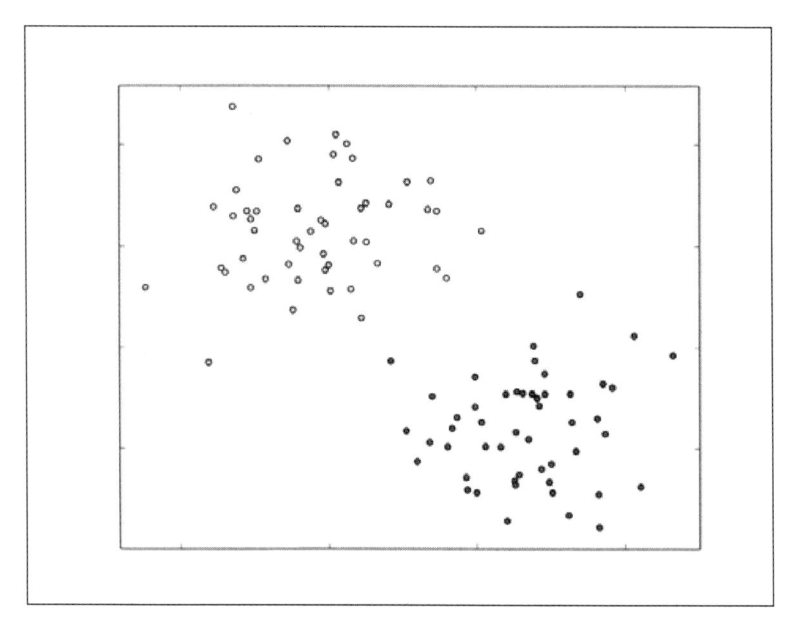

图5-1　一个简单的二分类问题

如果不止两类，则称为多类别分类，这时的类别一般从0开始进行标记（比如，5个类别用数字0~4表示）。多分类的示例见图5-2。同样地，为了方便说明，假定输入的是二维特征。

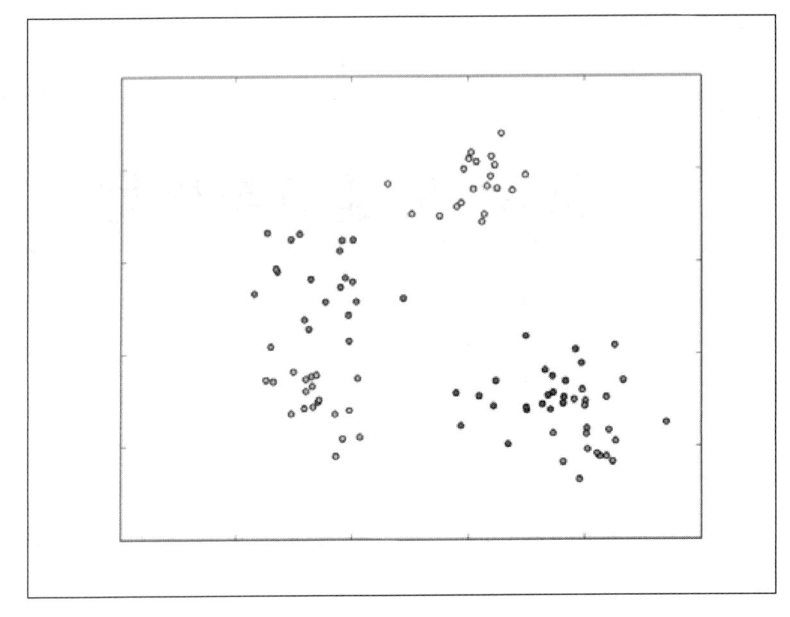

图5-2　一个简单的多类别分类问题

分类是监督学习的一种形式，我们用带有类标记或者类输出的训练样本训练模型（也就是通过输出结果监督被训练的模型）。

分类模型适用于很多情形，一些常见的例子如下：

- 预测互联网用户对在线广告的点击概率，这本质上是一个二分类问题（点击或者不点击）；
- 检测欺诈，这同样是一个二分类问题（欺诈或者不是欺诈）；
- 预测拖欠贷款（二分类问题）；
- 对图片、视频或者声音分类（大多情况下是多分类，并且有许多不同的类别）；
- 对新闻、网页或者其他内容标记类别或者打标签（多分类）；
- 发现垃圾邮件、垃圾页面、网络入侵和其他恶意行为（二分类或者多分类）；
- 检测故障，比如计算机系统或者网络的故障检测；
- 根据顾客或者用户购买产品或者使用服务的概率对他们进行排序（这可以建立分类模型预测概率并根据概率从大到小排序）；
- 预测顾客或者用户中谁有可能停止使用某个产品或服务。

上面仅仅列举了一些可行的用例。实际上，在现代公司特别是在线公司中，分类方法可以说是机器学习和统计领域使用最广泛的技术之一。

本章，我们将：

- 讨论MLlib中各种可用的分类模型；

- 使用Spark从原始输入数据中抽取合适的特征；
- 使用MLlib训练若干分类模型；
- 用训练好的分类模型做预测；
- 应用一些标准的评价方法来评估模型的预测性能；
- 使用第3章中的特征抽取方法来说明如何改进模型性能；
- 研究参数调优对模型性能的影响，并且学习如何使用交叉验证来选择最优的模型参数。

5.1 分类模型的种类

我们将讨论Spark中常见的三种分类模型：线性模型、决策树和朴素贝叶斯模型。线性模型，简单而且相对容易扩展到非常大的数据集；决策树是一个强大的非线性技术，训练过程计算量大并且较难扩展（幸运的是，MLlib会替我们考虑扩展性的问题），但是在很多情况下性能很好；朴素贝叶斯模型简单、易训练，并且具有高效和并行的优点（实际中，模型训练只需要遍历所有数据集一次）。当采用合适的特征工程，这些模型在很多应用中都能达到不错的性能。而且，朴素贝叶斯模型可以作为一个很好的模型测试基准，用于比较其他模型的性能。

目前，Spark的MLlib库提供了基于线性模型、决策树和朴素贝叶斯的二分类模型，以及基于决策树和朴素贝叶斯的多类别分类模型。本书为了方便起见，将关注二分类问题。

5.1.1 线性模型

线性模型的核心思想是对样本的预测结果（通常称为目标或者因变量）进行建模，即对输入变量（特征或者自变量）应用简单的线性预测函数。

$$y = f(w^{\mathrm{T}}x)$$

这里y是目标变量，w是参数向量（也称为权重向量），x是输入的特征向量。

$(w^{\mathrm{T}}x)$ 是关于权重向量w和特征向量x的线性预测器（又称向量点积），然后输入到函数f（又称连接函数）。

实际上，通过简单改变连接函数f，线性模型不仅可以用于分类还可以用于回归。标准的线性回归（见下章）使用对等连接函数（identity link，即直接使用 $y = fw^{\mathrm{T}}x$ ），而线性分类器使用上面提到的连接函数。

让我们来看一个在线广告的例子。例子中，如果网页中展示的广告没有被点击，则目标变量标记为0（在数学表示中通常使用–1），如果发生点击，则目标变量标记为1。每次曝光的特征向量由曝光事件相关的变量组成（比如用户、网页、广告和广告客户，以及设备类型、事件、地理位置等其他因素相关的特征）。

于是，我们要训练一个模型，将给定输入的特征向量（广告曝光）映射到预测的输出（点击或者未点击）。对于一个新的数据点，我们将得到一个新的特征向量（此时不知道预测的目标输出），并将其与权重向量进行点积。然后对点积的结果应用连接函数，最后函数的结果便是预测的输出（在一些模型中，还会将输出结果与设定的阈值进行判断后得到预测结果）。

给定输入数据的特征向量和相关的目标值，存在一个权重向量能够最好对数据进行拟合，拟合的过程即最小化模型输出与实际值的误差。这个过程称为模型的拟合、训练或者优化。

具体来说，我们需要找到一个权重向量能够最小化所有训练样本的由损失函数计算出来的损失（误差）之和。损失函数的输入是给定的训练样本的权重向量、特征向量和实际输出，输出是损失。实际上，损失函数也被定义为连接函数，每个分类或者回归函数会有对应的损失函数。

需要进一步了解线性模型和损失函数的细节，可以查阅《Spark编程指南》线性方法中关于二分类的部分：http://spark.apache.org/docs/latest/mllib-linear-methods.html#binary-classification。

同时，也可以在维基百科中查阅generalized linear model（广义线性模型）：http://en.wikipedia.org/wiki/Generalized_linear_model。

本书不会讨论线性模型和损失函数的细节，只介绍MLlib提供的两个适合二分类模型的损失函数（更多内容请看Spark文档）。第一个是逻辑损失（logistic loss），等价于逻辑回归模型。第二个是合页损失（hinge loss），等价于线性支持向量机（Support Vector Machine，SVM）。需要指出的是，这里的SVM严格上不属于广义线性模型的统计框架，但是当制定损失函数和连接函数时在使用方法上相同。

图5-3展示了与0-1损失相关的逻辑损失和合页损失。对二分类来说，0-1损失的值在模型预测正确时为0，在模型预测错误时为1实际中，0-1损失并不常用，原因是这个损失函数不可微分，计算梯度非常困难并且难以优化。而其他的损失函数作为0-1损失的近似可以进行优化。

图 5-3 来自 scikit-learn 的样例：http://scikit-learn.org/stable/auto_examples/linear_model/plot_sgd_loss_functions.html。

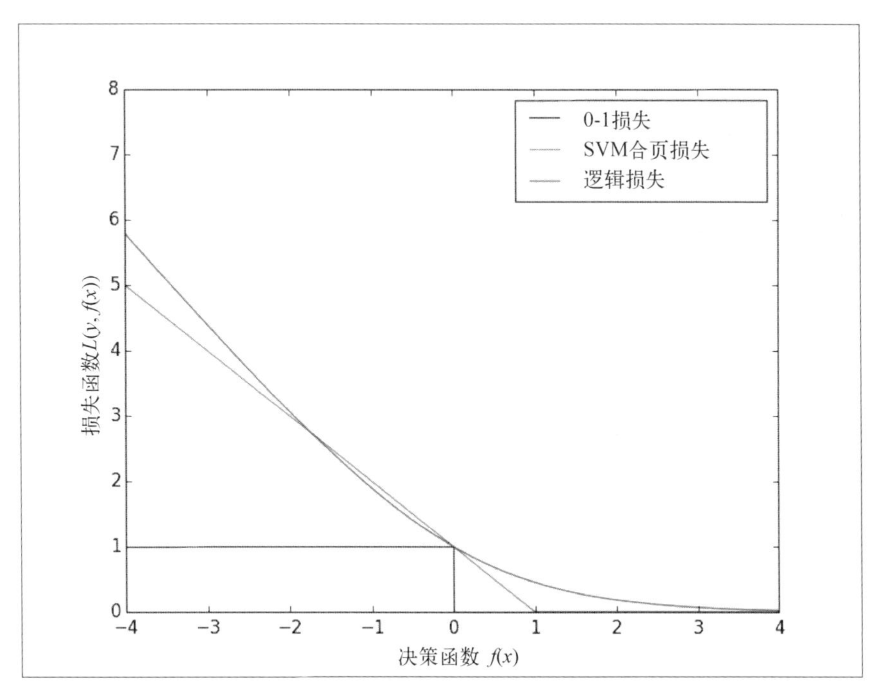

图5-3　逻辑损失函数、合页损失函数以及0-1损失函数

5

1. 逻辑回归

逻辑回归是一个概率模型，也就是说该模型的预测结果的值域为[0,1]。对于二分类来说，逻辑回归的输出等价于模型预测某个数据点属于正类的概率估计。逻辑回归是线性分类模型中使用最广泛的一个。

上面提到过，逻辑回归使用的连接函数为逻辑连接：

$$1/(1+\exp(-w^{\mathrm{T}}x))$$

逻辑回归的损失函数是逻辑损失：

$$\log(1+\exp(-yw^{\mathrm{T}}x))$$

其中y是实际的输出值（正类为1，负类为−1）。

2. 线性支持向量机

SVM在回归和分类方面是一个强大且流行的技术。和逻辑回归不同，SVM并不是概率模型，但是可以基于模型对正负的估计预测类别。

SVM的连接函数是一个对等连接函数，因此预测的输出表示为：

$$y = w^{\mathrm{T}}x$$

因此，当 $w^{\mathrm{T}}x$ 的估计值大于等于阈值0时，SVM对数据点标记为1，否则标记为0（其中阈值是SVM可以自适应的模型参数）。

SVM的损失函数被称为合页损失，定义为：

$$\max(0, 1 - yw^{\mathrm{T}}x)$$

SVM是一个最大间隔分类器，它试图训练一个使得类别尽可能分开的权重向量。在很多分类任务中，SVM不仅表现得性能突出，而且对大数据集的扩展是线性变化的。

SVM有着大量的理论支撑，本书不去讨论，读者可以访问如下网址了解更多相关知识：http://en.wikipedia.org/wiki/Support_vector_machine 和 http://www.support-vector-machines.org/。

在图5-4中，基于原先的二分类简单样例，我们画出了关于逻辑回归（蓝线）和线性SVM（红线）的决策函数：

从图中可以看出SVM可以有效定位到最靠近决策函数的数据点（间隔线用红色的虚线表示）：

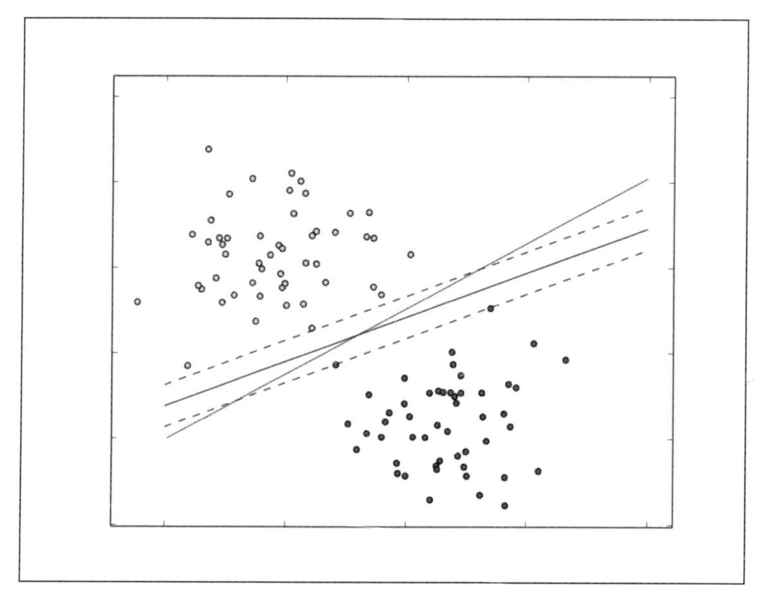

图5-4 逻辑回归和线性SVM对二分类的决策函数

5.1.2 朴素贝叶斯模型

朴素贝叶斯是一个概率模型，通过计算给定数据点在某个类别的概率来进行预测。朴素贝叶斯模型假定每个特征分配到某个类别的概率是独立分布的（假定各个特征之间条件独立）。

基于这个假设，属于某个类别的概率表示为若干概率乘积的函数，其中这些概率包括某个特征在给定某个类别的条件下出现的概率（条件概率），以及该类别的概率（先验概率）。这样使得模型训练非常直接且易于处理。类别的先验概率和特征的条件概率可以通过数据的频率估计得到。分类过程就是在给定特征和类别概率的情况下选择最可能的类别。

另外还有一个关于特征分布的假设，即参数的估计来自数据。MLlib实现了多项朴素贝叶斯（multinomial naïve Bayes），其中假设特征分布是多项分布，用以表示特征的非负频率统计。

上述假设非常适合二元特征（比如1-of-*k*，*k*维特征向量中只有1维为1，其他为0），并且普遍用于文本分类（第3章中介绍的词袋模型是一个典型的二元特征表示）。

> 可以看一看Spark文档中MLlib-Naive Bayes部分：http://spark.apache.org/docs/latest/mllib-naive-bayes.html。维基百科中详细的数学公式解释：http://en.wikipedia. org/wiki/Naive_Bayes_classifier。

图5-5展示了朴素贝叶斯在二分类样本上的决策函数：

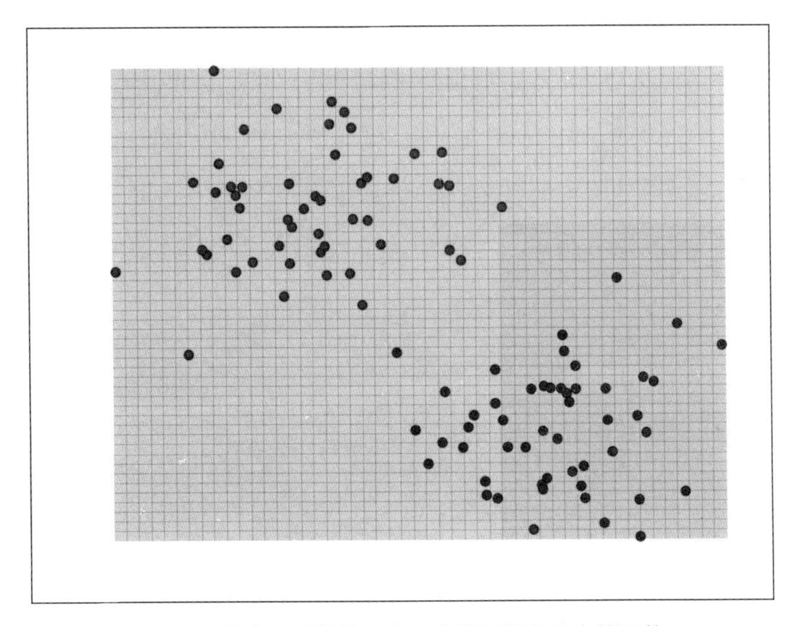

图5-5　朴素贝叶斯模型在二分类问题上的决策函数

5.1.3 决策树

决策树是一个强大的非概率模型，它可以表达复杂的非线性模式和特征相互关系。决策树在很多任务上表现出的性能很好，相对容易理解和解释，可以处理类属或者数值特征，同时不要求输入数据归一化或者标准化。决策树非常适合应用集成方法（ensemble method），比如多个决策树的集成，称为决策树森林。

决策树模型就好比一棵树，叶子代表值为0或1的分类，树枝代表特征。如图5-6所示，二元输出分别是“待在家里”和“去海滩”，特征则是天气。

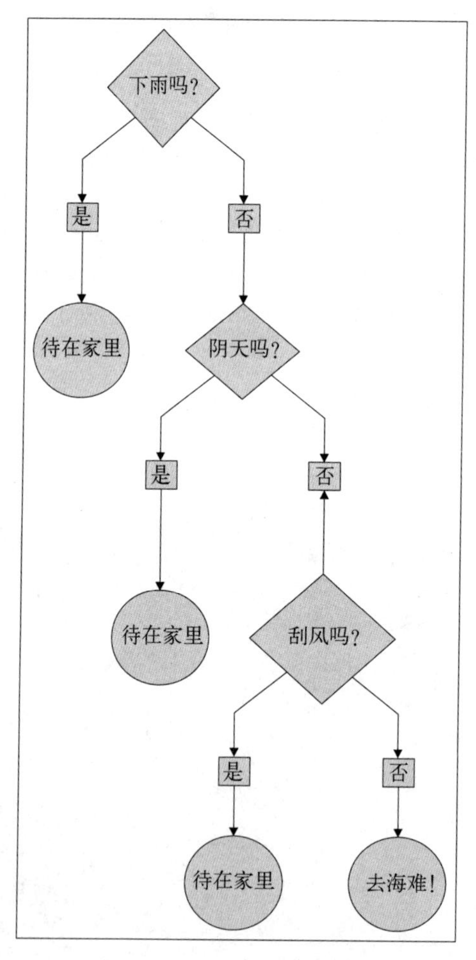

图5-6　简单的决策树

决策树算法是一种自上而下始于根节点（或特征）的方法，在每一个步骤中通过评估特征分裂的信息增益，最后选出分割数据集最优的特征。信息增益通过计算节点不纯度（即节点标签不相似或不同质的程度）减去分割后的两个子节点不纯度的加权和。对于分类任务，这里有两个评估方法用于选择最好分割：基尼不纯和熵。

要进一步了解决策树算法和不纯度估计，请参考《Spark编程指南》中的“MLlib-Decision Tree”部分：http://spark.apache.org/docs/latest/mllib-decision-tree.html。

如图5-7所示，和之前模型一样，我们画出了决策树模型的决策边界，可以看到决策树能够适应复杂和非线性的模型。

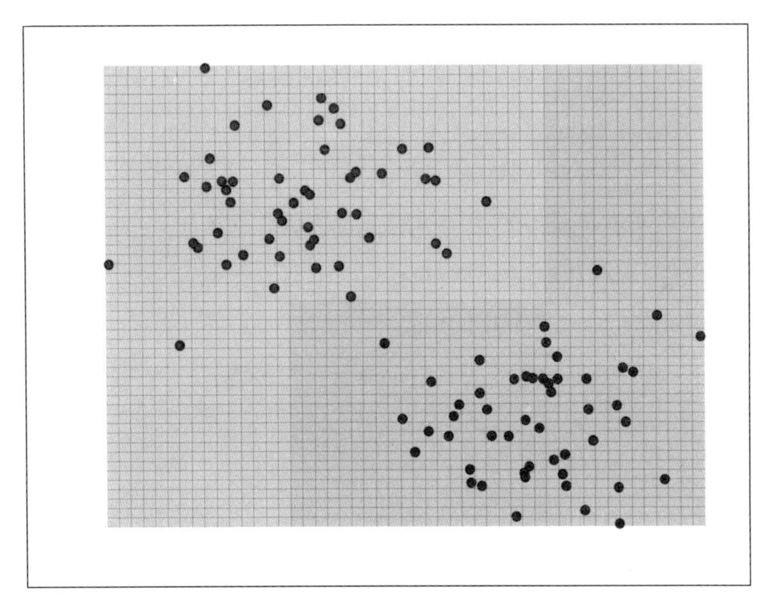

图5-7 决策树在二分类问题上的决策函数

5.2 从数据中抽取合适的特征

回顾第3章，可以发现大部分机器学习模型以特征向量的形式处理数值数据。另外，对于分类和回归等监督学习方法，需要将目标变量（或者多类别情况下的变量）和特征向量放在一起。

MLlib中的分类模型通过`LabeledPoint`对象操作，其中封装了目标变量（标签）和特征向量：

```
case class LabeledPoint(label: Double, features: Vector)
```

虽然在使用分类模型的很多样例中会碰到向量格式的数据集，但在实际工作中，通常还需要从原始数据中抽取特征。正如前几章介绍的，这包括封装数值特征、归一或者正则化特征，以及使用1-of-*k*编码表示类属特征。

从Kaggle/StumbleUpon evergreen分类数据集中抽取特征

考虑到推荐模型中的MovieLens数据集和分类问题无关，本章将使用另外一个数据集。这个数据集源自Kaggle比赛，由StumbleUpon提供。比赛的问题涉及网页中推荐的页面是短暂（短暂存在，很快就不流行了）还是长久（长时间流行）。

下载这个数据的链接在这里：http://www.kaggle.com/c/stumbleupon/data。下载训练数据（train.tsv）之前，需要点击同意条款。关于更多有关比赛的信息，可以看这里：http://www.kaggle.com/c/stumbleupon。

开始之前，为了让Spark更好地操作数据，我们需要删除文件第一行的列头名称。进入数据的目录（这里用PATH表示），然后输入如下命令删除第一行并且通过管道保存到以train_noheader.tsv命名的新文件中：

```
>sed 1d train.tsv > train_noheader.tsv
```

现在，启动Spark shell（在Spark的安装目录下启动这个命令）：

```
>./bin/spark-shell --driver-memory 4g
```

你可以在Spark shell中输入本章后面的代码。

和之前几章类似，我们将训练数据读入RDD并且进行检查：

```
val rawData = sc.textFile("/PATH/train_noheader.tsv")
val records = rawData.map(line => line.split("\t"))
records.first()
```

输出如下：

```
Array[String] = Array("http://www.bloomberg.com/news/2010-12-23/ibmpredicts-
holographic-calls-air-breathing-batteries-by-2015.html", "4042",
...
```

可以查看上面的数据集页面中的简介得知可用的字段。开始四列分别包含URL、页面的ID、原始的文本内容和分配给页面的类别。接下来22列包含各种各样的数值或者类属特征。最后一列为目标值，-1为长久，0为短暂。

我们将用简单的方法直接对数值特征做处理。因为每个类属变量是二元的，对这些变量已有一个用1-of-*k*编码的特征，于是不需要额外提取特征。

由于数据格式的问题，我们做一些数据清理的工作，在处理过程中把额外的（"）去掉。数据集中还有一些用"?"代替的缺失数据，本例中，我们直接用0替换那些缺失数据：

```
import org.apache.spark.mllib.regression.LabeledPoint
import org.apache.spark.mllib.linalg.Vectors
```

```
val data = records.map { r =>
  val trimmed = r.map(_.replaceAll("\"", ""))
  val label = trimmed(r.size - 1).toInt
  val features = trimmed.slice(4, r.size - 1).map(d => if (d ==
  "?") 0.0 else d.toDouble)
  LabeledPoint(label, Vectors.dense(features))
}
```

在清理和处理缺失数据后，我们提取最后一列的标记变量以及第5列到第25列的特征矩阵。将标签变量转换为`Int`值，特征向量转换为`Double`数组。最后，我们将标签和和特征向量转换为`LabeledPoint`实例，从而将特征向量存储到MLlib的`Vector`中。

我们也对数据进行缓存并且统计数据样本的数目：

```
data.cache
val numData = data.count
```

可以看到`numData`的值为7395。

在对数据集做进一步处理之前，我们发现数值数据中包含负的特征值。我们知道，朴素贝叶斯模型要求特征值非负，否则碰到负的特征值程序会抛出错误。因此，需要为朴素贝叶斯模型构建一份输入特征向量的数据，将负特征值设为0：


```
val nbData = records.map { r =>
  val trimmed = r.map(_.replaceAll("\"", ""))
  val label = trimmed(r.size - 1).toInt
  val features = trimmed.slice(4, r.size - 1).map(d => if (d ==
  "?") 0.0 else d.toDouble).map(d => if (d < 0) 0.0 else d)
  LabeledPoint(label, Vectors.dense(features))
}
```

5.3 训练分类模型

现在我们已经从数据集中提取了基本的特征并且创建了RDD，接下来开始训练各种模型吧。为了比较不同模型的性能，我们将训练逻辑回归、SVM、朴素贝叶斯和决策树。你会发现每个模型的训练方法几乎一样，不同的是每个模型都有着自己特定可配置的模型参数。MLlib大多数情况下会设置明确的默认值，但实际上，最好的参数配置需要通过评估技术来选择，这个我们会在后续章节中进行讨论。

在Kaggle/StumbleUpon evergreen的分类数据集中训练分类模型

现在可以对输入数据应用MLlib的模型。首先，需要引入必要的类并对每个模型配置一些基本的输入参数。其中，需要为逻辑回归和SVM设置迭代次数，为决策树设置最大树深度。

```
import org.apache.spark.mllib.classification.LogisticRegressionWithSGD
import org.apache.spark.mllib.classification.SVMWithSGD
```

```
import org.apache.spark.mllib.classification.NaiveBayes
import org.apache.spark.mllib.tree.DecisionTree
import org.apache.spark.mllib.tree.configuration.Algo
import org.apache.spark.mllib.tree.impurity.Entropy
val numIterations = 10
val maxTreeDepth = 5
```

现在，依次训练每个模型。首先训练逻辑回归模型：

```
val lrModel = LogisticRegressionWithSGD.train(data, numIterations)
```

你将看到如下输出：

```
...
14/12/06 13:41:47 INFO DAGScheduler: Job 81 finished: reduce at
RDDFunctions.scala:112, took 0.011968 s
14/12/06 13:41:47 INFO GradientDescent: GradientDescent.
runMiniBatchSGD finished. Last 10 stochastic losses 0.6931471805599474,
1196521.395699124, Infinity, 1861127.002201189, Infinity,
2639638.049627607, Infinity, Infinity, Infinity, Infinity
lrModel: org.apache.spark.mllib.classification.LogisticRegressionModel =
(weights=[-0.11372778986947886,-0.511619752777837,
...
```

接下来，训练SVM模型：

```
val svmModel = SVMWithSGD.train(data, numIterations)
```

你将看到如下输出：

```
...
14/12/06 13:43:08 INFO DAGScheduler: Job 94 finished: reduce at
RDDFunctions.scala:112, took 0.007192 s
14/12/06 13:43:08 INFO GradientDescent: GradientDescent.runMiniBatchSGD
finished. Last 10 stochastic losses 1.0, 2398226.619666797,
2196192.9647478117, 3057987.2024311484, 271452.9038284356,
3158131.191895948, 1041799.350498323, 1507522.941537049,
1754560.9909073508, 136866.76745605646
svmModel: org.apache.spark.mllib.classification.SVMModel = (weigh
ts=[-0.12218838697834929,-0.5275107581589767,
...
```

接下来训练朴素贝叶斯，记住要使用处理过的没有负特征值的数据：

```
val nbModel = NaiveBayes.train(nbData)
```

输出如下：

```
...
14/12/06 13:44:48 INFO DAGScheduler: Job 95 finished: collect at
NaiveBayes.scala:120, took 0.441273 s

nbModel: org.apache.spark.mllib.classification.NaiveBayesModel = org.
apache.spark.mllib.classification.NaiveBayesModel@666ac612
...
```

最后训练决策树：

```
val dtModel = DecisionTree.train(data, Algo.Classification, Entropy, maxTreeDepth)
```

输出如下：

```
...
14/12/06 13:46:03 INFO DAGScheduler: Job 104 finished: collectAsMap at
DecisionTree.scala:653, took 0.031338 s
...
  total: 0.343024
  findSplitsBins: 0.119499
  findBestSplits: 0.200352
  chooseSplits: 0.199705
dtModel: org.apache.spark.mllib.tree.model.DecisionTreeModel =
DecisionTreeModel classifier of depth 5 with 61 nodes
...
```

注意，在决策树中，我们设置模式或者`Algo`时使用了`Entropy`不纯度估计。

5.4 使用分类模型

现在我们有四个在输入标签和特征下训练好的模型，接下来看看如何使用这些模型进行预测。目前，我们将使用同样的训练数据来解释每个模型的预测方法。

在Kaggle/StumbleUpon evergreen数据集上进行预测

这里以逻辑回归模型为例（其他模型处理方法类似）：

```
val dataPoint = data.first
val prediction = lrModel.predict(dataPoint.features)
```

输出如下：

```
prediction: Double = 1.0
```

可以看到对于训练数据中第一个样本，模型预测值为1，即长久。让我们来检验一下这个样本真正的标签：

```
val trueLabel = dataPoint.label
```

输出如下：

```
trueLabel: Double = 0.0
```

可以看到，这个样例中我们的模型预测出错了！

我们可以将`RDD[Vector]`整体作为输入做预测：

```
val predictions = lrModel.predict(data.map(lp => lp.features))
predictions.take(5)
```

输出如下：

```
Array[Double] = Array(1.0, 1.0, 1.0, 1.0, 1.0)
```

5.5 评估分类模型的性能

在使用模型做预测时，如何知道预测到底好不好呢？换句话说，应该知道怎么评估模型性能。通常在二分类中使用的评估方法包括：预测正确率和错误率、准确率和召回率、准确率–召回率曲线下方的面积、ROC曲线、ROC曲线下的面积和F-Measure。

5.5.1 预测的正确率和错误率

在二分类中，预测正确率可能是最简单评测方式，正确率等于训练样本中被正确分类的数目除以总样本数。类似地，错误率等于训练样本中被错误分类的样本数目除以总样本数。

我们通过对输入特征进行预测并将预测值与实际标签进行比较，计算出模型在训练数据上的正确率。将对正确分类的样本数目求和并除以样本总数，得到平均分类正确率：

```
val lrTotalCorrect = data.map { point =>
  if (lrModel.predict(point.features) == point.label) 1 else 0
}.sum
val lrAccuracy = lrTotalCorrect / data.count
```

输出如下：

```
lrAccuracy: Double = 0.5146720757268425
```

我们得到了51.5%的正确率，结果看起来不是很好。我们的模型仅仅预测对了一半的训练数据，和随机猜测差不多。

注意模型预测的值并不是恰好为1或0。预测的输出通常是实数，然后必须转换为预测类别。这是通过在分类器决策函数或打分函数中使用阈值来实现的。

比如二分类的逻辑回归这个概率模型会在打分函数中返回类别为1的估计概率。因此典型的决策阈值是0.5。于是，如果类别1的概率估计超过50%，这个模型会将样本标记为类别1，否则标记为类别0。

在一些模型中，阈值本身其实也可以作为模型参数进行调优。接下来我们将看到阈值在评估方法中也是很重要的。

其他模型如何呢？让我们来计算其他三个模型的正确率：

```
val svmTotalCorrect = data.map { point =>
  if (svmModel.predict(point.features) == point.label) 1 else 0
}.sum
val nbTotalCorrect = nbData.map { point =>
  if (nbModel.predict(point.features) == point.label) 1 else 0
}.sum
```

注意，决策树的预测阈值需要明确给出，如下面加粗部分所示：

```
val dtTotalCorrect = data.map { point =>
  val score = dtModel.predict(point.features)
  val predicted = if (score > 0.5) 1 else 0
  if (predicted == point.label) 1 else 0
}.sum
```

现在来看看其他三个模型的正确率。

首先是SVM模型：

```
val svmAccuracy = svmTotalCorrect / numData
```

SVM模型预测输出如下：

```
svmAccuracy: Double = 0.5146720757268425
```

接着是朴素贝叶斯模型：

```
val nbAccuracy = nbTotalCorrect / numData
```

朴素贝叶斯模型输出如下：

```
nbAccuracy: Double = 0.5803921568627451
```

最后，让我们来计算决策树的正确率：

```
val dtAccuracy = dtTotalCorrect / numData
```

决策树的输出如下：

```
dtAccuracy: Double = 0.6482758620689655
```

对比发现，SVM和朴素贝叶斯模型性能都较差，而决策树模型正确率达65%，但还不是很高。

5.5.2 准确率和召回率

在信息检索中，准确率通常用于评价结果的质量，而召回率用来评价结果的完整性。

在二分类问题中，准确率定义为真阳性的数目除以真阳性和假阳性的总数，其中真阳性是指被正确预测的类别为1的样本，假阳性是错误预测为类别1的样本。如果每个被分类器预测为类别1的样本确实属于类别1，那准确率达到100%。

召回率定义为真阳性的数目除以真阳性和假阴性的和，其中假阴性是类别为1却被预测为0的样本。如果任何一个类型为1的样本没有被错误预测为类别0（即没有假阴性），那召回率达到100%。

通常，准确率和召回率是负相关的，高准确率常常对应低召回率，反之亦然。为了说明这点，假定我们训练了一个模型的预测输出永远是类别1。因为总是预测输出类别1，所以模型预测结果不会出现假阴性，这样也不会错过任何类别1的样本。于是，得到模型的召回率是1.0。另一方面，假阳性会非常高，意味着准确率非常低（这依赖各个类别在数据集中确切的分布情况）。

准确率和召回率在单独度量时用处不大，但是它们通常会被一起组成聚合或者平均度量。二者同时也依赖于模型中选择的阈值。

直觉上来讲，当阈值低于某个程度，模型的预测结果永远会是类别1。因此，模型的召回率为1，但是准确率很可能很低。相反，当阈值足够大，模型的预测结果永远会是类别0。此时，模型的召回率为0，但是因为模型不能预测任何真阳性的样本，很可能会有很多的假阴性样本。不仅如此，因为这种情况下真阳性和假阳性为0，所以无法定义模型的准确率。

图5-8所示的准确率-召回率（PR）曲线，表示给定模型随着决策阈值的改变，准确率和召回率的对应关系。PR曲线下的面积为平均准确率。直觉上，PR曲线下的面积为1等价于一个完美模型，其准确率和召回率达到100%。

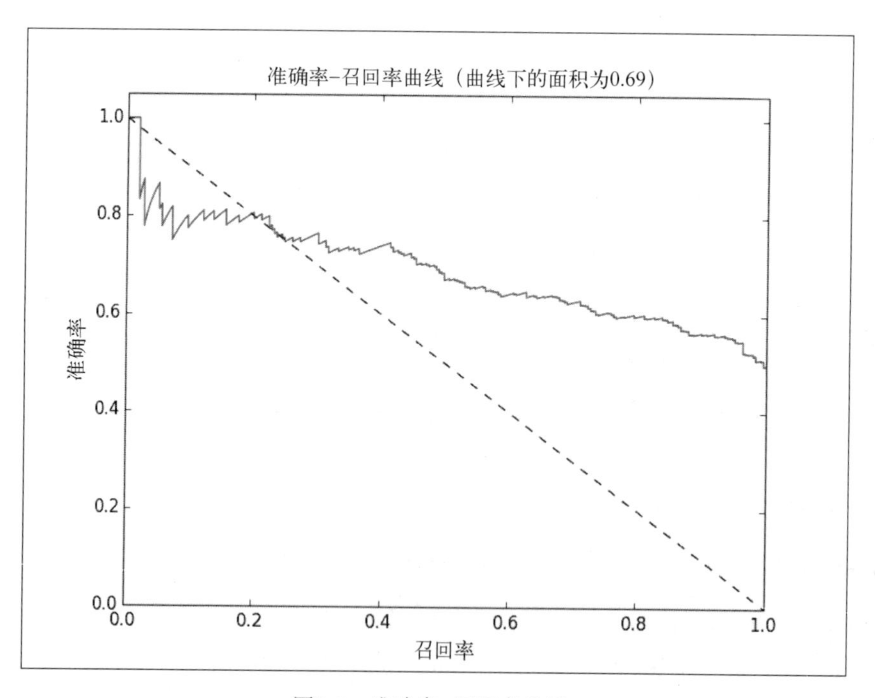

图5-8　准确率–召回率曲线

更多关于准确率、召回率和PR曲线下面积的资料，请查阅：http://en.wikipedia.org/wiki/Precision_and_recall 和 http://en.wikipedia.org/wiki/Average_precision#Average_precision。

5.5.3 ROC曲线和AUC

ROC曲线在概念上和PR曲线类似，它是对分类器的真阳性率–假阳性率的图形化解释。

真阳性率（TPR）是真阳性的样本数除以真阳性和假阴性的样本数之和。换句话说，TPR是真阳性数目占所有正样本的比例。这和之前提到的召回率类似，通常也称为敏感度。

假阳性率（FPR）是假阳性的样本数除以假阳性和真阴性的样本数之和。换句话说，FPR是假阳性样本数占所有负样本总数的比例。

和准确率和召回率类似，ROC曲线（图5-9）表示了分类器性能在不同决策阈值下TPR对FPR的折衷。曲线上每个点代表分类器决策函数中不同的阈值。

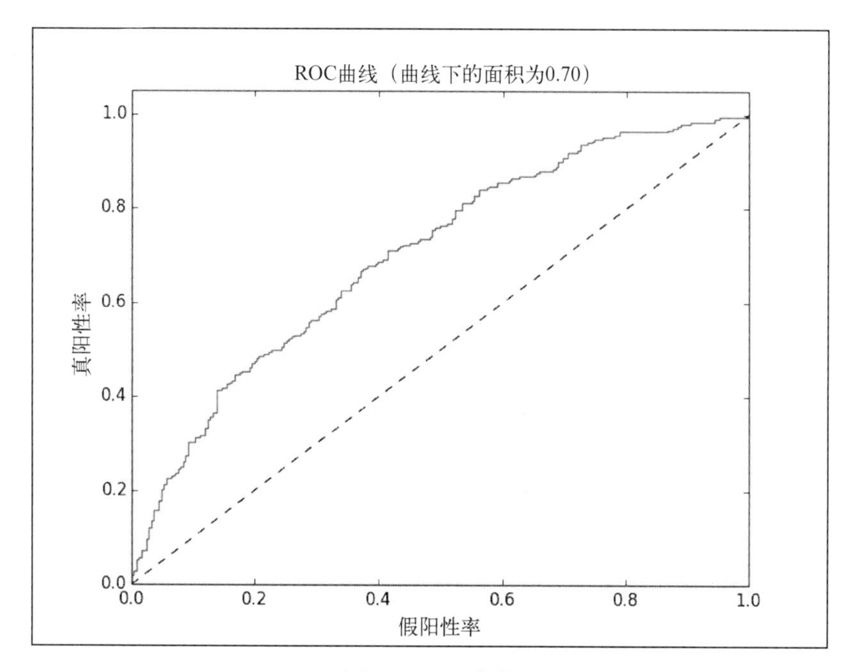

图5-9 ROC曲线

ROC下的面积（通常称作AUC）表示平均值。同样，AUC为1.0时表示一个完美的分类器，0.5则表示一个随机的性能。于是，一个模型的AUC为0.5时和随机猜测效果一样。

因为PR曲线下的面积和ROC曲线下的面积经过归一化（最小值为0，最大值为1），我们可以用这些度量方法比较不同参数配置下的模型，甚至可以比较完全不同的模型。这两个方法在模型评估和选择上也很常用。

MLlib内置了一系列方法用来计算二分类的PR和ROC曲线下的面积。下面我们针对每一个模型来计算这些指标：

```
import
org.apache.spark.mllib.evaluation.BinaryClassificationMetrics
val metrics = Seq(lrModel, svmModel).map { model =>
  val scoreAndLabels = data.map { point =>
    (model.predict(point.features), point.label)
  }
  val metrics = new BinaryClassificationMetrics(scoreAndLabels)
  (model.getClass.getSimpleName, metrics.areaUnderPR, metrics.areaUnderROC)
}
```

我们之前已经训练朴素贝叶斯模型并计算准确率，其中使用的数据集是nbData版本，这里用同样的数据集计算分类的结果。

```
val nbMetrics = Seq(nbModel).map{ model =>
  val scoreAndLabels = nbData.map { point =>
    val score = model.predict(point.features)
    (if (score > 0.5) 1.0 else 0.0, point.label)
  }
  val metrics = new BinaryClassificationMetrics(scoreAndLabels)
  (model.getClass.getSimpleName, metrics.areaUnderPR,
  metrics.areaUnderROC)
}
```

因为DecisionTreeModel模型没有实现其他三个模型都有的ClassificationModel接口，因此我们需要单独为这个模型编写如下代码计算结果：

```
val dtMetrics = Seq(dtModel).map{ model =>
  val scoreAndLabels = data.map { point =>
    val score = model.predict(point.features)
    (if (score > 0.5) 1.0 else 0.0, point.label)
  }
  val metrics = new BinaryClassificationMetrics(scoreAndLabels)
    (model.getClass.getSimpleName, metrics.areaUnderPR, metrics.areaUnderROC)
  }
  val allMetrics = metrics ++ nbMetrics ++ dtMetrics
  allMetrics.foreach{ case (m, pr, roc) =>
    println(f"$m, Area under PR: ${pr * 100.0}%2.4f%%, Area under
    ROC: ${roc * 100.0}%2.4f%%")
  }
```

你的输出应该类似如下：

```
LogisticRegressionModel, Area under PR: 75.6759%, Area under ROC:
50.1418%
SVMModel, Area under PR: 75.6759%, Area under ROC: 50.1418%
NaiveBayesModel, Area under PR: 68.0851%, Area under ROC: 58.3559%
DecisionTreeModel, Area under PR: 74.3081%, Area under ROC: 64.8837%
```

我们可以看到所有模型得到的平均准确率差不多。

逻辑回归和SVM的AUC的结果在0.5左右，表明这两个模型并不比随机好。朴素贝叶斯模型和决策树模型性能稍微好些，AUC分别是0.58和0.65。但是，在二分类问题上这个性能并不是非常好。

> 这里我们没有讨论多类别分类问题，MLlib提供了一个类似的计算性能的类MulticlassMetrics，其中提供了许多常见的度量方法。

5.6 改进模型性能以及参数调优

到底哪里出错了呢？为什么我们的模型如此复杂却只得到比随机稍好的结果？我们的模型哪里存在问题？

想想看，我们只是简单地把原始数据送进了模型做训练。事实上，我们并没有把所有数据用在模型中，只是用了其中易用的数值部分。同时，我们也没有对这些数值特征做太多分析。

5.6.1 特征标准化

我们使用的许多模型对输入数据的分布和规模有着一些固有的假设，其中最常见的假设形式是特征满足正态分布。下面让我们进一步研究特征是如何分布的。

具体做法，我们先将特征向量用RowMatrix类表示成MLlib中的分布矩阵。RowMatrix是一个由向量组成的RDD，其中每个向量是分布矩阵的一行。

RowMatrix类中有一些方便操作矩阵的方法，其中一个方法可以计算矩阵每列的统计特性：

```
import org.apache.spark.mllib.linalg.distributed.RowMatrix
val vectors = data.map(lp => lp.features)
val matrix = new RowMatrix(vectors)
val matrixSummary = matrix.computeColumnSummaryStatistics()
```

下面的代码可以输出矩阵每列的均值：

```
println(matrixSummary.mean)
```

输出结果：

```
[0.41225805299526636,2.761823191986623,0.46823047328614004, ...
```

下面的代码输出矩阵每列的最小值：

```
println(matrixSummary.min)
```

输出结果：

```
[0.0,0.0,0.0,0.0,0.0,0.0,0.0,-1.0,0.0,0.0,0.0,0.045564223,-1.0, ...
```

下面的代码输出矩阵每列的最大值：

```
println(matrixSummary.max)
```

输出结果：

```
[0.999426,363.0,1.0,1.0,0.980392157,0.980392157,21.0,0.25,0.0,0.444444444, ...
```

下面代码输出矩阵每列的方差：

```
println(matrixSummary.variance)
```

输出为：

```
[0.1097424416755897,74.30082476809638,0.04126316989120246, ...
```

下面代码输出矩阵每列中非0项的数目：

```
println(matrixSummary.numNonzeros)
```

输出为：

```
[5053.0,7354.0,7172.0,6821.0,6160.0,5128.0,7350.0,1257.0,0.0, ...
```

`computeColumnSummaryStatistics`方法计算特征矩阵每列的不同统计数据，包括均值和方差，所有统计值按每列一项的方式存储在一个`Vector`中（在我们的例子中每个特征对应一项）。

观察前面对均值和方差的输出，可以清晰发现第二个特征的方差和均值比其他的都要高（你会发现一些其他特征也有类似的结果，而且有些特征更加极端）。因为我们的数据在原始形式下，确切地说并不符合标准的高斯分布。为使数据更符合模型的假设，可以对每个特征进行标准化，使得每个特征是0均值和单位标准差。具体做法是对每个特征值减去列的均值，然后除以列的标准差以进行缩放：

$$(x - \mu) / \mathrm{sqrt}(\mathrm{variance})$$

实际上，我们可以对数据集中每个特征向量，与均值向量按项依次做减法，然后依次按项除以特征的标准差向量。标准差向量可以由方差向量的每项求平方根得到。

正如我们在第3章提到的，可以使用Spark的`StandardScaler`中的方法方便地完成这些操作。

`StandardScaler`工作方式和第3章的`Normalizer`特征有很多类似的地方。为了说清楚，我们传入两个参数，一个表示是否从数据中减去均值，另一个表示是否应用标准差缩放。这样使得StandardScaler和我们的输入向量相符。最后，将输入向量传到转换函数，并且返回归一化的向量。具体实现代码如下，我们使用map函数来保留数据集的标签：

```
import org.apache.spark.mllib.feature.StandardScaler
val scaler = new StandardScaler(withMean = true, withStd = true).fit(vectors)
val scaledData = data.map(lp => LabeledPoint(lp.label,
scaler.transform(lp.features)))
```

现在我们的数据被标准化后，观察第一行标准化前和标准化后的向量，下面输出第一行标准化前的特征向量：

```
println(data.first.features)
```

结果如下：

```
[0.789131,2.055555556,0.676470588,0.205882353,
```

下面输出第一行标准化后的特征向量：

```
println(scaledData.first.features)
```

结果如下：

```
[1.1376439023494747,-0.08193556218743517,1.025134766284205,-0.0558631837375738,
```

可以看出，第一个特征已经应用标准差公式被转换了。为确认这一点，可以让第一个特征减去其均值，然后除以标准差（方差的平方根）：

```
println((0.789131 - 0.41225805299526636)/ math.
sqrt(0.1097424416755897))
```

输出结果应该等于上面向量的第一个元素：

```
1.137647336497682
```

现在我们使用标准化的数据重新训练模型。这里只训练逻辑回归（因为决策树和朴素贝叶斯不受特征标准话的影响），并说明特征标准化的影响：

```
val lrModelScaled = LogisticRegressionWithSGD.train(scaledData, numIterations)
val lrTotalCorrectScaled = scaledData.map { point =>
  if (lrModelScaled.predict(point.features) == point.label) 1 else 0
}.sum
val lrAccuracyScaled = lrTotalCorrectScaled / numData
val lrPredictionsVsTrue = scaledData.map { point =>
  (lrModelScaled.predict(point.features), point.label)
}
val lrMetricsScaled = new BinaryClassificationMetrics(lrPredictionsVsTrue)
val lrPr = lrMetricsScaled.areaUnderPR
val lrRoc = lrMetricsScaled.areaUnderROC
println(f"${lrModelScaled.getClass.getSimpleName}\nAccuracy:
${lrAccuracyScaled * 100}%2.4f%%\nArea under PR: ${lrPr *
100.0}%2.4f%%\nArea under ROC: ${lrRoc * 100.0}%2.4f%%")
```

计算结果类似如下：

```
LogisticRegressionModel
Accuracy: 62.0419%
Area under PR: 72.7254%
Area under ROC: 61.9663%
```

从结果可以看出，通过简单对特征标准化，就提高了逻辑回归的准确率，并将AUC从随机50%提升到62%。

5.6.2 其他特征

我们已经看到，需要注意对特征进行标准和归一化，这对模型性能可能有重要影响。在这个示例中，我们仅仅使用了部分特征，却完全忽略了类别（category）变量和样板（boilerplate）列的文本内容。

这样做是为了便于介绍。现在我们再来评估一下添加其他特征，比如类别特征对性能的影响。

首先，我们查看所有类别，并对每个类别做一个索引的映射，这里索引可以用于类别特征做1-of-*k*编码。

```
val categories = records.map(r => r(3)).distinct.collect.zipWithIndex.toMap
val numCategories = categories.size
println(categories)
```

不同的类别输出如下：

```
Map("weather" -> 0, "sports" -> 6, "unknown" -> 4, "computer_internet" ->
12, "?" -> 11, "culture_politics" -> 3, "religion" -> 8, "recreation" ->
2, "arts_entertainment" -> 9, "health" -> 5, "law_crime" -> 10, "gaming"
-> 13, "business" -> 1, "science_technology" -> 7)
```

下面的代码会计算出类别的数目：

```
println(numCategories)
```

输出如下：

```
14
```

因此，我们需要创建一个长为14的向量来表示类别特征，然后根据每个样本所属类别索引，对相应的维度赋值为1，其他为0。我们假定这个新的特征向量和其他的数值特征向量一样：

```
val dataCategories = records.map { r =>
  val trimmed = r.map(_.replaceAll("\"", ""))
  val label = trimmed(r.size - 1).toInt
  val categoryIdx = categories(r(3))
  val categoryFeatures = Array.ofDim[Double](numCategories)
  categoryFeatures(categoryIdx) = 1.0
```

```
  val otherFeatures = trimmed.slice(4, r.size - 1).map(d => if
  (d == "?") 0.0 else d.toDouble)
  val features = categoryFeatures ++ otherFeatures
  LabeledPoint(label, Vectors.dense(features))
}
println(dataCategories.first)
```

你应该可以看到如下输出，其中第一部分是一个14维的向量，向量中类别对应索引那一维为1。

```
LabeledPoint(0.0, [0.0,1.0,0.0,0.0,0.0,0.0,0.0,0.0,0.0,0.0,0.0,0.0,0.0,0.
0,0.789131,2.055555556,0.676470588,0.205882353,0.047058824,0.023529412,0.
443783175,0.0,0.0,0.09077381,0.0,0.245831182,0.003883495,1.0,1.0,24.0,0.0
,5424.0,170.0,8.0,0.152941176,0.079129575])
```

同样，因为我们的原始数据没有标准化，所以在训练这个扩展数据集之前，应该使用同样的StandardScaler方法对其进行标准化转换：

```
val scalerCats = new StandardScaler(withMean = true, withStd = true).
fit(dataCategories.map(lp => lp.features))
val scaledDataCats = dataCategories.map(lp =>
LabeledPoint(lp.label, scalerCats.transform(lp.features)))
```

可以使用如下代码看到标准化之前的特征：

```
println(dataCategories.first.features)
```

输出结果如下：

```
0.0,1.0,0.0,0.0,0.0,0.0,0.0,0.0,0.0,0.0,0.0,0.0,0.0,0.0,0.789131,2.055555556 ...
```

可以使用如下代码看到标准化之后的特征：

```
println(scaledDataCats.first.features)
```

输出如下：

```
[-0.023261105535492967,2.720728254208072,-0.4464200056407091,
-0.2205258360869135, ...
```

虽然原始特征是稀疏的（大部分维度是0），但对每个项减去均值之后，将得到一个非稀疏（稠密）的特征向量表示，如上面的例子所示。

数据规模比较小的时候，稀疏的特征不会产生问题，但实践中往往大规模数据是非常稀疏的（比如在线广告和文本分类）。此时，不建议丢失数据的稀疏性，因为相应的稠密表示所需要的内存和计算量将爆炸性增长。这时我们可以将StandardScaler的withMean设置为false来避免这个问题。

现在，可以用扩展后的特征来训练新的逻辑回归模型了，然后我们再评估其性能：

```
val lrModelScaledCats = LogisticRegressionWithSGD.train(scaledDataCats,
numIterations)
val lrTotalCorrectScaledCats = scaledDataCats.map { point =>
  if (lrModelScaledCats.predict(point.features) == point.label) 1 else 0
}.sum
val lrAccuracyScaledCats = lrTotalCorrectScaledCats / numData
val lrPredictionsVsTrueCats = scaledDataCats.map { point =>
  (lrModelScaledCats.predict(point.features), point.label)
}
val lrMetricsScaledCats = new BinaryClassificationMetrics(lrPredictionsVsTrueCats)
val lrPrCats = lrMetricsScaledCats.areaUnderPR
val lrRocCats = lrMetricsScaledCats.areaUnderROC
println(f"${lrModelScaledCats.getClass.getSimpleName}\nAccuracy:
${lrAccuracyScaledCats * 100}%2.4f%%\nArea under PR: ${lrPrCats *
100.0}%2.4f%%\nArea under ROC: ${lrRocCats * 100.0}%2.4f%%")
```

你应该可以看到类似如下的输出：

```
LogisticRegressionModel
Accuracy: 66.5720%
Area under PR: 75.7964%
Area under ROC: 66.5483%
```

通过对数据的特征标准化，模型准确率得到提升，将AUC从50%提高到62%。之后，通过添加类别特征，模型性能进一步提升到66%（其中新添加的特征也做了标准化操作）。

> 竞赛中性能最好模型的AUC为0.889 06（http://www.kaggle.com/c/stumbleupon/leaderboard/private）。
>
> 另一个性能几乎差不多高的在这里：http://www.kaggle.com/c/stumbleupon/forums/t/5680/beating-the-benchmark- leaderboard-auc-0-878。
>
> 需要指出的是，有些特征我们仍然没有用，特别是样板变量中的文本特征。竞赛中性能突出的模型主要使用了样板特征以及基于文本内容的特征来提升性能。从前面的实验可以看出，添加了类别特征提升性能之后，大部分变量用于预测都是没有用的，但是文本内容预测能力很强。
>
> 通过对比赛中获得最好性能的方法进行学习，可以得到一些很好的启发，比如特征提取和特征工程对模型性能提升很重要。

5.6.3　使用正确的数据格式

模型性能的另外一个关键部分是对每个模型使用正确的数据格式。前面对数值向量应用朴素贝叶斯模型得到了非常差的结果，这难道是模型自身的缺陷？

在这里，我们知道MLlib实现了多项式模型，并且该模型可以处理计数形式的数据。这包括二元表示的类型特征（比如前面提到的1-of-k表示）或者频率数据（比如一个文档中单词出现的频率)。我开始时使用的数值特征并不符合假定的输入分布，所以模型性能不好也并不是意料之外。

为了更好地说明，我们仅仅使用类型特征，而1-of-*k*编码的类型特征更符合朴素贝叶斯模型，我们用如下代码构建数据集：

```
val dataNB = records.map { r =>
  val trimmed = r.map(_.replaceAll("\"", ""))
  val label = trimmed(r.size - 1).toInt
  val categoryIdx = categories(r(3))
  val categoryFeatures = Array.ofDim[Double](numCategories)
  categoryFeatures(categoryIdx) = 1.0
  LabeledPoint(label, Vectors.dense(categoryFeatures))
}
```

接下来，我们重新训练朴素贝叶斯模型并对它的性能进行评估：

```
val nbModelCats = NaiveBayes.train(dataNB)
val nbTotalCorrectCats = dataNB.map { point =>
  if (nbModelCats.predict(point.features) == point.label) 1 else 0
}.sum
val nbAccuracyCats = nbTotalCorrectCats / numData
val nbPredictionsVsTrueCats = dataNB.map { point =>
  (nbModelCats.predict(point.features), point.label)
}
val nbMetricsCats = new BinaryClassificationMetrics(nbPredictionsVsTrueCats)
val nbPrCats = nbMetricsCats.areaUnderPR
val nbRocCats = nbMetricsCats.areaUnderROC
println(f"${nbModelCats.getClass.getSimpleName}\nAccuracy:
${nbAccuracyCats * 100}%2.4f%%\nArea under PR: ${nbPrCats *
100.0}%2.4f%%\nArea under ROC: ${nbRocCats * 100.0}%2.4f%%")
```

计算结果如下：

```
NaiveBayesModel
Accuracy: 60.9601%
Area under PR: 74.0522%
Area under ROC: 60.5138%
```

可见，使用格式正确的输入数据后，朴素贝叶斯的性能从58%提高到了60%。

5.6.4 模型参数调优

前几节展示了模型性能的影响因素：特征提取、特征选择、输入数据的格式和模型对数据分布的假设。但是到目前为止，我们对模型参数的讨论只是一笔带过，而实际上它对于模型性能影响很大。

MLlib默认的`train`方法对每个模型的参数都使用默认值。接下来让我们深入了解一下这些参数。

1. 线性模型

逻辑回归和SVM模型有相同的参数，原因是它们都使用随机梯度下降（SGD）作为基础优化技术。不同点在于二者采用的损失函数不同。MLlib中关于逻辑回归类的定义如下：

```
class LogisticRegressionWithSGD private (
  private var stepSize: Double,
  private var numIterations: Int,
  private var regParam: Double,
  private var miniBatchFraction: Double)
  extends GeneralizedLinearAlgorithm[LogisticRegressionModel] ...
```

可以看到，stepSize、numIterations、regParam和miniBatchFraction能通过参数传递到构造函数中。这些变量中除了regParam以外都和基本的优化技术相关。

下面是逻辑回归实例化的代码，代码初始化了Gradient、Updater和Optimizer，以及Optimizer相关的参数（这里是GradientDescent）：

```
private val gradient = new LogisticGradient()
private val updater = new SimpleUpdater()
override val optimizer = new GradientDescent(gradient, updater)
  .setStepSize(stepSize)
  .setNumIterations(numIterations)
  .setRegParam(regParam)
  .setMiniBatchFraction(miniBatchFraction)
```

LogisticGradient建立了定义逻辑回归模型的逻辑损失函数。

对优化技巧的详细描述已经超出本书的范围，MLlib为线性模型提供了两个优化技术：SGD和L-BFGS。L-BFGS通常来说更精确，要调的参数较少。

SGD是所有模型默认的优化技术，而L-BGFS只有逻辑回归在Logistic-Regression WithLBFGS中使用。你可以动手实现并比较一下二者的不同。更多细节可以访问http://spark.apache.org/docs/latest/mllib-optimization.html。

为了研究其他参数的影响，我们需要创建一个辅助函数在给定参数之后训练逻辑回归模型。首先需要引入必要的类：

```
import org.apache.spark.rdd.RDD
import org.apache.spark.mllib.optimization.Updater
import org.apache.spark.mllib.optimization.SimpleUpdater
import org.apache.spark.mllib.optimization.L1Updater
import org.apache.spark.mllib.optimization.SquaredL2Updater
import org.apache.spark.mllib.classification.ClassificationModel
```

然后，定义辅助函数，根据给定输入训练模型：

```
def trainWithParams(input: RDD[LabeledPoint], regParam: Double,
numIterations: Int, updater: Updater, stepSize: Double) = {
```

```
  val lr = new LogisticRegressionWithSGD
  lr.optimizer.setNumIterations(numIterations).
  setUpdater(updater).setRegParam(regParam).setStepSize(stepSize)
  lr.run(input)
}
```

最后，我们定义第二个辅助函数并根据输入数据和分类模型，计算相关的AUC：

```
def createMetrics(label: String, data: RDD[LabeledPoint], model:
ClassificationModel) = {
  val scoreAndLabels = data.map { point =>
    (model.predict(point.features), point.label)
  }
  val metrics = new BinaryClassificationMetrics(scoreAndLabels)
  (label, metrics.areaUnderROC)
}
```

为了加快多次模型训练的速度，可以缓存标准化的数据（包括类别信息）：

```
scaledDataCats.cache
```

(1) 迭代

大多数机器学习的方法需要迭代训练，并且经过一定次数的迭代之后收敛到某个解（即最小化损失函数时的最优权重向量）。SGD收敛到合适的解需要迭代的次数相对较少，但是要进一步提升性能则需要更多次迭代。为方便解释，这里设置不同的迭代次数`numIterations`，然后比较AUC结果：

```
val iterResults = Seq(1, 5, 10, 50).map { param =>
  val model = trainWithParams(scaledDataCats, 0.0, param, new
SimpleUpdater, 1.0)
  createMetrics(s"$param iterations", scaledDataCats, model)
}
iterResults.foreach { case (param, auc) => println(f"$param, AUC =
${auc * 100}%2.2f%%") }
```

应该可以看到类似如下的输出：

```
1 iterations, AUC = 64.97%
5 iterations, AUC = 66.62%
10 iterations, AUC = 66.55%
50 iterations, AUC = 66.81%
```

于是我们发现一旦完成特定次数的迭代，再增大迭代次数对结果的影响较小。

(2) 步长

在SGD中，在训练每个样本并更新模型的权重向量时，步长用来控制算法在最陡的梯度方向上应该前进多远。较大的步长收敛较快，但是步长太大可能导致收敛到局部最优解。

下面计算不同步长的影响：

```
val stepResults = Seq(0.001, 0.01, 0.1, 1.0, 10.0).map { param =>
  val model = trainWithParams(scaledDataCats, 0.0, numIterations, new
SimpleUpdater, param)
  createMetrics(s"$param step size", scaledDataCats, model)
}
stepResults.foreach { case (param, auc) => println(f"$param, AUC =
${auc * 100}%2.2f%%") }
```

得到的结果如下，可以看出步长增长过大对性能有负面影响：

```
0.001 step size, AUC = 64.95%
0.01 step size, AUC = 65.00%
0.1 step size, AUC = 65.52%
1.0 step size, AUC = 66.55%
10.0 step size, AUC = 61.92%
```

(3) 正则化

前面逻辑回归的代码中简单提及了`Updater`类，该类在MLlib中实现了正则化。正则化通过限制模型的复杂度避免模型在训练数据中过拟合。

正则化的具体做法是在损失函数中添加一项关于模型权重向量的函数，从而会使损失增加。正则化在现实中几乎是必须的，当特征维度高于训练样本时（此时变量相关需要学习的权重数量也非常大）尤其重要。

当正则化不存在或者非常低时，模型容易过拟合。而且大多数模型在没有正则化的情况会在训练数据上过拟合。过拟合也是交叉验证技术使用的关键原因，交叉验证会在后面详细介绍。

相反，虽然正则化可以得到一个简单模型，但正则化太高可能导致模型欠拟合，从而使模型性能变得很糟糕。

MLlib中可用的正则化形式有如下几个。

- `SimpleUpdater`：相当于没有正则化，是逻辑回归的默认配置。
- `SquaredL2Updater`：这个正则项基于权重向量的L2正则化，是SVM模型的默认值。
- `L1Updater`：这个正则项基于权重向量的L1正则化，会导致得到一个稀疏的权重向量（不重要的权重的值接近0）。

正则化及其优化是一个广泛和重要的研究领域，下面给出一些相关的资料。

- 通用的正则化综述：http://en.wikipedia.org/wiki/Regularization_(mathematics)。
- L2正则化：http://en.wikipedia.org/wiki/Tikhonov_regularization。
- 过拟合和欠拟合：http://en.wikipedia.org/wiki/Overfitting。
- 关于过拟合以及L1和L2正则化比较的详细介绍：http://citeseerx.ist.psu.edu/viewdoc/download?doi=10.1.1.92.9860&rep=rep1&type=pdf。

下面使用SquaredL2Updater研究正则化参数的影响：

```
val regResults = Seq(0.001, 0.01, 0.1, 1.0, 10.0).map { param =>
  val model = trainWithParams(scaledDataCats, param, numIterations,
new SquaredL2Updater, 1.0)
  createMetrics(s"$param L2 regularization parameter",
scaledDataCats, model)
}
regResults.foreach { case (param, auc) => println(f"$param, AUC =
${auc * 100}%2.2f%%") }
```

输出结果如下：

```
0.001 L2 regularization parameter, AUC = 66.55%
0.01 L2 regularization parameter, AUC = 66.55%
0.1 L2 regularization parameter, AUC = 66.63%
1.0 L2 regularization parameter, AUC = 66.04%
10.0 L2 regularization parameter, AUC = 35.33%
```

可以看出，低等级的正则化对模型的性能影响不大。然而，增大正则化可以看到欠拟合会导致较低模型性能。

你会发现使用L1正则项也会得到类似的结果。可以试试使用上述相同的评估方式，计算不同L1正则化参数下AUC的性能。

5

2. 决策树

决策树模型在一开始使用原始数据做训练时获得了最好的性能。当时设置了参数maxDepth用来控制决策树的最大深度，进而控制模型的复杂度。而树的深度越大，得到的模型越复杂，但有能力更好地拟合数据。

对于分类问题，我们需要为决策树模型选择以下两种不纯度度量方式：Gini或者Entropy。

- 树的深度和不纯度调优

下面我们来说明树的深度对模型性能的影响，其中使用与评估逻辑回归模型类似的评估方法（AUC）。

首先在Spark shell中创建一个辅助函数：

```
import org.apache.spark.mllib.tree.impurity.Impurity
import org.apache.spark.mllib.tree.impurity.Entropy
import org.apache.spark.mllib.tree.impurity.Gini

def trainDTWithParams(input: RDD[LabeledPoint], maxDepth: Int,
impurity: Impurity) = {
  DecisionTree.train(input, Algo.Classification, impurity, maxDepth)
}
```

接着，准备计算不同树深度配置下的AUC。因为不需要对数据进行标准化，所以我们将使用样例中原始的数据。

注意决策树通常不需要特征的标准化和归一化，也不要求将类型特征进行二元编码。

首先，通过使用Entropy不纯度并改变树的深度训练模型：

```
val dtResultsEntropy = Seq(1, 2, 3, 4, 5, 10, 20).map { param =>
  val model = trainDTWithParams(data, param, Entropy)
  val scoreAndLabels = data.map { point =>
    val score = model.predict(point.features)
    (if (score > 0.5) 1.0 else 0.0, point.label)
  }
  val metrics = new BinaryClassificationMetrics(scoreAndLabels)
  (s"$param tree depth", metrics.areaUnderROC)
}
dtResultsEntropy.foreach { case (param, auc) => println(f"$param,
AUC = ${auc * 100}%2.2f%%") }
```

计算结果如下：

```
1 tree depth, AUC = 59.33%
2 tree depth, AUC = 61.68%
3 tree depth, AUC = 62.61%
4 tree depth, AUC = 63.63%
5 tree depth, AUC = 64.88%
10 tree depth, AUC = 76.26%
20 tree depth, AUC = 98.45%
```

接下来，我们采用Gini不纯度进行类似的计算（代码比较类似，所以这里不给出具体代码实现，但可以在代码库中找到）。计算结果应该和下面类似：

```
1 tree depth, AUC = 59.33%
2 tree depth, AUC = 61.68%
3 tree depth, AUC = 62.61%
4 tree depth, AUC = 63.63%
5 tree depth, AUC = 64.89%
10 tree depth, AUC = 78.37%
20 tree depth, AUC = 98.87%
```

从结果中可以看出，提高树的深度可以得到更精确的模型（这和预期一致，因为模型在更大的树深度下会变得更加复杂）。然而树的深度越大，模型对训练数据过拟合程度越严重。

另外，两种不纯度方法对性能的影响差异较小。

3. 朴素贝叶斯

最后，让我们看看`lamda`参数对朴素贝叶斯模型的影响。该参数可以控制相加式平滑（additive

smoothing），解决数据中某个类别和某个特征值的组合没有同时出现的问题。

更多关于相加式平滑的内容请见：http://en.wikipedia.org/wiki/Additive_smoothing。

和之前的做法一样，首先需要创建一个方便调用的辅助函数，用来训练不同lamba级别下的模型：

```
def trainNBWithParams(input: RDD[LabeledPoint], lambda: Double) = {
  val nb = new NaiveBayes
  nb.setLambda(lambda)
  nb.run(input)
}
val nbResults = Seq(0.001, 0.01, 0.1, 1.0, 10.0).map { param =>
  val model = trainNBWithParams(dataNB, param)
  val scoreAndLabels = dataNB.map { point =>
    (model.predict(point.features), point.label)
  }
  val metrics = new BinaryClassificationMetrics(scoreAndLabels)
  (s"$param lambda", metrics.areaUnderROC)
}
nbResults.foreach { case (param, auc) => println(f"$param, AUC =
${auc * 100}%2.2f%%")
}
```

训练的结果如下：

```
0.001 lambda, AUC = 60.51%
0.01 lambda, AUC = 60.51%
0.1 lambda, AUC = 60.51%
1.0 lambda, AUC = 60.51%
10.0 lambda, AUC = 60.51%
```

从结果中可以看出lambda的值对性能没有影响，由此可见数据中某个特征和某个类别的组合不存在时不是问题。

4. 交叉验证

到目前为止，本书只是简单提到交叉验证和训练样本外的预测。而交叉验证是实际机器学习中的关键部分，同时在多模型选择和参数调优中占有中心地位。

交叉验证的目的是测试模型在未知数据上的性能。不知道训练的模型在预测新数据时的性能，而直接放在实际数据（比如运行的系统）中进行评估是很危险的做法。正如前面提到的正则化实验中，我们的模型可能在训练数据中已经过拟合了，于是在未被训练的新数据中预测性能会很差。

交叉验证让我们使用一部分数据训练模型，将另外一部分用来评估模型性能。如果模型在训练以外的新数据中进行了测试，我们便可以由此估计模型对新数据的泛化能力。

我们把数据划分为训练和测试数据，实现一个简单的交叉验证过程。我们将数据分为两个不重叠的数据集。第一个数据集用来训练，称为训练集。第二个数据集称为测试集或者保留集，用来评估模型在给定评测方法下的性能。实际中常用的划分方法包括：50/50、60/40、80/20等，只要训练模型的数据量不太小就行（通常，实际使用至少50%的数据用于训练）。

在很多例子中，会创建三个数据集：训练集、评估集（类似上述测试集用于模型参数的调优，比如lambda和步长）和测试集（不用于模型的训练和参数调优，只用于估计模型在新数据中性能）。

> 本书只简单地将数据分为训练集和测试集，但实际中存在很多更加复杂的交叉验证技术。
>
> 一个流行的方法是*K*-折叠交叉验证，其中数据集被分成*K*个不重叠的部分。用数据中的*K*-1份训练模型，剩下一部分测试模型。而只分训练集和测试集可以看做是2-折叠交叉验证。
>
> 其他方法包括"留一交叉验证"和"随机采样"。更多资料详见http://en.wikipedia.org/wiki/Cross-validation_(statistics)。

首先，我们将数据集分成60%的训练集和40%的测试集（为了方便解释，我们在代码中使用一个固定的随机种子123来保证每次实验能得到相同的结果）：

```
val trainTestSplit = scaledDataCats.randomSplit(Array(0.6, 0.4), 123)
val train = trainTestSplit(0)
val test = trainTestSplit(1)
```

接下来在不同的正则化参数下评估模型的性能（这里依然使用AUC）。注意我们在正则化参数之间设置了很小的步长，为的是更好解释AUC在各个正则化参数下的变化，同时这个例子的AUC的变化也很小：

```
val regResultsTest = Seq(0.0, 0.001, 0.0025, 0.005, 0.01).map { param =>
  val model = trainWithParams(train, param, numIterations, new
SquaredL2Updater, 1.0)
  createMetrics(s"$param L2 regularization parameter", test, model)
}
regResultsTest.foreach { case (param, auc) => println(f"$param,
AUC = ${auc * 100}%2.6f%%")

}
```

代码计算了测试集的模型性能，具体结果如下：

```
0.0 L2 regularization parameter, AUC = 66.480874%
0.001 L2 regularization parameter, AUC = 66.480874%
0.0025 L2 regularization parameter, AUC = 66.515027%
```

```
0.005 L2 regularization parameter, AUC = 66.515027%
0.01 L2 regularization parameter, AUC = 66.549180%
```

接着，让我们比较一下在训练集上的模型性能（类似之前对所有数据进行训练和测试时所做的）。因为代码类似，这里就不具体给出代码了（可以在代码库中找到）：

```
0.0 L2 regularization parameter, AUC = 66.260311%
0.001 L2 regularization parameter, AUC = 66.260311%
0.0025 L2 regularization parameter, AUC = 66.260311%
0.005 L2 regularization parameter, AUC = 66.238294%
0.01 L2 regularization parameter, AUC = 66.238294%
```

从上面的结果可以看出，当我们的训练集和测试集相同时，通常在正则化参数比较小的情况下可以得到最高的性能。这是因为我们的模型在较低的正则化下学习了所有的数据，即过拟合的情况下达到更高的性能。

相反，当训练集和测试集不同时，通常较高正则化可以得到较高的测试性能。

在交叉验证中，我们一般选择测试集中性能表现最好的参数设置（包括正则化以及步长等各种各样的参数）。然后用这些参数在所有的数据集上重新训练，最后用于新数据集的预测。

第4章使用Spark构建推荐系统时并没有讨论交叉验证。但是你也可以用本章介绍的方法将ratings数据集划分成训练集和测试集。然后在训练集中测试不同的参数设置，同时在测试集上评估MSE和MAP的性能。建议尝试一下！

5.7 小结

本章介绍了Spark MLlib中提供的各种分类模型，讨论了如何在给定输入数据中训练模型，以及在标准评测指标下评估模型的性能。还讨论了如何用之前介绍的技术来处理特征以得到更好的性能。最后，我们讨论了正确的数据格式和数据分布、更多的训练数据、模型参数调优，以及交叉验证对模型能的影响。

在下一章中，我们将使用类似的方法研究MLlib的回归模型。

第 6 章

Spark构建回归模型

本章将基于第5章的内容继续讨论回归模型。分类模型处理表示类别的离散变量，而回归模型则处理可以取任意实数的目标变量。但是二者基本的原则类似，都是通过确定一个模型，将输入特征映射到预测的输出。回归模型和分类模型都是监督学习的一种形式。

回归模型可以用来预测任何目标，下面是几个例子。

- 预测股票收益和其他经济相关的因素；
- 预测贷款违约造成的损失（可以和分类模型相结合，分类模型预测违约概率，回归模型预测违约损失）；
- 推荐系统（第4章中的交替最小二乘分解模型在每次迭代时都使用了线性回归）；
- 基于用户的行为和消费模式，预测顾客对于零售、移动或者其他商业形态的存在价值。

接下来的几节，我们将：

- 介绍MLlib中的各种回归模型；
- 讨论回归模型的特征提取和目标变量的变换；
- 使用MLlib训练回归模型；
- 介绍如何用训练好的模型做预测；
- 使用交叉验证研究设置不同的参数对性能的影响。

6.1 回归模型的种类

Spark的MLlib库提供了两大回归模型：线性模型和决策树模型。

线性回归模型本质上和对应的线性分类模型一样，唯一的区别是线性回归使用的损失函数、相关连接函数和决策函数不同。MLlib提供了标准的最小二乘回归模型（其他广义线性回归模型也正在计划当中）。

决策树同样可以通过改变不纯度的度量方法用于回归分析。

6.1.1 最小二乘回归

第5章将各种各样的损失函数应用于广义线性模型（generalized linear model）。最小二乘的损失函数是平方损失，定义如下：

$$\frac{1}{2}(w^{\mathrm{T}}x-y)^2$$

上面的公式和分类模型的定义类似，y是目标变量（这里是实数），w是权重变量，x是特征向量。

相关的连接函数和决策函数是对等连接函数。回归模型通常不用设置阈值，因此模型的预测函数就是简单的$y=w^{\mathrm{T}}x$。

在MLlib中，标准的最小二乘回归不使用正则化。但是应用到错误预测值的损失函数会将错误做平方，从而放大损失。这也意味着最小平方回归对数据中的异常点和过拟合非常敏感。因此对于分类器，我们通常在实际中必须应用一定程度的正则化。

线性回归在应用L2正则化时通常称为岭回归（ridge regression），应用L1正则化是称为**LASSO**（Least Absolute Shrinkage and Selection Operator）。

更多关于线性最小二乘回归模型的资料，请查看Spark MLlib文档：http://spark.apache.org/docs/latest/mllib-linear-methods.html#linear-least-squares-lasso-and-ridge-regression。

6.1.2 决策树回归

类似线性回归模型需要使用对应损失函数，决策树在用于回归时也要使用对应的不纯度度量方法。这里的不纯度度量方法是*方差*，和最小二乘回归模型定义方差损失的方式一样。

更多关于决策树和不纯度度量方法的资料，详见Spark文档中MLlib决策树部分：http://spark.apache.org/docs/latest/mllib-decision-tree.html。

图6-1是一个回归问题的示例图，其中输入变量为x轴，目标变量为y轴。图中线性预测函数用（向右上方倾斜的）红色虚线表示，决策树预测函数用（拆线型的）绿色虚线表示。可见决策树可以使用较复杂的非线性模型来拟合数据。

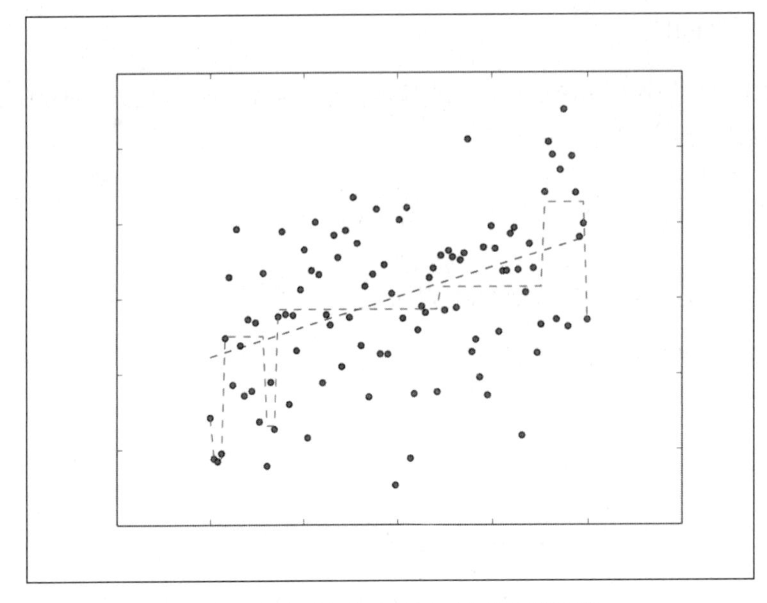

图6-1　线性回归和决策树回归的预测函数

6.2　从数据中抽取合适的特征

因为回归的基础模型和分类模型一样，所以我们可以使用同样的方法来处理输入的特征。实际中唯一的不同是，回归模型的预测目标是实数变量，而分类模型的预测目标是类别编号。为了满足两种情况，MLlib中的`LabeledPoint`类已经考虑了这一点，类中的`label`字段使用`Double`类型。

从 bike sharing 数据集抽取特征

为了阐述本章的一些概念，我们选择了bike sharing数据集做实验。这个数据集记录了bike sharing系统每小时自行车的出租次数。另外还包括日期、时间、天气、季节和节假日等相关信息。

这个数据集的下载地址：http://archive.ics.uci.edu/ml/datasets/Bike+Sharing+Dataset。

点击**Data Folder**链接下载Bike-Sharing-Datase.zip文件。

波尔图大学的Hadi Fanaee-T在bike sharing数据集中补充了大量天气和季节相关的数据，相关论文见："Event labeling combining ensemble detectors and background knowledge"，作者Hadi Fanaee-T、Gama Joao，刊载于*Progress in Artificial Intelligence*, pp1-15, Springer Berlin Heidelberg, 2013。

论文下载地址：http://link.springer.com/article/10.1007%2Fs13748-013-0040-3。

下载并解压Bike-Sharing-Dataset.zip，会出现一个名为Bike-Sharing-Dataset的文件夹，里面包含day.csv、hour.csv和Readme.txt等文件。

其中Readme.txt文件有数据集的相关信息，包括变量名和描述。打开文件，可以看到如下信息。

- instant：记录ID
- dteday：时间
- season：四季节信息，如spring、summer、winter和fall
- yr：年份（2011或者2012）
- mnth：月份
- hr：当天时刻
- holiday：是否是节假日
- weekday：周几
- workingday：当天是否是工作日
- weathersit：表示天气类型的参数
- temp：气温
- atemp：体感温度
- hum：湿度
- windspeed：风速
- cnt：目标变量，每小时的自行车租用量

下面我们使用包含时间的hour.csv文件做实验。打开文件，第一行是每一列的关键字。使用如下命令：

```
>head -1 hour.csv
```

输出结果如下：

```
instant,dteday,season,yr,mnth,hr,holiday,weekday,workingday,weathersit,temp,atemp,
hum,windspeed,casual,registered,cnt
```

用Spark处理这些数据之前，需要用sed命令将第一行去掉：

```
> sed 1d hour.csv > hour_noheader.csv
```

因为后面要画一些图，所以在本章我们使用Python shell，同时也可以用来展示如何在PyShark下使用MLlib的线性模型和决策树模型。

在Spark的安装目录下启动PySpark shell。这里我们强烈建议使用IPython，使用时需要在环境变量中设置IPYTHON=1并启用pylab功能：

```
>IPYTHON=1 IPYTHON_OPTS="-pylab" ./bin/pyspark
```

通过如下命令运行IPython Notebook：

```
>IPYTHON=1 IPYTHON_OPTS=notebook ./bin/pyspark
```

本章之后的代码可以直接在PySpark shell（或IPython Notebook）中使用。

第3章有相关内容指导安装IPython。

我们用如下代码加载和查看数据集：

```
path = "/PATH/hour_noheader.csv"
raw_data = sc.textFile(path)
num_data = raw_data.count()
records = raw_data.map(lambda x: x.split(","))
first = records.first()
print first
print num_data
```

可以看到如下输出：

```
[u'1', u'2011-01-01', u'1', u'0', u'1', u'0', u'0', u'6', u'0', u'1', u'0.24',
u'0.2879', u'0.81', u'0', u'3', u'13', u'16']
17379
```

结果显示，数据集中共有17 379个小时的记录。接下来的实验，我们会忽略记录中的instant和dteday。忽略两个记录次数的变量casual和registered，只保留cnt（casual和registered的和）。最后就剩下12个变量，其中前8个是类型变量，后4个是归一化后的实数变量。对其中8个类型变量，我们使用之前提到的二元编码，剩下4个实数变量不做处理。

因为在多次读取数据集，所以这里对数据进行缓存：

```
records.cache()
```

为了将类型特征表示成二维形式，我们将特征值映射到二元向量中非0的位置。下面定义这样一个映射函数：

```
def get_mapping(rdd, idx):
    return rdd.map(lambda fields: fields[idx]).distinct()
.zipWithIndex().collectAsMap()
```

上面的函数首先将第idx列的特征值去重，然后对每个值使用zipWithIndex函数映射到一个唯一的索引，这样就组成了一个RDD的键-值映射，键是变量，值是索引。上述索引便是特征在二元向量中对应的非0位置，最后我们将这个RDD表示成Python的字典类型。

下面，我们用特征矩阵的第三列（索引2）来测试上面的映射函数：

```
print "Mapping of first categorical feasture column: %s" % get_mapping(records, 2)
```

输出结果：

```
Mapping of first categorical feasture column: {u'1': 0, u'3': 2, u'2': 1, u'4': 3}
```

接着，对是类型变量的列（第2~9列）应用该函数：

```
mappings = [get_mapping(records, i) for i in range(2,10)]
cat_len = sum(map(len, mappings))
num_len = len(records.first()[11:15])
total_len = num_len + cat_len
```

计算完每个变量的映射之后，统计一下最终二元向量的总长度：

```
print "Feature vector length for categorical features: %d" % cat_len
print "Feature vector length for numerical features: %d" % num_len
print "Total feature vector length: %d" % total_len
```

上述代码的输出结果：

```
Feature vector length for categorical features: 57
Feature vector length for numerical features: 4
Total feature vector length: 61
```

1. 为线性模型创建特征向量

接下来用上面的映射函数将所有类型特征转换为二元编码的特征。为了方便对每条记录提取特征和标签，我们分别定义两个辅助函数extract_features和extract_label。如下为代码实现，注意需要引入numpy和MLlib的LabeledPoint对特征向量和目标变量进行封装：


```
from pyspark.mllib.regression import LabeledPoint
import numpy as np

def extract_features(record):
  cat_vec = np.zeros(cat_len)
  i = 0
  step = 0
  for field in record[2:9]:
    m = mappings[i]
    idx = m[field]
    cat_vec[idx + step] = 1
    i = i + 1
    step = step + len(m)
  num_vec = np.array([float(field) for field in record[10:14]])
  return np.concatenate((cat_vec, num_vec))

def extract_label(record):
  return float(record[-1])
```

在extract_features函数中，我们遍历了数据的每一行每一列，根据已经创建的映射对每个特征进行二元编码。其中step变量用来确保非0特征在整个特征向量中位于正确的位置（另外一种实现方法是将若干较短的二元向量拼接在一起）。数值向量直接对之前已经被转换成浮点数的数据用numpy的array进行封装。最后将二元向量和数值向量拼接起来。定义extract_label函数将数据中的最后一列cnt的数据转换成浮点数。

使用定义好的辅助函数，便可以对每条数据记录提取特征向量和标签了。

```
data = records.map(lambda r: LabeledPoint(extract_label(r), extract_features(r)))
```

让我们来观察一下RDD中的第一条记录：

```
first_point = data.first()
print "Raw data: " + str(first[2:])
print "Label: " + str(first_point.label)
print "Linear Model feature vector:\n" + str(first_point.features)
print "Linear Model feature vector length: " + str(len(first_point.features))
```

输出结果类似如下所示：

```
Raw data: [u'1', u'0', u'1', u'0', u'0', u'6', u'0', u'1', u'0.24',
u'0.2879', u'0.81', u'0', u'3', u'13', u'16']
Label: 16.0
Linear Model feature vector: [1.0,0.0,0.0,0.0,0.0,1.0,0.0,1.0,0.0,0.0,0.0
,0.0,0.0,0.0,0.0,0.0,0.0,0.0,0.0,0.0,0.0,0.0,0.0,0.0,0.0,0.0,0.0,0.0,0.0,
0.0,0.0,0.0,0.0,0.0,0.0,0.0,1.0,0.0,0.0,0.0,0.0,0.0,0.0,1.0,0.0,0.0,0.0,0
.0,0.0,0.0,1.0,0.0,1.0,0.0,0.0,0.0,0.0,0.24,0.2879,0.81,0.0]
Linear Model feature vector length: 61
```

从结果来看，我们将原始数据转成二元类型特征和实数特征，并连接组成了长度为61的特征向量。

2. 为决策树创建特征向量

我们已经知道，决策树模型可以直接使用原始数据（不需要将类型数据用二元向量表示）。因此，只需要创建一个分割函数简单地将所有数值转换为浮点数，最后用numpy的array封装：

```
def extract_features_dt(record):
  return np.array(map(float, record[2:14]))
data_dt = records.map(lambda r: LabeledPoint(extract_label(r),
extract_features_dt(r)))
first_point_dt = data_dt.first()
print "Decision Tree feature vector: " + str(first_point_dt.features)
print "Decision Tree feature vector length: " +
str(len(first_point_dt.features))
```

从下面的输出可以看到提取的特征向量长度为12，和数据集中的变量个数一致：

```
Decision Tree feature vector: [1.0,0.0,1.0,0.0,0.0,6.0,0.0,1.0,0.24,0.2879,
0.81,0.0]
Decision Tree feature vector length: 12
```

6.3 回归模型的训练和应用

使用决策树和线性模型训练回归模型的步骤和使用分类模型相同，都是简单将训练数据封装在`LabeledPoint`的RDD中，并送到相关的`train`方法上进行训练。注意在Scala中，如果要自定义不同的模型参数（比如SGD优化的正则化和步长），就需要初始化一个新的模型实例，使用实例的`optimizer`变量访问和设置参数。

Python提供了方便我们访问所有模型参数的方法，因此只要使用相关方法即可。可以通过引入相关模块，并调用`train`方法中的`help`函数查看这些方法的具体细节：

```
from pyspark.mllib.regression import LinearRegressionWithSGD
from pyspark.mllib.tree import DecisionTree
help(LinearRegressionWithSGD.train)
```

线性模型调用该方法后输出如图6-2所示的文档信息：

```
Help on method train in module pyspark.mllib.regression:

train(cls, data, iterations=100, step=1.0, miniBatchFraction=1.0, initialWeights=None, regParam=0.0, regType=None, intercept=Fa
lse) method of __builtin__.type instance
    Train a linear regression model on the given data.

    :param data:              The training data.
    :param iterations:        The number of iterations (default: 100).
    :param step:              The step parameter used in SGD
                              (default: 1.0).
    :param miniBatchFraction: Fraction of data to be used for each SGD
                              iteration.
    :param initialWeights:    The initial weights (default: None).
    :param regParam:          The regularizer parameter (default: 0.0).
    :param regType:           The type of regularizer used for training
                              our model.

                              :Allowed values:
                                 - "l1" for using L1 regularization (lasso),
                                 - "l2" for using L2 regularization (ridge),
                                 - None for no regularization

                                 (default: None)

    @param intercept:         Boolean parameter which indicates the use
                              or not of the augmented representation for
                              training data (i.e. whether bias features
                              are activated or not).
```

图6-2 线性回归的帮助文档

通过查看线性模型的文档，我们发现用于训练的数据量不能少于最低值，其中`train`方法可以设置任何模型参数。同样，调用决策树模型的`trainRegressor`方法查看帮助信息（回顾之前`trainClassifier`用于分类模型）：

```
help(DecisionTree.trainRegressor)
```

上述代码的输出如图6-3所示的文档内容：

```
Help on method trainRegressor in module pyspark.mllib.tree:

trainRegressor(cls, data, categoricalFeaturesInfo, impurity='variance', maxDepth=5, maxBins=32, minInstancesPerNode=1, minInfoG
ain=0.0) method of __builtin__.type instance
    Train a DecisionTreeModel for regression.

    :param data: Training data: RDD of LabeledPoint.
                 Labels are real numbers.
    :param categoricalFeaturesInfo: Map from categorical feature index
                                    to number of categories.
                                    Any feature not in this map
                                    is treated as continuous.
    :param impurity: Supported values: "variance"
    :param maxDepth: Max depth of tree.
                     E.g., depth 0 means 1 leaf node.
                     Depth 1 means 1 internal node + 2 leaf nodes.
    :param maxBins: Number of bins used for finding splits at each node.
    :param minInstancesPerNode: Min number of instances required at child
                                nodes to create the parent split
    :param minInfoGain: Min info gain required to create a split
    :return: DecisionTreeModel

    Example usage:

    >>> from pyspark.mllib.regression import LabeledPoint
    >>> from pyspark.mllib.tree import DecisionTree
    >>> from pyspark.mllib.linalg import SparseVector
    >>>
    >>> sparse_data = [
    ...     LabeledPoint(0.0, SparseVector(2, {0: 0.0})),
    ...     LabeledPoint(1.0, SparseVector(2, {1: 1.0})),
    ...     LabeledPoint(0.0, SparseVector(2, {0: 0.0})),
    ...     LabeledPoint(1.0, SparseVector(2, {1: 2.0}))
    ... ]
    >>>
    >>> model = DecisionTree.trainRegressor(sc.parallelize(sparse_data), {})
    >>> model.predict(SparseVector(2, {1: 1.0}))
    1.0
    >>> model.predict(SparseVector(2, {1: 0.0}))
    0.0
    >>> rdd = sc.parallelize([[0.0, 1.0], [0.0, 0.0]])
    >>> model.predict(rdd).collect()
    [1.0, 0.0]
```

图6-3　决策树的回归模型帮助文档

在bike sharing数据上训练回归模型

我们已经从bike sharing数据中提取了用于训练模型的特征，下面进行具体的训练。首先训练线性模型并测试该模型在训练数据上的预测效果：

```
linear_model = LinearRegressionWithSGD.train(data, iterations=10,
step=0.1, intercept=False)
true_vs_predicted = data.map(lambda p: (p.label, linear_model.
predict(p.features)))
print "Linear Model predictions: " +
str(true_vs_predicted.take(5))
```

上述代码中我们没有使用默认的迭代次数和步长，而是使用较小的迭代次数以缩短训练时间，关于步长的设置我们稍后会详细介绍。代码运行的输出如下：

```
Linear Model predictions: [(16.0, 119.30920003093595), (40.0,
116.95463511937379), (32.0, 116.57294610647752), (13.0,
116.43535423855654), (1.0, 116.221247828503)]
```

接下来，我们在`trainRegressor`中使用默认参数来训练决策树模型（相当于深度为5的树）。注意，这里训练数据集是从原始特征中提取的，名为`data_dt`（不同于之前线性模型中使用的二元编码的特征）。

另外，我们还需要为`categoricalFeaturesInfo`传入一个字典参数，这个字典参数将类型特征的索引映射到特征中类型的数目。如果某个特征值不在这个字典中，则将其映射设置为空：

```
dt_model = DecisionTree.trainRegressor(data_dt,{})
preds = dt_model.predict(data_dt.map(lambda p: p.features))
actual = data.map(lambda p: p.label)
true_vs_predicted_dt = actual.zip(preds)
print "Decision Tree predictions: " + str(true_vs_predicted_dt.take(5))
print "Decision Tree depth: " + str(dt_model.depth())
print "Decision Tree number of nodes: " + str(dt_model.numNodes())
```

上述代码将得到如下预测结果：

```
Decision Tree predictions: [(16.0, 54.913223140495866),
(40.0, 54.913223140495866), (32.0, 53.171052631578945), (13.0,
14.284023668639053), (1.0, 14.284023668639053)]

Decision Tree depth: 5

Decision Tree number of nodes: 63
```

我们还有一个使用categoricalFeaturesInfo的例子，可以在本章的代码库中找到，最后得到的性能和前面的例子差不多。

通过观察上述预测结果，决策树模型和线性模型的性能都有改进的空间，使得预测结果变得更好。后面，我们将会利用更严格的评估方法来发现能够改进的地方。

6.4　评估回归模型的性能

第5章评估分类模型仅仅关注预测输出的类别和实际类别。特别是对于所有预测的二元结果，某个样本预测的正确与否并不重要，我们更关心预测结果中正确或者错误的总数。

对回归模型而言，因为目标变量是任一实数，所以我们的模型不大可能精确预测到目标变量。然而，我们可以计算预测值和实际值的误差，并用某种度量方式进行评估。

一些用于评估回归模型的方法包括：均方误差（MSE，Mean Squared Error）、均方根误差（RMSE，Root Mean Squared Error）、平均绝对误差（MAE，Mean Absolute Error）、*R*-平方系数（R-squared coefficient）等。

6.4.1　均方误差和均方根误差

MSE是平方误差的均值，用作最小二乘回归的损失函数，公式如下：

$$\sum_{i=1}^{n}\frac{\left(w^{\mathrm{T}}x(i)-y(i)\right)^{2}}{n}$$

这个公式计算的是所有样本预测值和实际值平方差之和，最后除以样本总数。

而RMSE是MSE的平方根。MSE的公式类似平方损失函数，会进一步放大误差。

为了计算模型预测的平均误差，我们首先预测RDD实例LabeledPoint中每个特征向量，然后计算预测值与实际值的误差并组成一个Double数组的RDD，最后使用mean方法计算所有Double值的平均值。计算平方误差函数实现如下：

```
def squared_error(actual, pred):
    return (pred - actual)**2
```

6.4.2 平均绝对误差

MAE是预测值和实际值的差的绝对值的平均值。

$$\sum_{i=1}^{n}\frac{\left|w^{\mathrm{T}}x(i)-y(i)\right|}{n}$$

MAE和MSE大体类似，区别在于MAE对大的误差没有惩罚。计算MAE的代码如下：

```
def abs_error(actual, pred):
    return np.abs(pred - actual)
```

6.4.3 均方根对数误差

这个度量方法虽然没有MSE和MAE使用得广，但被用于Kaggle中以bike sharing作为数据集的比赛。RMSLE可以认为是对预测值和目标值进行对数变换后的RMSE。这个度量方法适用于目标变量值域很大，并且没有必要对预测值和目标值的误差进行惩罚的情况。另外，它也适用于计算误差的百分率而不是误差的绝对值。

Kaggle竞赛的评测页面：https://www.kaggle.com/c/bike-sharing-demand/details/evaluation。

计算RMSLE的代码：

```
def squared_log_error(pred, actual):
    return (np.log(pred + 1) - np.log(actual + 1))**2
```

6.4.4 *R*-平方系数

R-平方系数，也称判定系数，用来评估模型拟合数据的好坏，常用于统计学中。*R*-平方系数具体测量目标变量的变异度（degree of variation），最终结果为0到1的一个值，1表示模型能够完美拟合数据。

6.4.5 计算不同度量下的性能

根据上面定义的函数，我们在bike sharing数据集上计算不同度量下的性能。

1. 线性模型

我们的方法对RDD的每一条记录应用相关的误差函数，其中线性模型的误差函数为true_vs_predicted，相关代码实现如下:

```
mse = true_vs_predicted.map(lambda (t, p): squared_error(t, p)).mean()
mae = true_vs_predicted.map(lambda (t, p): abs_error(t, p)).mean()
rmsle = np.sqrt(true_vs_predicted.map(lambda (t, p): squared_log_
error(t, p)).mean())
print "Linear Model - Mean Squared Error: %2.4f" % mse
print "Linear Model - Mean Absolute Error: %2.4f" % mae
print "Linear Model - Root Mean Squared Log Error: %2.4f" % rmsle
```

输出如下:

```
Linear Model - Mean Squared Error: 28166.3824
Linear Model - Mean Absolute Error: 129.4506
Linear Model - Root Mean Squared Log Error: 1.4974
```

2. 决策树

决策树的误差函数为true_vs_predicted_dt，相关代码如下:

```
mse_dt = true_vs_predicted_dt.map(lambda (t, p): squared_error(t, p)).mean()
mae_dt = true_vs_predicted_dt.map(lambda (t, p): abs_error(t, p)).mean()
rmsle_dt = np.sqrt(true_vs_predicted_dt.map(lambda (t, p): squared_
log_error(t, p)).mean())
print "Decision Tree - Mean Squared Error: %2.4f" % mse_dt
print "Decision Tree - Mean Absolute Error: %2.4f" % mae_dt
print "Decision Tree - Root Mean Squared Log Error: %2.4f" %
rmsle_dt
```

你应该可以看到如下输出:

```
Decision Tree - Mean Squared Error: 11560.7978
Decision Tree - Mean Absolute Error: 71.0969
Decision Tree - Root Mean Squared Log Error: 0.6259
```

从结果来看，决策树模型是性能最好。

在Kaggle的榜单上RMSLE的平均分数为1.58，同时这也表明我们线性模型的RMSLE性能（1.4974）一般。然而，决策树在默认配置下的RMSLE性能为0.63，而截至本书编写之时，获胜者的的RMSLE为0.29504。

6.5 改进模型性能和参数调优

在第5章中，我们知道特征变换和选择对模型性能有巨大的影响。本章我们将重点讨论另外一种变换方式：对目标变量进行变换。

6.5.1　变换目标变量

许多机器学习模型都会假设输入数据和目标变量的分布，比如线性模型的假设为正态分布。

但是大多实际情况中线性回归的这种假设并不成立，比如例子中自行车被租的次数永远不可能为负。这也表明正态分布的假设存在问题。为了更好地理解目标变量的分布，最好的方法是画出目标变量的分布直方图。

本节如果你使用IPython Notebook，可以输入`%pylab inlie`来引入`pylab`（这是`numpy`和`matplotlib`的绘图函数）。同时这可以在Notebook中内置任意图表。

如果你使用标准的IPython控制台，可以用`%pylab`来引入必要的功能（这样画出来的图表会出现在另外一个窗口）。

下面的代码画出了目标变量的分布直方图：

```
targets = records.map(lambda r: float(r[-1])).collect()
hist(targets, bins=40, color='lightblue', normed=True)
fig = matplotlib.pyplot.gcf()
fig.set_size_inches(16, 10)
```

结果如图6-4所示，可以看到其中的分布完全不符合正态分布：

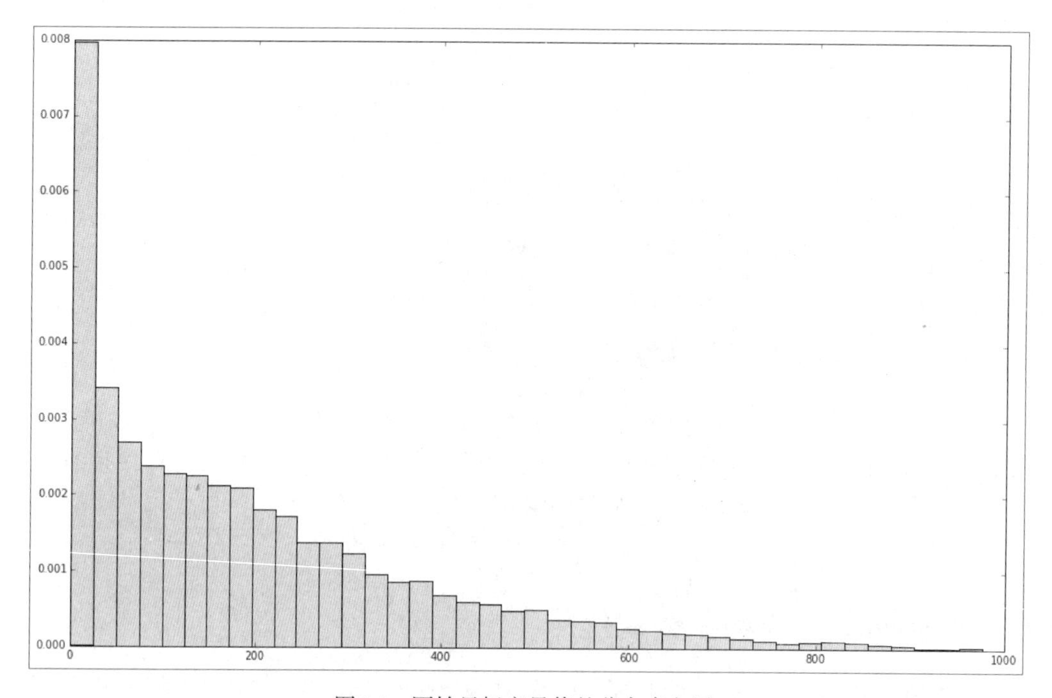

图6-4　原始目标变量值的分布直方图

一种解决的方法是对目标变量进行变换，比如用目标值的对数代替原始数值，通常称为对数变换（这种变换也可以应用到特征值上）。下面的代码对所有的目标值进行对数变换，并画出对数变换后的直方图：

```
log_targets = records.map(lambda r: np.log(float(r[-1]))).collect()
hist(log_targets, bins=40, color='lightblue', normed=True)
fig = matplotlib.pyplot.gcf()
fig.set_size_inches(16, 10)
```

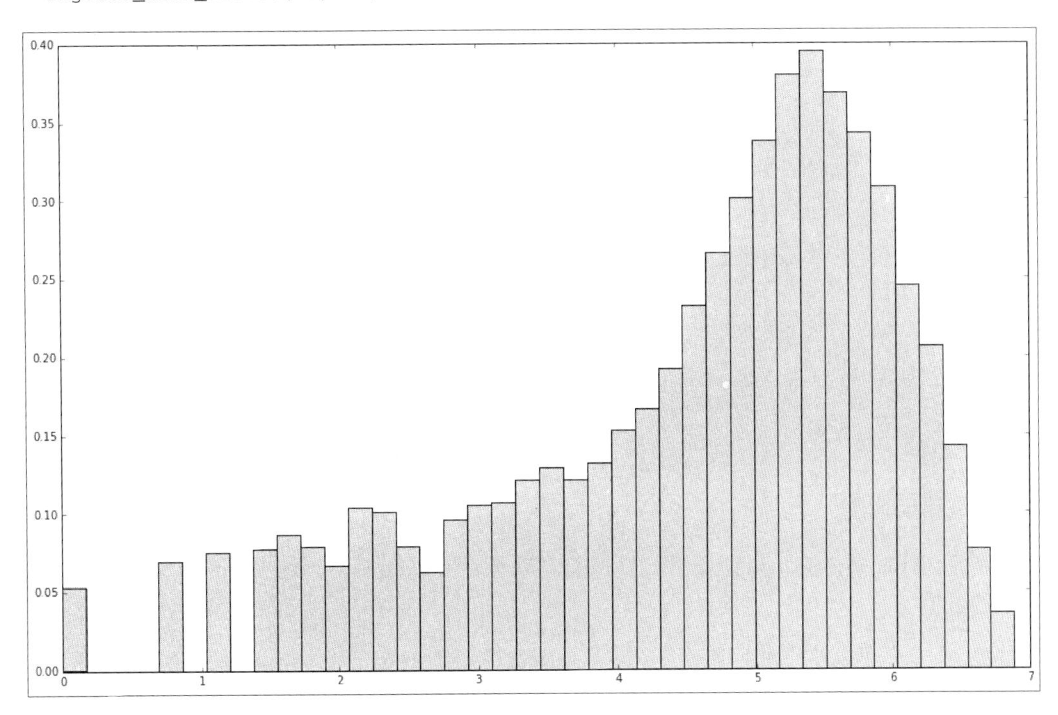

图6-5 目标变量在对数变换后的直方图

另外一种有用的变换是取平方根，适用于目标变量不为负数并且值域很大的情况。下面代码对所有的目标变量取平方根，然后画出相应的直方图：

```
sqrt_targets = records.map(lambda r: np.sqrt(float(r[-1]))).collect()
hist(sqrt_targets, bins=40, color='lightblue', normed=True)
fig = matplotlib.pyplot.gcf()
fig.set_size_inches(16, 10)
```

从对数和平方根变换后的结果来看，得到直方图都比原始数据更均匀。虽然这两个分布依然不是正态分布，但是已经比原始目标变量更接近正态分布了。

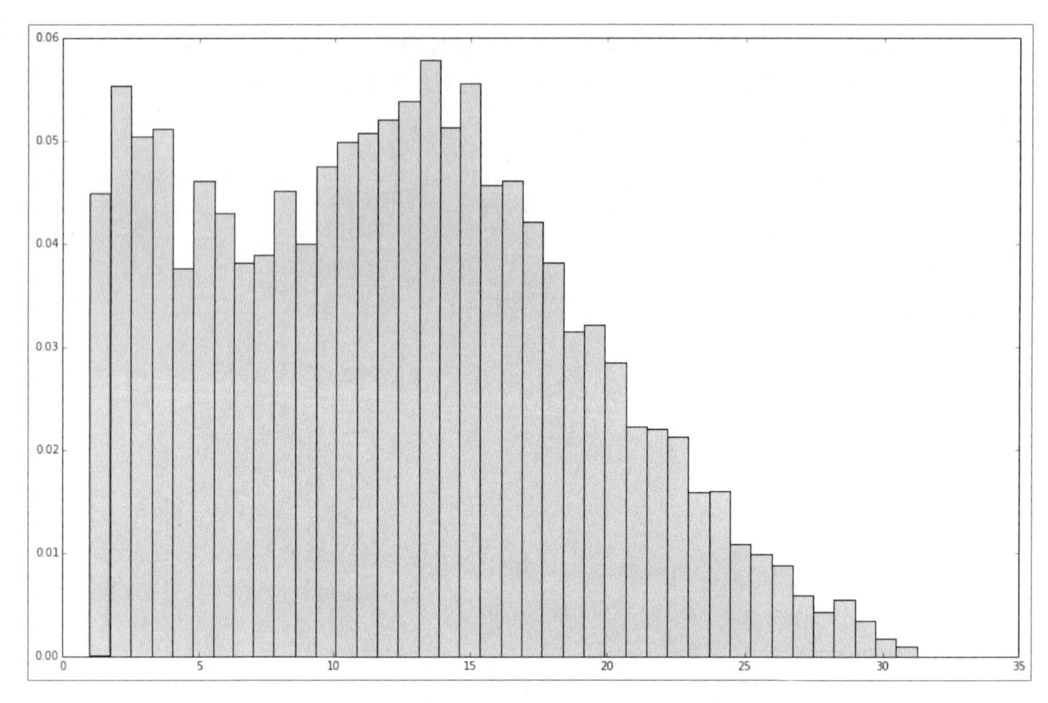

图6-6　目标变量在平方根变换后的分布

对数变换的影响

接下来，我们具体测试目标变量在变换后对模型性能的影响，下面用不同的指标来评估对数变换后的数据。

首先，对于线性模型，我们将numpy的log函数应用到RDD LabeledPoint中的每个标签值，实现代码如下：

```
data_log = data.map(lambda lp: LabeledPoint(np.log(lp.label), lp.features))
```

然后，在转换的数据上训练线性回归模型：

```
model_log = LinearRegressionWithSGD.train(data_log, iterations=10, step=0.1)
```

注意我们变换了目标变量，模型得到的预测值也是取对数的值。因此，为了评估模型性能，需要将进行指数运算计算得到预测值转换回原始的值，这里使用numpy exp的函数。下面是具体实现指数运算的代码：

```
true_vs_predicted_log = data_log.map(lambda p: (np.exp(p.label),
np.exp(model_log.predict(p.features))))
```

最后计算模型的MSE、MAE和RMSLE：

```
mse_log = true_vs_predicted_log.map(lambda (t, p): squared_error(t,p)).mean()
mae_log = true_vs_predicted_log.map(lambda (t, p): abs_error(t, p)).mean()
```

```
rmsle_log = np.sqrt(true_vs_predicted_log.map(lambda (t, p): squared_
log_error(t, p)).mean())
print "Mean Squared Error: %2.4f" % mse_log
print "Mean Absolue Error: %2.4f" % mae_log
print "Root Mean Squared Log Error: %2.4f" % rmsle_log
print "Non log-transformed predictions:\n" + str(true_vs_predicted.take(3))
print "Log-transformed predictions:\n" + str(true_vs_predicted_log.take(3))
```

得到输出结果如下：

```
Mean Squared Error: 38606.0875
Mean Absolue Error: 135.2726
Root Mean Squared Log Error: 1.3516
Non log-transformed predictions:
[(16.0, 119.30920003093594), (40.0, 116.95463511937378), (32.0,
116.57294610647752)]
Log-transformed predictions:
[(15.999999999999998, 45.860944832110015), (40.0,
43.255903592233274), (32.0, 42.311306147884252)]
```

将上述结果和原始数据训练的模型性能比较，可以看到我们提升了RMSLE的性能，但是却没有提升MSE和MAE的性能。

下面对决策树模型做同样的分析：

```
data_dt_log = data_dt.map(lambda lp:
LabeledPoint(np.log(lp.label), lp.features))
dt_model_log = DecisionTree.trainRegressor(data_dt_log,{})

preds_log = dt_model_log.predict(data_dt_log.map(lambda p:p.features))
actual_log = data_dt_log.map(lambda p: p.label)
true_vs_predicted_dt_log = actual_log.zip(preds_log).map(lambda (t,
p): (np.exp(t), np.exp(p)))

mse_log_dt = true_vs_predicted_dt_log.map(lambda (t, p): squared_
error(t, p)).mean()
mae_log_dt = true_vs_predicted_dt_log.map(lambda (t, p): abs_error(t,
p)).mean()
rmsle_log_dt = np.sqrt(true_vs_predicted_dt_log.map(lambda (t, p):
squared_log_error(t, p)).mean())
print "Mean Squared Error: %2.4f" % mse_log_dt
print "Mean Absolue Error: %2.4f" % mae_log_dt
print "Root Mean Squared Log Error: %2.4f" % rmsle_log_dt
print "Non log-transformed predictions:\n" + str(true_vs_predicted_dt.take(3))
print "Log-transformed predictions:\n" + str(true_vs_predicted_dt_log.take(3))
```

得到结果如下，这表明决策树在变换后的性能有所下降：

```
Mean Squared Error: 14781.5760
Mean Absolue Error: 76.4131
Root Mean Squared Log Error: 0.6406
Non log-transformed predictions:
[(16.0, 54.913223140495866), (40.0, 54.913223140495866), (32.0,
53.171052631578945)]
```

```
Log-transformed predictions:
[(15.999999999999998, 37.530779787154508), (40.0,
37.530779787154508), (32.0, 7.2797070993907287)]
```

线性模型在经过对数处理后的数据得到较好的性能是意料之中。因为本质上我们的目的是最小化均方差，一旦把目标值转换为对数值，便可以有效最小化损失函数，即最小化RMSLE。

这其实和Kaggle比赛要求一致，本质上我们可以直接优化比赛的评分指标。

当然，在实际中，上面的处理是否真的有效，还依赖于绝对误差的重要性（RMSLE本质上是惩罚对相对误差而不是绝对误差）。

6.5.2　模型参数调优

本章到目前为止，我们谈论了在同一个数据集上对MLlib中回归模型进行训练和评估的基本概念。接下来，我们使用交叉验证方法来评估不同参数对模型性能的影响。

1. 创建训练集和测试集来评估参数

第一步是为交叉验证创建训练集和测试集。Spark的Python API没有提供与Scala中的`randomSplit`类似的方法，因此我们需要手动创建训练集和测试集。

具体实现中，相对简单的分割方法是随机采样20%做测试集，然后剩下的部分作为训练集。我们使用`sample`方法进行随机采样得到测试集，使用`subtractByKey`方法得到剩下的训练集。

注意`subtractByKey`只能用于元素为键–值对的RDD。因此，我们需要使用`zipWithIndex`处理训练数据，得到一个`(LabeledPoint, index)`的RDD。

同时，我们还要翻转键值对，以方便后续处理。代码如下：

```
data_with_idx = data.zipWithIndex().map(lambda (k, v): (v, k))
test = data_with_idx.sample(False, 0.2, 42)
train = data_with_idx.subtractByKey(test)
```

有了两个RDD，我们便可以恢复刚刚用于训练和测试的数据的`LabeledPoint`实例，具体使用map方法：

```
train_data = train.map(lambda (idx, p): p)
test_data = test.map(lambda (idx, p) : p)
train_size = train_data.count()
test_size = test_data.count()
print "Training data size: %d" % train_size
print "Test data size: %d" % test_size
print "Total data size: %d " % num_data
print "Train + Test size : %d" % (train_size + test_size)
```

代码输出结果如下，得到两个互不重叠的训练集和测试集：

```
Training data size: 13934
Test data size: 3445
Total data size: 17379
Train + Test size : 17379
```

最后使用同样的方法提取决策树模型所需特征：

```
data_with_idx_dt = data_dt.zipWithIndex().map(lambda (k, v): (v, k))
test_dt = data_with_idx_dt.sample(False, 0.2, 42)
train_dt = data_with_idx_dt.subtractByKey(test_dt)
train_data_dt = train_dt.map(lambda (idx, p): p)
test_data_dt = test_dt.map(lambda (idx, p) : p)
```

2. 参数设置对线性模型的影响

前面已经准备好了训练集和测试集，下面我们研究不同参数配置对模型性能的影响。首先需要为线性模型设计一个评估方法，同时创建一个辅助函数，实现在不同的参数配置下评估训练集上和测试集上的性能。

我们依然使用Kaggle竞赛中的RMSLE作为评测指标，这样的好处是可以和竞赛排行榜的成绩进行比较。

评估函数定义如下：

```
def evaluate(train, test, iterations, step, regParam, regType, intercept):
    model = LinearRegressionWithSGD.train(train, iterations, step,
regParam=regParam, regType=regType, intercept=intercept)
    tp = test.map(lambda p: (p.label, model.predict(p.features)))
    rmsle = np.sqrt(tp.map(lambda (t, p): squared_log_error(t, p)). mean())
    return rmsle
```

在接下来的几节中，我们将使用SGD进行迭代训练。随机初始化可能得到略微不同的结果，但是依然可比较。

(1) 迭代

从前面对分类模型的评估来看，通常在使用SGD训练模型的过程中，随着迭代次数增加可以实现更好的性能，但是性能在迭代次数达到一定数目时会增长得越来越慢。下面的代码设置步长为0.01，目的是为了更好说明迭代次数的影响：

```
params = [1, 5, 10, 20, 50, 100]
metrics = [evaluate(train_data, test_data, param, 0.01, 0.0, '12',
False) for param in params]
print params
print metrics
```

下面的结果表明，随着迭代次数的增加，误差确实有所下降（即性能提高），并且下降速率和预期一样越来越小。有趣的是，当SGD优化最终超过最优情况时，RMSLE的值略微上升：

```
[1, 5, 10, 20, 50, 100]
[2.3532904530306888, 1.6438528499254723, 1.4869656275309227,
1.4149741941240344, 1.4159641262731959, 1.4539667094611679]
```

下面，我们用matplotlib库画出迭代次数与RMSLE的关系图。为了更好地可视化，我们对x轴进行取对数处理：

```
plot(params, metrics)
fig = matplotlib.pyplot.gcf()
pyplot.xscale('log')
```

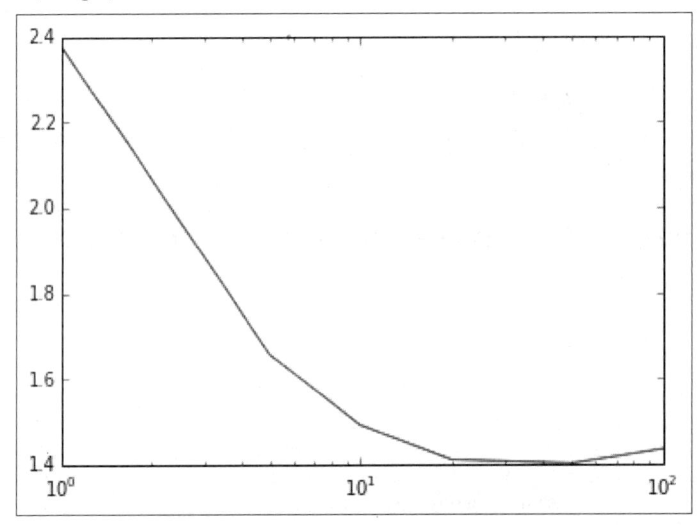

图6-7　迭代次数和性能变化图

(2) 步长

我们使用如下代码对步长进行同样的分析：

```
params = [0.01, 0.025, 0.05, 0.1, 1.0]
metrics = [evaluate(train_data, test_data, 10, param, 0.0, 'l2',
False) for param in params]
print params
print metrics
```

输出如下：

```
[0.01, 0.025, 0.05, 0.1, 1.0]
[1.4869656275309227, 1.4189071944747715, 1.5027293911925559,
1.5384660954019973, nan]
```

从结果可以看出为什么不使用默认步长来训练线性模型。其中默认步长为1.0，得到的RMSLE

结果为nan。这说明SGD模型收敛到了最差的局部最优解。这种情况在步长较大的时候容易出现，原因是算法收敛太快而不能得到最优解。

另外，小步长与相对较小的迭代次数（比如上面的10次）对应的训练模型性能一般较差。而较小的步长与较大的迭代次数下通常可以收敛得到较好的解。

通常来讲，步长和迭代次数的设定需要权衡。较小的步长意味着收敛速度慢，需要较大的迭代次数。但是较大的迭代次数更加耗时，特别是在大数据集上。

选择合适的参数是一个复杂的过程，需要在不同的参数组合下训练模型并选择最好的结果。每次模型的训练都需要迭代，这个过程计算量大且非常耗时，在大数据集上尤其明显。

下面是随着步长变化对预测结果的影响：

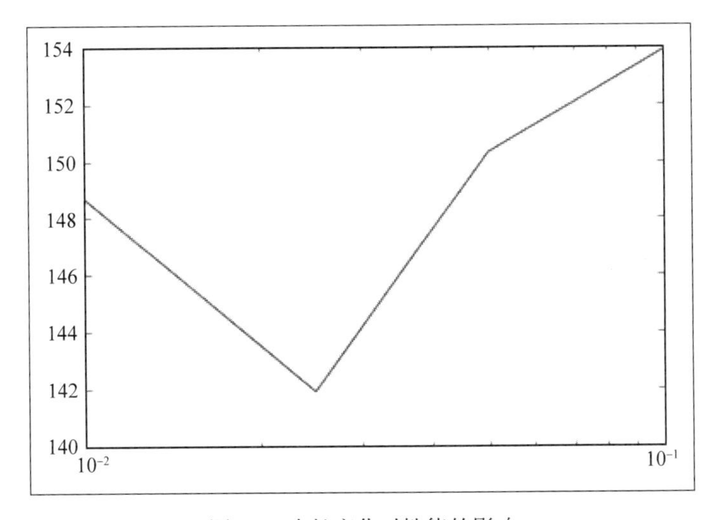

图6-8 步长变化对性能的影响

(3) L2正则化

通过第5章的学习，我们知道正则化是添加一个关于模型权重向量的函数作为损失项，来惩罚模型的复杂度。其中L2正则化则是对权重向量进行L2-norm惩罚，而L1正则化进行L1-norm惩罚。

我们知道随着正则化的提高，训练集的预测性能会下降，因为模型不能很好拟合数据。但是，我们希望设置合适的正则化参数，能够在测试集上达到最好的性能，最终得到一个泛化能力最优的模型。

我们在下面的代码中评估不同L2正则化参数对性能的影响：

```
params = [0.0, 0.01, 0.1, 1.0, 5.0, 10.0, 20.0]
metrics = [evaluate(train_data, test_data, 10, 0.1, param, 'l2',
False) for param in params]
print params
print metrics
plot(params, metrics)
fig = matplotlib.pyplot.gcf()
pyplot.xscale('log')
```

正如前面所分析的，存在一个使得测试集上RMSLE性能最优的正则化参数：

```
[0.0, 0.01, 0.1, 1.0, 5.0, 10.0, 20.0]
[1.5384660954019971, 1.5379108106882864, 1.5329809395123755,
1.4900275345312988, 1.4016676336981468, 1.40998359211149,
1.5381771283158705]
```

为了更清晰地展示结果，我们使用图6-9进行展示，其中横轴的正则化参数进行了对数缩放：

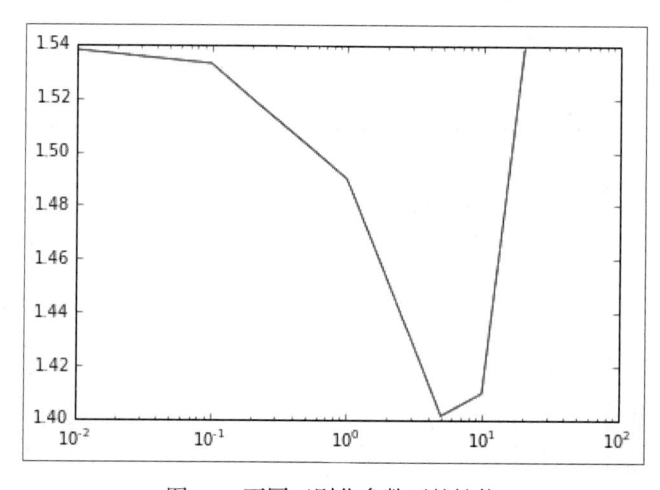

图6-9　不同正则化参数下的性能

(4) L1正则化

以下代码使用同样的方法测试不同L1正则化参数对性能的影响：

```
params = [0.0, 0.01, 0.1, 1.0, 10.0, 100.0, 1000.0]
metrics = [evaluate(train_data, test_data, 10, 0.1, param, 'l1',
False) for param in params]
print params
print metrics
plot(params, metrics)
fig = matplotlib.pyplot.gcf()
pyplot.xscale('log')
```

同样，为了更清晰地展示结果，下面用图6-10展示。从图中可以看到，当使用一个较大的正则化参数时，RMSLE性能急剧下降。L1正则化参数比L2要大，但是总体性能较差。

```
[0.0, 0.01, 0.1, 1.0, 10.0, 100.0, 1000.0]
[1.5384660954019971, 1.5384518080419873, 1.5383237472930684,
1.5372017600929164, 1.5303809928601677, 1.4352494587433793,
4.7551250073268614]
```

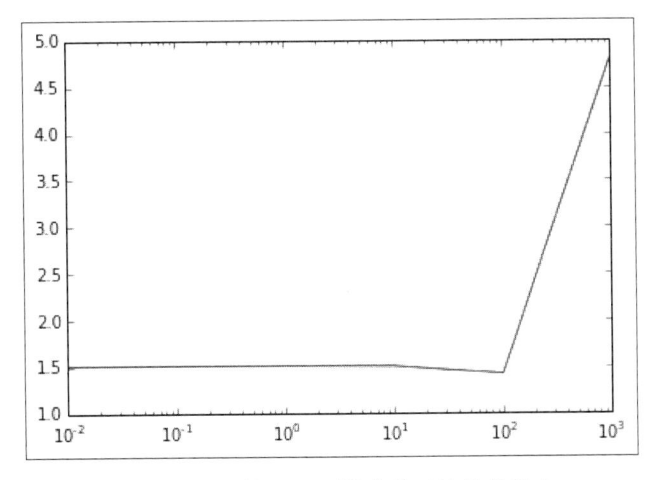

图6-10 不同的L1正则化参数对性能的影响

另外，使用L1正则化可以得到稀疏的权重向量。为了在本例中验证，我们来统计随着正则化的提高，权重向量中0的个数：

```
model_l1 = LinearRegressionWithSGD.train(train_data, 10, 0.1,
regParam=1.0, regType='l1', intercept=False)
model_l1_10 = LinearRegressionWithSGD.train(train_data, 10, 0.1,
regParam=10.0, regType='l1', intercept=False)
model_l1_100 = LinearRegressionWithSGD.train(train_data, 10, 0.1,
regParam=100.0, regType='l1', intercept=False)
print "L1 (1.0) number of zero weights: " + str(sum(model_l1.weights.
array == 0))
print "L1 (10.0) number of zeros weights: " + str(sum(model_l1_10.
weights.array == 0))
print "L1 (100.0) number of zeros weights: " +
str(sum(model_l1_100.weights.array == 0))
```

从下面的结果可以看出，和我们预料的一致，随着L1的正则化参数越来越大，模型的权重向量中0的数目也越来越大：

```
L1 (1.0) number of zero weights: 4

L1 (10.0) number of zeros weights: 20

L1 (100.0) number of zeros weights: 55
```

(5) 截距

线性模型最后可以设置的参数表示是否使用截距（intercept）。截距是添加到权重向量的常数项，可以有效地影响目标变量的中值。如果数据已经被归一化，截距则没有必要。但是理论上截距的使用并不会带来坏处。

下面的代码用来评估截距项对模型的影响：

```
params = [False, True]
metrics = [evaluate(train_data, test_data, 10, 0.1, 1.0, 'l2', param)
for param in params]
print params
print metrics
bar(params, metrics, color='lightblue')
fig = matplotlib.pyplot.gcf()
```

代码输出结果如下，通过图6-11可以发现截距项的使用造成了RMSLE的值略微增加：

```
[False, True]
[1.4900275345312988, 1.506469812020645]
```

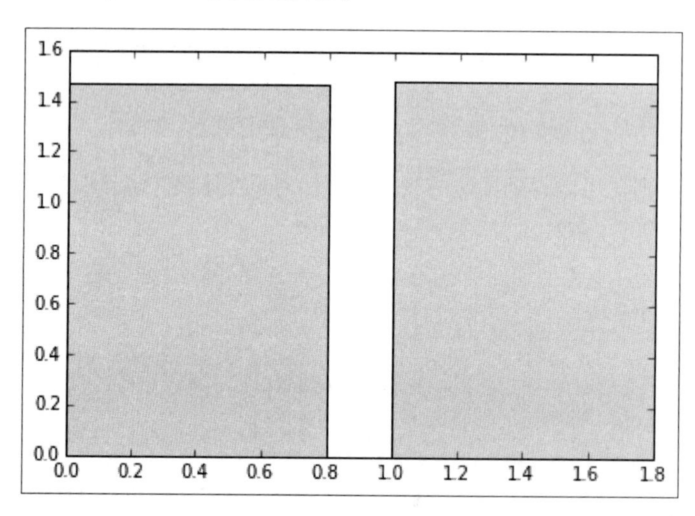

图6-11　截距的使用对性能的影响

3. 参数设置对决策树性能的影响

决策树提供了两个主要的参数：最大的树深度和最大划分数。我们使用与前面类似的方法，评估不同的参数下决策树模型的性能。首先实现一个评估函数evaluate_dt：

```
def evaluate_dt(train, test, maxDepth, maxBins):
    model = DecisionTree.trainRegressor(train, {},
    impurity='variance', maxDepth=maxDepth, maxBins=maxBins)
    preds = model.predict(test.map(lambda p: p.features))
    actual = test.map(lambda p: p.label)
    tp = actual.zip(preds)
    rmsle = np.sqrt(tp.map(lambda (t, p): squared_log_error(t, p)).mean())
    return rmsle
```

(1) 树深度

我们通常希望用更复杂(更深)的决策树提升模型的性能。而较小的树深度类似正则化形式，如线性模型的L2和L1正则化，存在一个最优的树深度能在测试集上获得最优的性能。

下面，我们尝试增加树的深度，测试树的深度对测试集上RMSLE性能的影响，固定划分数为默认值32：

```
params = [1, 2, 3, 4, 5, 10, 20]
metrics = [evaluate_dt(train_data_dt, test_data_dt, param, 32) for
param in params]
print params
print metrics
plot(params, metrics)
fig = matplotlib.pyplot.gcf()
```

在这个例子中，深度较大的决策树出现过拟合，从结果来看这个数据集最优的树深度大概在10左右。

注意我们最好的RMSLE为0.42，接近Kaggle获胜者的0.29了。

不同树深度性能的计算结果如下：

```
[1, 2, 3, 4, 5, 10, 20]

[1.0280339660196287, 0.92686672078778276, 0.81807794023407532,
0.74060228537329209, 0.63583503599563096, 0.42851360418692447,
0.45500008049779139]
```

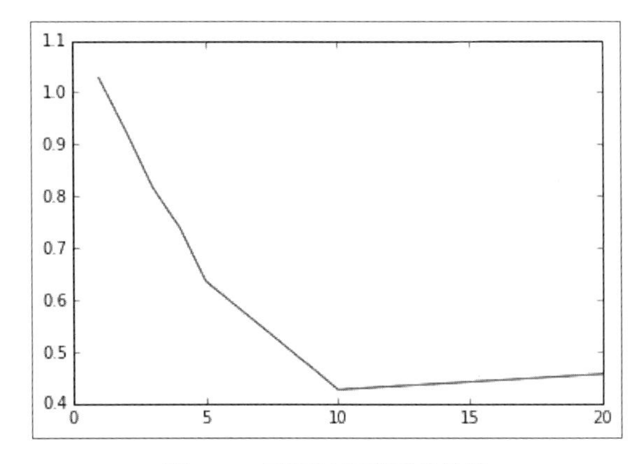

图6-12 不同树深度下的性能

(2) 最大划分数

最后，我们来评估划分数对决策树性能的影响。和树的深度一样，更多的划分数会使模型变复杂，并且有助于提升特征维度较大的模型性能。划分数到一定程度之后，对性能的提升帮助不大。实际上，由于过拟合的原因会导致测试集的性能变差。

```
params = [2, 4, 8, 16, 32, 64, 100]
metrics = [evaluate_dt(train_data_dt, test_data_dt, 5, param) for
param in params]
print params
print metrics
plot(params, metrics)
fig = matplotlib.pyplot.gcf()
```

下面是预测结果，以及不同划分数对性能的影响图（树的深度固定为5）。这个例子中，使用小划分数目会有损性能，而当划分数目达到30后对性能几乎没有影响。从结果中来看，最优的划分数配置在16~20之间：

```
[2, 4, 8, 16, 32, 64, 100]

[1.3069788763726049, 0.81923394899750324, 0.75745322513058744,
0.62328384445223795, 0.63583503599563096, 0.63583503599563096,
0.63583503599563096]
```

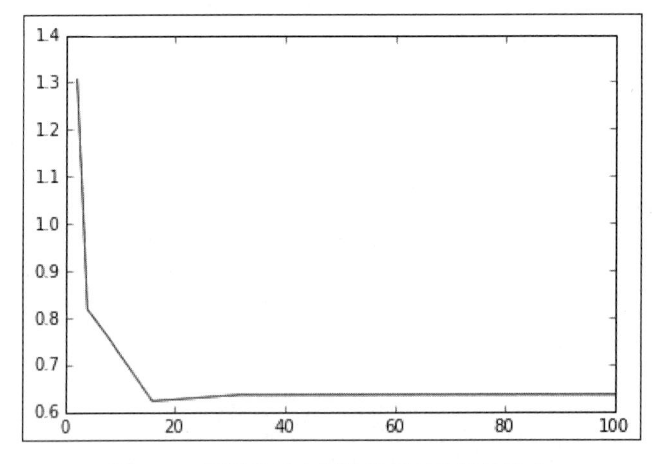

图6-13 不同的最大划分数目对性能的影响

6.6 小结

本章讨论了基于Python使用MLlib中的线性模型和决策树模型进行回归分析。我们研究了回归问题中类型特征的抽取和对目标变量做变换的影响。最后，我们实现了不同的性能评估指标，并且设计了交叉验证实验，研究线性模型和决策树模型的不同参数对测试集性能的影响。

下一章，我们将讨论机器学习中新的方法：无监督学习，特别是聚类模型。

第7章

Spark构建聚类模型

前面几章，我们介绍了监督学习，其中训练数据都标记了需要被预测的真实值（比如推荐系统的打分、分类的类别，或者回归预测为实数的目标变量）。

接下来，我们将考虑数据没有标注的情况，具体模型称作无监督学习，即模型训练过程中没有被目标标签监督。实际应用中，无监督的例子非常常见，原因是在许多真实场景中，标注数据的获取非常困难，代价非常大（比如，人工为分类模型标注训练数据）。但是，我们仍然想要从数据中学习基本的结构用来做预测。

这就是无监督学习方法发挥作用的情形。通常无监督学习会和监督模型相结合，比如使用无监督技术为监督模型生成输入数据。

在很多情况下，聚类模型等价于分类模型的无监督形式。用分类的方法，我们可以学习分类模型，预测给定训练样本属于哪个类别。这个模型本质上就是一系列特征到类别的映射。

在聚类中，我们把数据进行分割，这样每个数据样本就会属于某个部分，称为类簇。类簇相当于类别，只不过不知道真实的类别。

聚类模型的很多应用和分类模型一样，比如：

- 基于行为特征或者元数据将用户或者客户分成不同的组；
- 对网站的内容或者零售店中的商品进行分组；
- 找到相似基因的类；
- 在生态学中进行群体分割；
- 创建图像分割用于图像分析的应用，比如物体检测。

本章，我们将：

- 简略讨论一些分类模型的类型；
- 从数据中提取特征，具体来说就是将某个模型的输出当作聚类模型的输入特征；
- 训练分类模型并且做预测；
- 应用性能评估和参数选择技术来选择最优的聚类个数。

7.1 聚类模型的类型

聚类模型有很多种，从简单到复杂都有。MLlib库目前提供了*K*-均值聚类算法，这是最简单的聚类算法之一，但也非常有效，而简单通常意味着相对容易理解和扩展。

7.1.1 *K*-均值聚类

K-均值算法试图将一系列样本分割成*K*个不同的类簇（其中*K*是模型的输入参数）。*K*-均值聚类的目的是最小化所有类簇中的方差之和，其形式化的目标函数称为类簇内的方差和（within cluster sum of squared errors，WCSS）：

$$\sum_{i=1}^{n}\sum_{j=1}^{n}\left(x(j)-u(i)\right)^2$$

换句话说，就是计算每个类簇中样本与类中心的平方差，并在最后求和。

标准的*K*-均值算法初始化*K*个类中心（为每个类簇中所有样本的平均向量），后面的过程不断重复迭代下面两个步骤。

(1) 将样本分到WCSS最小的类簇中。因为方差之和为欧拉距离的平方，所以最后等价于将每个样本分配到欧拉距离最近的类中心。

(2) 根据第一步类分配情况重新计算每个类簇的类中心。

K-均值迭代算法结束条件为达到最大的迭代次数或者收敛。收敛意味着第一步类分配之后没有改变，因此WCSS的值也没有改变。

要了解更多信息，请查阅Spark文档中关于聚类的部分（http://spark.apache.org/docs/latest/mllib-clustering.html）或者维基百科（http://en.wikipedia.org/ wiki/K-means_clustering）。

为了说明*K*-均值的基础知识，我们使用第5章的多类别分类中的数据集，其中有5个类，如下图7-1所示：

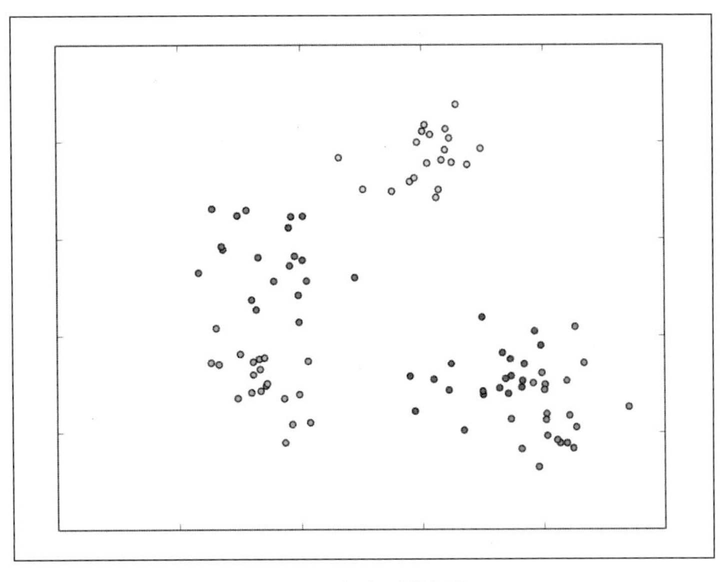

图7-1 多类别数据集

于是，假定我们不知道真实分类，然后应用5个类簇的K-均值算法，经过一次迭代，得到如图7-2所示模型的类簇标记：

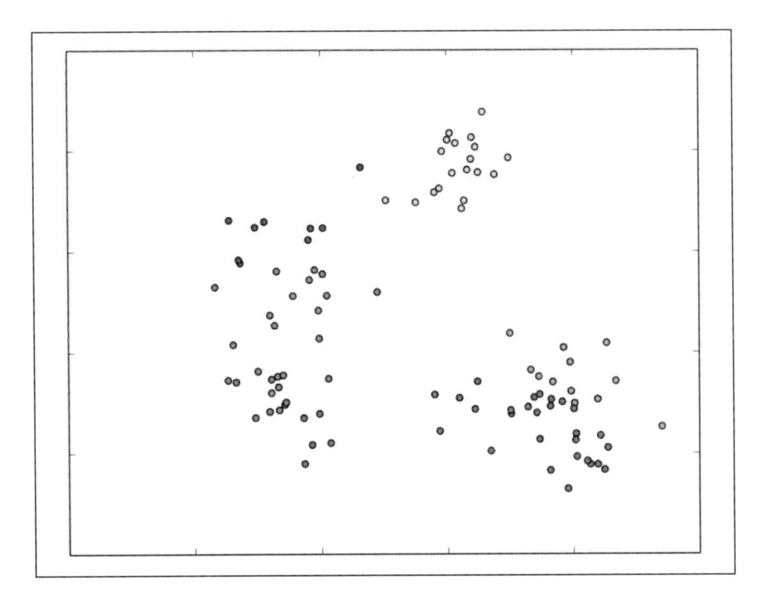

图7-2 第一次迭代后的类簇标记

可以看到K-均值已经可以很好地找到每个类簇的中心。下一次迭代，类簇的标记应该如图7-3所示：

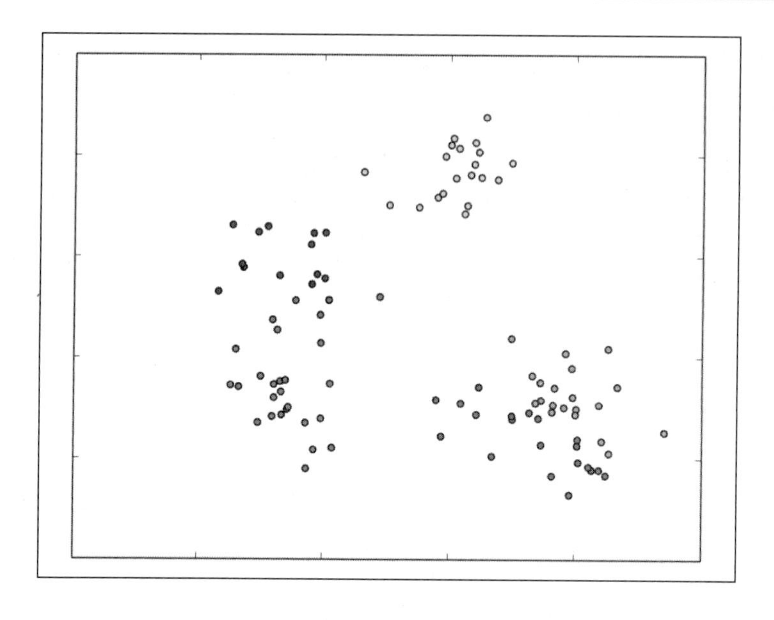

图7-3　第二次迭代后的类簇标记

第二次迭代之后类簇开始变得稳定，但是类簇标记大致和第一次迭代相同。一旦模型收敛，最终类簇标注大概如图7-4所示：

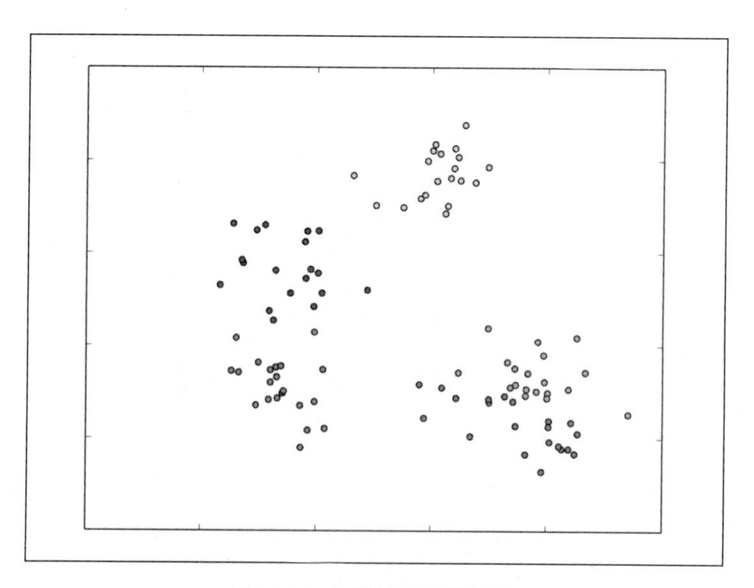

图7-4　*K*-均值最后聚类结果

可以看出，*K*-均值聚类模型对5个类簇分割结果还不错。其中，左边的三个类簇比较准确（部分错误），但是右下角的两个类簇却不是很准确。

这说明：

- K-均值本质上是迭代过程；
- 模型依赖初始化时类中心的选择（这里指随机选择类中心）；
- 最后的类簇分配可以很好地分割数据，但是对于较难的数据分割也会不好。

1. 初始化方法

K-均值的标准初始化方法通常称为随机方法，即在开始时随机给每个样本分配一个类簇。

MLlib提供了*K*-均值++初始化方法的并行实现版本，叫*K*-means||，这也是默认的初始化方法。

更多资料请查看http://en.wikipedia.org/wiki/K-means_clustering#Initialization_methods和http://en.wikipedia.org/wiki/K-means%2B%2B。

使用*K*-均值++的结果如图7-5所示。从结果来看，右下角大部分样本聚类正确：

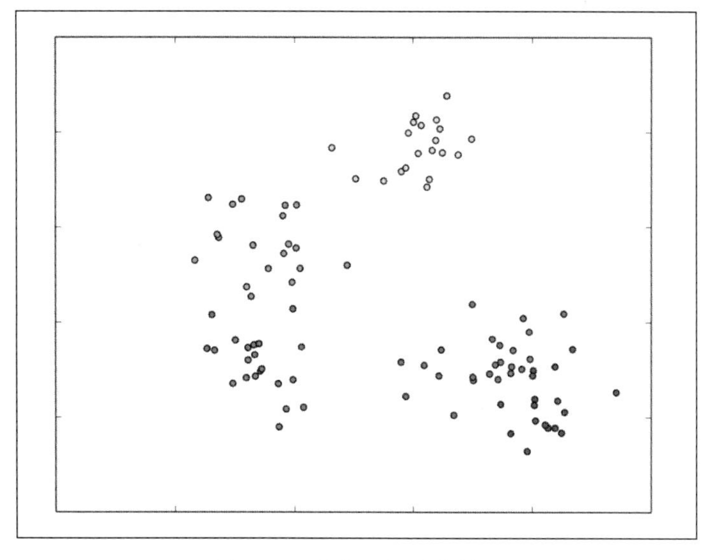

图7-5 *K*-均值++的聚类结果

2. *K*-均值变种

目前有许多*K*-均值的变种，它们的不同重点集中于初始化方法或者核心模型。其中一个最常见的变种是模糊*K*-均值（fuzzy K-means）。这个模型没有像*K*-均值那样对每个样本分配一个类簇（或者称为硬分配），而是*K*-均值的多分配版本，即每个样本可以属于多个类簇并被表示为样本与每个类簇的相对关系。于是，当类簇树为*K*时，每个样本会被表示为*K*维的关系向量，向量中的每一项指示对应的类簇。

7.1.2 混合模型

混合模型本质上是模糊K-均值的扩展，但是混合模型假设样本的数据是由某种概率分布产生的。比如，我们可以假设样本是由K个独立的高斯概率分布生成的。类簇的分布是软分配，所以每个样本由K个概率分布的权重表示。

> 更多细节和混合模型数学的描述见http://en.wikipedia.org/wiki/Mixture_model。

7.1.3 层次聚类

层次聚类（hierarchical clustering）是一个结构化的聚类方法，最终可以得到多层的聚类结果，其中每个类簇可能包含多个子类簇。因为每个子类簇和父类簇连接，所以这种形式也称为树形聚类。

层次聚类分为两种：*凝聚聚类*（agglomerative clustering）和*分裂式聚类*（divisive clustering）。

凝聚聚类的方法是自底向上的：

- 每个样本自身作为一个类簇；
- 计算与其他类簇的相似度；
- 找到最相似的类簇，然后合并组成新的类簇；
- 重复上述过程，直到最上层只留下一个类簇。

分裂式聚类是自上而下的方法，过程刚好和凝聚聚类相反。刚开始所有样本属于一个类簇，然后接下来每一步将每个类簇一分为二，最后直到所有的样本在底层独自为一个类簇。

> 更多资料，请看http://en.wikipedia.org/wiki/Hierarchical_clustering。

7.2 从数据中提取正确的特征

类似大多数机器学习模型，K-均值聚类需要数值向量作为输入，于是用于分类和回归的特征提取和变换方法也适用于聚类。

K-均值和最小方差回归一样使用方差函数作为优化目标，因此容易受到离群值（outlier）和较大方差的特征影响。

对于回归和分类问题来说，上述问题可以通过特征的归一化和标准化来解决，同时可能有助于提升性能。但是某些情况我们可能不希望数据被标准化，比如根据某个特定的特征找到对应的类簇。

从MovieLens数据集提取特征

本章中，我们将使用第4章推荐引擎中使用的电影打分数据集，这个数据集主要分为三个部分：第一个是电影打分的数据集（在u.data文件中）,第二个是用户数据（u.user），第三个是电影数据（u.item）。除此之外，我们从题材文件中获取了每个电影的题材（u.genre）。

以下代码输出电影数据集的首行：

```
val movies = sc.textFile("/PATH/ml-100k/u.item")
println(movies.first)
```

输出内容如下：

```
1|Toy Story (1995)|01-Jan-1995||http://us.imdb.com/M/title-exact?Toy%20
Story%20(1995)|0|0|0|1|1|1|0|0|0|0|0|0|0|0|0|0|0|0|0
```

到目前为止，我们既知道电影的名称，也将电影按题材分类。那为什么还需要对电影数据进行聚类呢？具体原因有两个。

- 第一，因为我们知道每部电影的题材标签，所以可以用这些标签评估聚类模型的性能。
- 第二，我们希望基于其他属性或特征对电影进行分类，而不单单是题材。

本例中，除了题材和标题，我们还有打分数据用于聚类。之前，我们已经根据打分数据建立了一个矩阵分解模型，这个模型由一系列用户和电影因素向量组成。

我们可以思考怎样在一个新的隐式特征空间中用电影相关的因素表示一部电影，反过来说就是用隐式特征表示打分矩阵中一些特定形式的结构。每个隐式特征无法直接解释，因为它们表示一些可以影响用户对电影打分行为的隐式结构。可用的因素有用户对题材的偏好、演员和导演或者电影的主题等。

因此，如果将电影的相关因素向量表示作为聚类模型的输入，我们可以得到基于用户实际打分行为的分类而不是人工的题材分类。

同样，我们可以在打分行为的隐式特征空间中用用户相关因素表示一个用户，因此对用户向量进行聚类，就得到了基于用户打分行为的聚类结果。

1. 提取电影的题材标签

在进一步处理之前，我们先从u.genre文件中提取题材的映射关系。根据之前对数据集的输出结果来看，需要将题材的数字编号映射到可读的文字版本。查看u.genre开始几行数据：

```
val genres = sc.textFile("/PATH/ml-100k/u.genre")
genres.take(5).foreach(println)
```

7

输出结果如下：

```
unknown|0
Action|1
Adventure|2
Animation|3
Children's|4
```

上面输出的数字表示相关题材的索引，比如0是unknown的索引。索引对应了每部电影关于题材的特征二值子向量（即前面数据中的0和1）。

为了提取题材的映射关系，我们对每一行数据进行分割，得到具体的<题材，索引>键值对。注意处理过程中需要处理最后的空行，不然会抛出异常（见代码中高亮部分）：

```
val genreMap = genres.filter(!_.isEmpty).map(line => line.
split("\\|")).map(array => (array(1), array(0))).collectAsMap
println(genreMap)
```

上面代码的输出：

```
Map(2 -> Adventure, 5 -> Comedy, 12 -> Musical, 15 -> Sci-Fi, 8 -> Drama,
18 -> Western, ...
```

接下来，我们需要为电影数据和题材映射关系创建新的RDD，其中包含电影ID、标题和题材。当我们用聚类模型评估每个电影的类别时，可以用生成的RDD得到可读的输出。

接下来的代码中，我们对每部电影提取相应的题材（是Strings形式而不是Int索引）。然后，使用zipWithIndex方法统计包含题材索引的集合，这样就能将集合中的索引映射到对应的文本信息。最后，输出RDD第一条记录：

```
val titlesAndGenres = movies.map(_.split("\\|")).map { array =>
  val genres = array.toSeq.slice(5, array.size)
  val genresAssigned = genres.zipWithIndex.filter { case (g, idx)
  =>
    g == "1"
  }.map { case (g, idx) =>
    genreMap(idx.toString)
  }
  (array(0).toInt, (array(1), genresAssigned))
}
println(titlesAndGenres.first)
```

代码输出如下：

```
(1,(Toy Story (1995),ArrayBuffer(Animation, Children's, Comedy)))
```

2. 训练推荐模型

要获取用户和电影的因素向量，首先需要训练一个新的推荐模型。我们在第4章做过类似的事情，因此接下来使用相同的步骤：

```
import org.apache.spark.mllib.recommendation.ALS
import org.apache.spark.mllib.recommendation.Rating
val rawData = sc.textFile("/PATH/ml-100k/u.data")
val rawRatings = rawData.map(_.split("\t").take(3))
val ratings = rawRatings.map{ case Array(user, movie, rating) =>
Rating(user.toInt, movie.toInt, rating.toDouble) }
ratings.cache
val alsModel = ALS.train(ratings, 50, 10, 0.1)
```

第4章中，最小二乘法（Alternating Least Squares，ALS）模型返回了两个键值RDD（userFeatures和productFeatures）。这两个RDD的键为用户ID或者电影ID，值为相关因素。我们还需要提取相关的因素并转化到MLlib的Vector中作为聚类模型的训练输入。

下面代码分别对用户和电影进行处理：

```
import org.apache.spark.mllib.linalg.Vectors
val movieFactors = alsModel.productFeatures.map { case (id, factor) =>
(id, Vectors.dense(factor)) }
val movieVectors = movieFactors.map(_._2)
val userFactors = alsModel.userFeatures.map { case (id, factor) =>
(id, Vectors.dense(factor)) }
val userVectors = userFactors.map(_._2)
```

3. 归一化

在训练聚类模型之前，有必要观察一下输入数据的相关因素特征向量的分布，这可以告诉我们是否需要对训练数据进行归一化。具体做法和第5章一样，我们使用MLlib中的RowMatrix进行各种统计，代码实现如下：

```
import org.apache.spark.mllib.linalg.distributed.RowMatrix
val movieMatrix = new RowMatrix(movieVectors)
val movieMatrixSummary =
movieMatrix.computeColumnSummaryStatistics()
val userMatrix = new RowMatrix(userVectors)
val userMatrixSummary =
userMatrix.computeColumnSummaryStatistics()
println("Movie factors mean: " + movieMatrixSummary.mean)
println("Movie factors variance: " + movieMatrixSummary.variance)
println("User factors mean: " + userMatrixSummary.mean)
println("User factors variance: " + userMatrixSummary.variance)
```

输出如下：

```
Movie factors mean: [0.28047737659519767,0.26886479057520024,0.2935579964
446398,0.27821738264113755, ...
Movie factors variance: [0.038242041794064895,0.03742229118854288,0.04411
6961097355877,0.057116244055791986, ...
User factors mean: [0.2043520841572601,0.22135773814655782,0.214970631841
8221,0.23647602029329481, ...
User factors variance: [0.037749421148850396,0.02831191551960241,0.032831
876953314174,0.036775110657850954, ...
```

从结果来看，没有发现特别的离群点会影响聚类结果，因此本例中没有必要进行归一化。

7.3　训练聚类模型

在MLlib中训练*K*-均值的方法和其他模型类似，只要把包含训练数据的RDD传入`KMeans`对象的`train`方法即可。注意，因为聚类不需要标签，所以不用`LabeledPoint`实例，而是使用特征向量接口，即RDD的`Vector`数组即可。

用MovieLens数据集训练聚类模型

MLlib的*K*-均值提供了随机和*K*-means||两种初始化方法，后者是默认初始化。因为两种方法都是随机选择，所以每次模型训练的结果都不一样。

K-均值通常不能收敛到全局最优解，所以实际应用中需要多次训练并选择最优的模型。MLlib提供了完成多次模型训练的方法。经过损失函数的评估，将性能最好的一次训练选定为最终的模型。

代码实现中，首先需要引入必要的模块，设置模型参数：*K*（`numClusters`）、最大迭代次数（`numIteration`）和训练次数（`numRuns`）：

```
import org.apache.spark.mllib.clustering.KMeans
val numClusters = 5
val numIterations = 10
val numRuns = 3
```

然后，对电影的系数向量运行*K*-均值算法：

```
val movieClusterModel = KMeans.train(movieVectors, numClusters,
numIterations, numRuns)
```

一旦模型训练完成，我们将看到类似如下的结果：

```
...
14/09/02 21:53:58 INFO SparkContext: Job finished: collectAsMap at
KMeans.scala:193, took 0.02043 s
14/09/02 21:53:58 INFO KMeans: Iterations took 0.331 seconds.
14/09/02 21:53:58 INFO KMeans: KMeans reached the max number of
iterations: 10.
14/09/02 21:53:58 INFO KMeans: The cost for the best run is
2586.298785925147.
...
movieClusterModel: org.apache.spark.mllib.clustering.KMeansModel = org.
apache.spark.mllib.clustering.KMeansModel@71c6f512
```

从上面的输出来看，模型训练达到了最大的迭代次数，所以训练过程不会根据收敛准则过早停止。而且结果还显示模型最优时训练数据集的误差（*K*-均值目标函数的值）。下面我们设置更大的迭代次数作为说明*K*-均值模型收敛的例子：

```
val movieClusterModelConverged = KMeans.train(movieVectors,
numClusters, 100)
```

在模型的输出中可以看到“KMeans converged in ... iterations”，这表示在多少次迭代之后，*K*-均值模型已经收敛：

```
...
14/09/02 22:04:38 INFO SparkContext: Job finished: collectAsMap at
KMeans.scala:193, took 0.040685 s
14/09/02 22:04:38 INFO KMeans: Run 0 finished in 34 iterations
14/09/02 22:04:38 INFO KMeans: Iterations took 0.812 seconds.
14/09/02 22:04:38 INFO KMeans: KMeans converged in 34 iterations.
14/09/02 22:04:38 INFO KMeans: The cost for the best run is
2584.9354332904104.
...
movieClusterModelConverged: org.apache.spark.mllib.clustering.KMeansModel
= org.apache.spark.mllib.clustering.KMeansModel@6bb28fb5
```

注意，当我们使用较小的迭代次数进行多次训练时，通常得到的训练误差和已经收敛的模型结果类似。因此，多次训练可以有效找到可能最优的模型。

最后，我们在用户相关因素的特征向量上训练*K*-均值模型：

```
val userClusterModel = KMeans.train(userVectors, numClusters,
numIterations, numRuns)
```

7.4 使用聚类模型进行预测

使用训练的*K*-均值模型进行预测和其他模型（分类和回归）在方法上类似。以下代码将对一个单独的样本进行预测：

```
val movie1 = movieVectors.first
val movieCluster = movieClusterModel.predict(movie1)
println(movieCluster)
```

也可以通过传入一个RDD `[Vector]`数组对多个输入样本进行预测：

```
val predictions = movieClusterModel.predict(movieVectors)
println(predictions.take(10).mkString(","))
```

对于每个样本的类别分配如下：

```
0,0,1,1,2,1,0,1,1,1
```

注意，因为随机初始化，任意两次训练的模型预测的类别可能都不一样，因此你自己训练的结果可能也和上面的不一样。需要说明的是，类簇的ID没有内在含义，都是从0开始任意生成的。

用MovieLens数据集解释类别预测

前面我们已经介绍了如何对一系列输入数据进行预测，但是如何对预测的结果进行评估呢？接下将讨论性能评测指标，但是先让我们来看看如何通过人工观察来解释*K*-均值模型做的类别分配。

尽管无监督方法具有不用提供带标注的训练数据的优势，但它的不足是需要人工来解释。为了进一步检验聚类的结果，通常还需要为每个类簇标注一些标签或者类别来帮助解释。

比如，为了检验电影聚类的结果，我们尝试观察是否每个类簇具有可以解释的含义，比如题材或者主题。具体方法很多，这里重点解释每个类簇中靠近类中心的一些电影。我们认为选择的这些电影对所分配的类簇争议最小，并且最能代表所述类簇中的其他电影。通过检查上述电影，我们可以获取每个类簇中电影的共有属性。

解释电影类簇

首先，因为*K*-均值最小化的目标函数是样本到其类中心的欧拉距离之和，我们便可以将“最靠近类中心”定义为最小的欧拉距离。下面让我们定义这个度量函数，注意引入Breeze库（MLlib的一个依赖库）用于线性代数和向量运算：

```
import breeze.linalg._
import breeze.numerics.pow
def computeDistance(v1: DenseVector[Double], v2: DenseVector[Double])
= pow(v1 - v2, 2).sum
```

上面代码中的pow函数是Breeze的一个全局函数，和scala.math的pow类似，区别在于前者可以对向量按维进行处理。

下面我们利用上面的函数对每个电影计算其特征向量与所属类簇中心向量的距离。为了让结果具有可读性，输出结果中添加了电影的标题和题材数据：

```
val titlesWithFactors = titlesAndGenres.join(movieFactors)
val moviesAssigned = titlesWithFactors.map { case (id, ((title,
genres), vector)) =>
  val pred = movieClusterModel.predict(vector)
  val clusterCentre = movieClusterModel.clusterCenters(pred)
  val dist = computeDistance(DenseVector(clusterCentre.toArray),
```

```
DenseVector(vector.toArray))
  (id, title, genres.mkString(" "), pred, dist)
}
val clusterAssignments = moviesAssigned.groupBy { case (id, title,
genres, cluster, dist) => cluster }.collectAsMap
```

运行完代码之后，我们得到一个RDD，其中每个元素是关于某个类簇的键值对，键是类簇的标识，值是若干电影和相关信息组成的集合。电影的信息为：电影ID、标题、题材、类别索引，以及电影的特征向量和类中心的距离。

最后，我们枚举每个类簇并输出距离类中心最近的前20部电影：

```
for ( (k, v) <- clusterAssignments.toSeq.sortBy(_._1)) {
  println(s"Cluster $k:")
  val m = v.toSeq.sortBy(_._5)
  println(m.take(20).map { case (_, title, genres, _, d) =>
  (title, genres, d) }.mkString("\n"))
  println("=====\n")
}
```

图7-6是输出样例。因为推荐和聚类模型随机初始化的原因，你本地的输出可能略有不同：

```
Cluster 0:
(Last Time I Saw Paris, The (1954),Drama,0.27390666869786695)
(Quiz Show (1994),Drama,0.4747831636277422)
(Vertigo (1958),Mystery Thriller,0.48534208687692343)
(Spellbound (1945),Mystery Romance Thriller,0.4926221112685535)
(Casablanca (1942),Drama Romance War,0.49940194962368567)
(African Queen, The (1951),Action Adventure Romance War,0.5187502052689528)
(Amadeus (1984),Drama Mystery,0.5272552880790345)
(Farewell to Arms, A (1932),Romance War,0.5363608755281067)
(Cat on a Hot Tin Roof (1958),Drama,0.5497562196607095)
(Third Man, The (1949),Mystery Thriller,0.5497731051647746)
(Dial M for Murder (1954),Mystery Thriller,0.5622477772149612)
(North by Northwest (1959),Comedy Thriller,0.5702331060033082)
(20,000 Leagues Under the Sea (1954),Adventure Children's Fantasy Sci-Fi,0.5881687768024192)
(Right Stuff, The (1983),Drama,0.6002418388739418)
(Rear Window (1954),Mystery Thriller,0.6232262641317354)
(Manchurian Candidate, The (1962),Film-Noir Thriller,0.6233301146337812)
(Substance of Fire, The (1996),Drama,0.6252591340497877)
(M*A*S*H (1970),Comedy War,0.63105245443614)
(Butch Cassidy and the Sundance Kid (1969),Action Comedy Western,0.6337504848523161)
(Blue Angel, The (Blaue Engel, Der) (1930),Drama,0.6342821363539322)
```

图7-6 第一个类簇

从图中可以看出，第一个标签为0的类簇包含了很多20世纪40年代、50年代和60年代的老电影，以及一些近代的戏剧。

第二个类簇（图7-7）主要是一些恐怖电影，同时剩下一些不太清楚的电影，但是和第一类一样也有一些戏剧。

```
Cluster 1:
(Amityville 1992: It's About Time (1992),Horror,0.1478043405622148)
(Amityville: A New Generation (1993),Horror,0.1478043405622148)
(Gordy (1995),Comedy,0.15051585838791465)
(Machine, The (1994),Comedy Horror,0.176865932564681)
(Amityville: Dollhouse (1996),Horror,0.17898379655862778)
(Venice/Venice (1992),Drama,0.19738131555708463)
(Somebody to Love (1994),Drama,0.2278813718368857)
(Boys in Venice (1996),Drama,0.2278813718368857)
(Falling in Love Again (1980),Comedy,0.2340143978726976)
(3 Ninjas: High Noon At Mega Mountain (1998),Action Children's,0.23903016507829816)
(Babyfever (1994),Comedy Drama,0.24176557927323153)
(Beyond Bedlam (1993),Drama Horror,0.2489480589001102)
(Getting Away With Murder (1996),Comedy,0.2530960279675358)
(Police Story 4: Project S (Chao ji ji hua) (1993),Action,0.25942902404443574)
(Mighty, The (1998),Drama,0.27817019934466347)
(Johnny 100 Pesos (1993),Action Drama,0.2870737627453892)
(King of New York (1990),Action Crime,0.28853211361643927)
(Further Gesture, A (1996),Drama,0.29378208871990685)
(Shadow of Angels (Schatten der Engel) (1976),Drama,0.29529253258337934)
(Homage (1995),Drama,0.29529253258337934)
```

图7-7　第二个类簇

第三个类簇（图7-8）分类不是很清晰，不过有相当一部分是喜剧和戏剧电影。

```
Cluster 2:
(House Party 3 (1994),Comedy,0.5792798401193011)
(Cops and Robbersons (1994),Comedy,0.6121886776465748)
(Pagemaster, The (1994),Action Adventure Animation Children's Fantasy,0.6126925309798513)
(Fausto (1993),Comedy,0.6220018406977679)
(Stag (1997),Action Thriller,0.6694984978987776)
(Ill Gotten Gains (1997),Drama,0.7021111594974133)
(All Things Fair (1996),Drama,0.7365539555740591)
(Day the Sun Turned Cold, The (Tianguo niezi) (1994),Drama,0.7447955673545115)
(Chasers (1994),Comedy,0.7459052286323937)
(Pyromaniac's Love Story, A (1995),Comedy Romance,0.7746300046654674)
(Robocop 3 (1993),Sci-Fi Thriller,0.8075493355683138)
(American Strays (1996),Action,0.8375011873201667)
(Scout, The (1994),Drama,0.8455857296456323)
(Metro (1997),Action,0.8488282233075414)
(Sunchaser, The (1996),Drama,0.8855757549882701)
(Across the Sea of Time (1995),Documentary,0.9132140236347115)
(Big Bully (1996),Comedy Drama,0.9134404160863872)
(Wife, The (1995),Comedy Drama,0.9136501322150961)
(Big Squeeze, The (1996),Comedy Drama,0.9191497196405036)
(Shooter, The (1995),Action,0.9309878751600442)
```

图7-8　第三个类簇

第四个类簇（图7-9）和戏剧相关性比较明显，尤其还包含了一些外语片。

```
Cluster 3:
(King of the Hill (1993),Drama,0.27977910057590455)
(Love and Other Catastrophes (1996),Romance,0.5616301951805126)
(All Over Me (1997),Drama,0.5827486944870316)
(Scream of Stone (Schrei aus Stein) (1991),Drama,0.5990653123876859)
(Witness (1985),Drama Romance Thriller,0.6251178451970778)
(I Can't Sleep (J'ai pas sommeil) (1994),Drama Thriller,0.6810378136145686)
(Ed's Next Move (1996),Comedy,0.6821637177989938)
(Suture (1993),Film-Noir Thriller,0.7247521033315935)
(Sex, Lies, and Videotape (1989),Drama,0.7431922597566741)
(Double Happiness (1994),Drama,0.770636268189707)
(Wild Bill (1995),Western,0.7860403052412567)
(Smoke (1995),Drama,0.7929521364994968)
(Lover's Knot (1996),Comedy,0.7952419475534458)
(Howling, The (1981),Comedy Horror,0.7958806811974748)
(Price Above Rubies, A (1998),Drama,0.797523480324549)
(Wooden Man's Bride, The (Wu Kui) (1994),Drama,0.8035270945874013)
(Nelly & Monsieur Arnaud (1995),Drama,0.8050334619603677)
(Gate of Heavenly Peace, The (1995),Documentary,0.807333841007159)
(Substance of Fire, The (1996),Drama,0.8143443692443669)
(Grifters, The (1990),Crime Drama Film-Noir,0.8234461534563621)
```

图7-9　第四个类簇

最后一个类簇（图7-10）主要是动作片、惊悚片和言情片，并且包含了一些相对流行的电影。

```
Cluster 4:
(Outbreak (1995),Action Drama Thriller,0.4526691989349761)
(River Wild, The (1994),Action Thriller,0.46017763132846606)
(Moonlight and Valentino (1995),Drama Romance,0.472253677017327)
(Blue Chips (1994),Drama,0.5103978205046279)
(Outlaw, The (1943),Western,0.5346838076035247)
(Air Up There, The (1994),Comedy,0.5721399113559971)
(Touch (1997),Romance,0.5873709976348385)
(Private Benjamin (1980),Comedy,0.5915397936710273)
(Angela (1995),Drama,0.6075617445146397)
(Sword in the Stone, The (1963),Animation Children's,0.6165719141792315)
(Mr. Wonderful (1993),Comedy Romance,0.6181379459010301)
(Maverick (1994),Action Comedy Western,0.6316402376687157)
(Cool Runnings (1993),Comedy,0.6462611091600288)
(Courage Under Fire (1996),Drama War,0.6603376056624485)
(I.Q. (1994),Comedy Romance,0.66691874141152)
(Ransom (1996),Drama Thriller,0.6755383826704695)
(City of Angels (1998),Romance,0.6756718112001122)
(Firm, The (1993),Drama Thriller,0.6769576000019328)
(Santa Clause, The (1994),Children's Comedy,0.6795328449586006)
(Cliffhanger (1993),Action Adventure Crime,0.703261186148323)
```

图7-10 最后一个类簇

正如你看到的，我们并不能明显看出每个类簇所表示的内容。但是，也有证据表明聚类过程会提取电影之间的属性或者相似之处，这不是单纯基于电影名称和题材容易看出来的（比如外语片的类簇和传统电影的类簇，等等）。如果我们有更多元数据，比如导演、演员等，便有可能从每个类簇中找到更多特征定义的细节。

对用户特征向量的聚类就交给读者作为练习，具体使用与前面类似的方法。我们已经生成了输入向量放在了`userVectors`中，因此你只需要在上面训练*K*-均值模型即可。之后，为了评估聚类效果，需要计算每个离中心最近的用户，然后根据他们对电影的打分或者其他可用的用户元数据，发现这些用户的共同之处。

7.5 评估聚类模型的性能

与回归、分类和推荐引擎等模型类似，聚类模型也有很多评价方法用于分析模型性能，以及评估模型样本的拟合度。聚类的评估通常分为两部分：内部评估和外部评估。内部评估表示评估过程使用训练模型时使用的训练数据，外部评估则使用训练数据之外的数据。

7.5.1 内部评价指标

通用的内部评价指标包括WCSS（我们之前提过的*K*-元件的目标函数）、Davies-Bouldin指数、Dunn指数和轮廓系数（silhouette coefficient）。所有这些度量指标都是使类簇内部的样本距离尽可能接近，不同类簇的样本相对较远。

更多细节请阅读维基百科：http://en.wikipedia.org/wiki/Cluster_analysis#Internal_evaluation。

7.5.2　外部评价指标

因为聚类被认为是无监督分类，如果有一些带标注的数据，便可以用这些标签来评估聚类模型。可以使用聚类模型预测类簇（类标签），使用分类模型中类似的方法评估预测值和真实标签的误差（即真假阳性率和真假阴性率）。

具体方法包括Rand measure、F-measure、雅卡尔系数（Jaccard index）等。

更多关于聚类外部评估的内容，请参考http://en.wikipedia.org/wiki/Cluster_analysis#External_evaluation。

7.5.3　在MovieLens数据集计算性能

MLlib提供的函数`computeCost`可以方便地计算出给定输入数据RDD `[Vector]`的WCSS。下面我们使用这个方法计算电影和用户训练数据的性能：

```
val movieCost = movieClusterModel.computeCost(movieVectors)
val userCost = userClusterModel.computeCost(userVectors)
println("WCSS for movies: " + movieCost)
println("WCSS for users: " + userCost)
```

输出结果如下：

```
WCSS for movies: 2586.0777166339426
WCSS for users: 1403.4137493396831
```

7.6　聚类模型参数调优

不同于以往的模型，*K*-均值模型只有一个可以调的参数，就是*K*，即类中心数目。

通过交叉验证选择*K*

类似分类和回归模型，我们可以应用交叉验证来选择模型最优的类中心数目。这和监督学习的过程一样。需要将数据集分割为训练集和测试集，然后在训练集上训练模型，在测试集上评估感兴趣的指标的性能。如下代码用60/40划分得到训练集和测试集，并使用MLlib内置的WCSS类方法评估聚类模型的性能：

```
val trainTestSplitMovies = movieVectors.randomSplit(Array(0.6, 0.4), 123)
val trainMovies = trainTestSplitMovies(0)
val testMovies = trainTestSplitMovies(1)
val costsMovies = Seq(2, 3, 4, 5, 10, 20).map { k => (k, KMeans.
train(trainMovies, numIterations, k, numRuns).computeCost(testMovies))
}
println("Movie clustering cross-validation:")
costsMovies.foreach { case (k, cost) => println(f"WCSS for K=$k id
$cost%2.2f") }
```

结果如下：

```
Movie clustering cross-validation
WCSS for K=2 id 942.06
WCSS for K=3 id 942.67
WCSS for K=4 id 950.35
WCSS for K=5 id 948.20
WCSS for K=10 id 943.26
WCSS for K=20 id 947.10
```

从结果可以看出，随着类中心数目增加，WCSS值会出现下降，然后又开始增大。另外一个现象，K-均值在交叉验证的情况，WCSS随着K的增大持续减小，但是达到某个值后，下降的速率突然会变得很平缓。这时的K通常为最优的K值（这称为拐点）。

根据预测结果，我们选择最优的K=10。需要说明是，模型计算的类簇需要人工解释（比如前面提到的电影或者顾客聚类的例子），并且会影响K的选择。尽管较大的K值从数学的角度可以得到更优的解，但是类簇太多就会变得难以理解和解释。

为了实验的完整性，我们还计算了用户聚类在交叉验证下的性能：

```
val trainTestSplitUsers = userVectors.randomSplit(Array(0.6, 0.4), 123)
val trainUsers = trainTestSplitUsers(0)
val testUsers = trainTestSplitUsers(1)
val costsUsers = Seq(2, 3, 4, 5, 10, 20).map { k => (k,
KMeans.train(trainUsers, numIterations, k,
numRuns).computeCost(testUsers)) }
println("User clustering cross-validation:")
costsUsers.foreach { case (k, cost) => println(f"WCSS for K=$k id $cost%2.2f") }
```

可以看到如下类似电影聚类的结果：

```
User clustering cross-validation:
WCSS for K=2 id 544.02
WCSS for K=3 id 542.18
WCSS for K=4 id 542.38
WCSS for K=5 id 542.33
WCSS for K=10 id 539.68
WCSS for K=20 id 541.21
```

需要说明的是，由于聚类模型随机初始化的原因，你得到的结果可能略有不同。

7.7 小结

本章中，我们研究了一种新的模型， 它可以在无标注数据中进行学习，即无监督学习。我们学习了如何处理需要的输入数据、特征提取，以及如何将一个模型（我们用的是推荐模型）的输出作为另外一个模型（*K*-均值聚类模型）的输入。最后，我们评估聚类模型的性能时，不仅进行了类簇人工解释，也使用具体的数学方法进行性能度量。

下一章，我们将讨论其他类型的无监督学习，在数据中选择保留最重要的特征或者应用其他降维模型。

第 8 章

Spark应用于数据降维

本章我们将继续学习无监督学习模型中降低数据维度的方法。

不同于我们之前学习的回归、分类和聚类，降维方法并不是用来做模型预测的。降维方法从一个D维的数据输入提取出k维表示，k一般远远小于D。因此，降维方法本身是一种预处理方法，或者说是一种特征转换的方法，而不是模型预测的方法。

降维方法中尤为重要的是，被抽取出的维度表示应该仍能捕捉大部分的原始数据的变化和结构。这源于一个基本想法：大部分数据源包含某种内部结构，这种结构一般来说是未知的（常称为隐含特征或潜在特征），但如果能发现结构中的一些特征，我们的模型就可以学习这种结构并从中预测，而不用从大量无关的充满噪音特征的原始数据中去学习预测。简言之，缩减维度可以排除数据中的噪音并保留数据原有的隐含结构。

有时候，原始数据的维度远高于我们拥有的数据点数目。不降维，直接使用分类、回归等方法进行机器学习建模将非常困难。因为需要拟合的参数数目远大于训练样本的数目（从这个意义上讲，这种方法和我们在分类和回归中用的正则化方法相似）。

以下是一些使用降维技术的场景：

- 探索性数据分析；
- 提取特征去训练其他机器学习模型；
- 降低大型模型在预测阶段的存储和计算需求（例如，一个执行预测的生产系统）；
- 把大量文档缩减为一组隐含话题；
- 当数据维度很高时，使得学习和推广模型更加容易（例如，当处理文本、声音、图像、视频等非常高维的数据时）。

本章中，我们将：

- 介绍在MLlib中可以使用的降维模型；
- 对脸部图像数据提取合适特征进行降维；
- 使用MLlib训练降维模型；

- 可视化模型结果并评价；
- 对于降维模型进行参数选择。

8.1 降维方法的种类

MLlib提供两种相似的降低维度的模型：**PCA**（Principal Components Analysis，主成分分析法）和**SVD**（Singular Value Decomposition，奇异值分解法）。

8.1.1 主成分分析

PCA处理一个数据矩阵，抽取矩阵中k个主向量，主向量彼此不相关。计算结果中，第一个主向量表示输入数据的最大变化方向。之后的每个主向量依次代表不考虑之前计算过的所有方向时最大的变化方向。

因此，返回的k个主成分代表了输入数据可能的最大变化。事实上，每一个主成分向量上有着和原始数据矩阵相同的特征维度。因此需要使用映射来做一次降维，原来的数据被投影到主向量表示的k维空间。

8.1.2 奇异值分解

SVD试图将一个$m \times m$的矩阵分解为三个主成分矩阵：

- $m \times m$维矩阵U
- $m \times m$维对角阵S，S中的元素是奇异值
- $m \times m$维矩阵V^{T}

$$X = U \times S \times V^{\mathrm{T}}$$

观察前面的公式，我们一点也没有降低问题的维度，通过操作U、S、和V，可以重新构建原始的矩阵。事实上，一般计算截断的SVD。只保留前k个奇异值，它们能代表数据的最主要变化，剩余的奇异值被丢弃。基于成分矩阵重建X的公式大概是：

$$X \sim U_k \times S_k \times V_{k\mathrm{T}}$$

一个截断SVD的例子如图8-1所示：

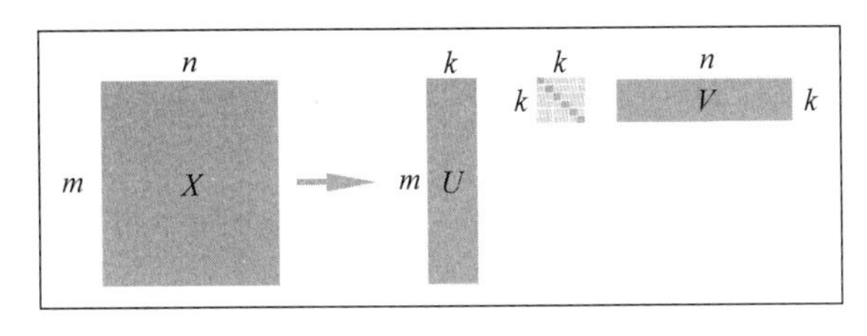

图8-1 截断SVD

保留前k个奇异值和在PCA中保留前k个主成分类似，SVD和PCA是有直接联系的，一会儿我们就会在本章中看到这点。

PCA和SVD的详细数学推导不是本书的内容。

可以在下面的Spark文档中找到降维方法的综述：http://spark.apache.org/docs/latest/mllib-dimensionality-reduction.html。

下面的链接分别包含了PCA和SVD更加详细的数学相关知识：http://en.wikipedia.org/wiki/Principal_component_analysis和http://en.wikipedia.org/wiki/ Singular_value_decomposition。

8.1.3 和矩阵分解的关系

PCA和SVD都是矩阵分解技术，某种意义上来说，它们都把原来的矩阵分解成一些维度（或秩）较低的矩阵。很多降维技术都是基于矩阵分解的。

你也许记得矩阵分解的另一个例子，就是协同过滤。在第4章的构建推荐引擎中我们看到过。在协同过滤的例子中，矩阵分解负责把评分矩阵分解成两部分：用户矩阵和商品矩阵。两者都具有比原始数据更低的维度，所以这些方法也是减少维度的模型。

很多非常好的协同过滤算法都包含SVD分解。Simon Funk就以这样一个著名的方法获得了Netifx奖，参见：http://sifter.org/~simon/journal/20061211.html。

8.1.4 聚类作为降维的方法

上一章我们讲的聚类方法也可以用来做降维。可以通过下面的方式做到：

- 假设我们对高维的特征向量使用K-means聚类成k个中心，结果就是k个聚类中心组成的集合；
- 我们可以根据原始数据与这k个中心的远近（也就是计算出每个点到每个中心的距离）表示这些数据，结果就是每个点的一组k元距离；

- 这k个距离可以形成一个新的k维向量，我们就用比原来数据维度较低的新向量表示了原来的数据。

通过使用不同的距离矩阵，我们可以实现数据降维和非线性变化，或者可以让我们通过高效的线性模型计算学习更复杂的模型。例如使用高斯和指数距离函数可以实现非常复杂的非线性转换。

8.2 从数据中抽取合适的特征

在我们到目前为止所学的所有机器学习模型中，降维模型还可以产生数据的特征向量表示。

本章我们将利用户外脸部标注集（LFW，Labeled Faces in the Wild）深入到图像处理的世界。这个数据集包含13 000多张主要从互联网上获得的公众人物的面部图片。这些图片用人名进行了标注。

从LFW数据集中提取特征

为了避免下载处理非常大的数据，我们只处理图片集的一个子集，选择以A字母开头的人的面部图片。通过下面的链接可以下载到这个数据集：http://vis-www.cs.umass.edu/lfw/lfw-a.tgz。

> 想获得更多的细节和其他字母对应的数据集，访问网址：http://vis-www.cs.umass.edu/lfw/。
>
> 原始的研究报告：Gary B. Huang, Manu Ramesh, Tamara Berg, and Erik Learned-Miller. *Labeled Faces in the Wild: A Database for Studying Face Recognition in Unconstrained Environments*. University of Massachusetts, Amherst, Technical Report 07-49, October, 2007。
>
> 可以从下面的网址下载这份报告：http://vis-www.cs.umass.edu/lfw/lfw.pdf。

通过下面的命令解压数据：

```
>tar xfvz lfw-a.tgz
```

这会创建一个叫lfw的文件夹，包含大量子文件夹，每个子文件夹对应一个人。

1. 载入脸部数据

启动Spark Scala控制台，并保证分配足够的内存，因为降维方法是非常消耗计算资源的。

```
>./SPARK_HOME/bin/spark-shell --driver-memory 2g
```

现在我们解压数据，但面临一个小挑战：虽然Spark提供了读取文本文件和Hadoop输入源的方法，但是并没有提供读取图片文件的内置功能。

Spark提供了一个方法叫作wholeTextFiles，允许我们一次操作整个文件，不同于我们一直在使用的在一个文件或多个文件中只能逐行处理的TextFile方法。

我们将使用wholeTextFile方法访问每个文件存储的位置。通过这些文件路径，可以用自定义代码加载和处理图像。在下面的示例代码中，我们使用PATH代表解压lfw子文件夹后的路径。

使用通配符的路径标识（下面的代码片段中的*）来告诉Spark在lfw文件夹中访问每个文件夹以获取文件：

```
val path = "/PATH/lfw/*"
val rdd = sc.wholeTextFiles(path)
val first = rdd.first
println(first)
```

因为Spark首先为了获取所有可访问的文件会检索这个目录的结构，所以运行第一个命令可能会花费一些时间。一旦完成，应该可以看到类似如下的输出：

```
first: (String, String) = (file:/PATH/lfw/Aaron_Eckhart
/Aaron_Eckhart_0001.jpg, ⊠⊠⊠⊠??JFIF????? ...
```

wholeTextFiles将返回一个由键–值对组成的RDD，键是文件位置，值是整个文件的内容。对于我们来说，只需要文件路径，因为我们不能直接以字符串形式处理图片数据（注意，数据被展示为“无意义的二进制形式”）。

我们从RDD抽取文件路径。同时要注意，文件路径格式以“file:”开始，这个前缀是Spark用来区分从不同的文件系统读取文件的标识（例如，file://是本地文件系统，hdfs://是hdfs，s3n://是Amazon S3文件系统，等等）。

我们的例子将使用自定义代码来读取图片，所以我们需要文件路径这部分。因此我们通过下面的map函数删除前面部分：

```
val files = rdd.map { case (fileName, content) =>
fileName.replace("file:", "") }
println(files.first)
```

这将显示移除了前缀的文件路径：

```
/PATH/lfw/Aaron_Eckhart/Aaron_Eckhart_0001.jpg
```

下面会显示我们将有多少个文件要处理：

```
println(files.count)
```

运行这个命令会在Spark的shell里产生很多噪音输出，因为所有读取的文件路径都会被输出。尽管应该被忽略，但命令执行完后的输出看起来像下面这样：

```
..., /PATH/lfw/Azra_Akin/Azra_Akin_0003.jpg:0+19927,
/PATH/lfw/Azra_Akin/Azra_Akin_0004.jpg:0+16030
...
14/09/18 20:36:25 INFO SparkContext: Job finished: count at
<console\>:19, took 1.151955 s
1055
```

这里我们看到有1055个文件要处理。

2. 可视化脸部数据

尽管Scala和Java有一些可用工具来展示图片，但这是Python和matplotlib更擅长的。我们将使用Scala来处理并提取图像数据，然后在IPython中展示实际的图片。

可以打开新的浏览器窗口来，独立运行一个IPython NoteBook：

```
>ipython notebook
```

> 注意，如果你在使用Python NoteBook，首先应该执行下面的代码片段来保证图片可以被每个notebook单元格（包含%字符）内嵌显示：%pylab inline。

也可以启动没有浏览器的简单IPython终端，用下面的命令开启绘制功能：

```
>ipython -pylab
```

在写本书的时候，降维技术在MLlib中只支持Scala和Java语言，所以我们继续使用Scala Spark终端来运行模型。因此，你不需要在控制台中运行PySpark。

> 本章我们以Python脚本和Python NoteBook的形式提供了所有的Python代码。关于安装IPython的教程，请参照IPython代码包。

使用matplotlib的`imread`和`imshow`方法，通过我们之前提取的路径，可以展示出图片：

```
path = "/PATH/lfw/PATH/lfw/Aaron_Eckhart/Aaron_Eckhart_0001.jpg"
ae = imread(path)
imshow(ae)
```

> 你应该看到图片被展示在你的NoteBook上（或者，如果你使用标准的IPython终端，会在一个弹出的窗口上）。注意我们这里没有展示图片。

3. 提取面部图片作为向量

图片处理的整个方法已经不在本书的讨论范围，但我们需要知道一些基本知识来继续学习。每一个彩色图片可以表示成一个三维的像素数组或矩阵。前两维，即x、y坐标，表示每个像素的位置，第三个维度表示每个像素的红、蓝、绿（RGB）三元色的值。

一个灰度图片每个像素仅仅需要一个值（不需要RGB值）来表示，因此可以简单表示为二维矩阵。很多和图片相关的图像处理和机器学习任务经常只处理灰度图片。我们将通过先把彩色图片转换为灰度图片来达到这个目的。

在机器学习任务中，还有一种常用的方式是把图片表示成一个向量，而不是矩阵。我们通过连接矩阵的每一行（或者每一列）来形成一个长向量（称为重塑）。这样每一个灰度图像矩阵会被转换为特征向量，作为机器学习模型的输入。

我们很幸运，Java集成的AWT（抽象窗口工具库）包含很多基本的图像处理函数。我们将使用java.awt定义一些功能函数来处理图片。

(1) 载入图片

第一个函数是从文件中读取图片：

```
import java.awt.image.BufferedImage
def loadImageFromFile(path: String): BufferedImage = {
  import javax.imageio.ImageIO
  import java.io.File
  ImageIO.read(new File(path))
}
```

这将返回一个java.awt.image.BufferedImage类的实例，存储图片数据并提供很多有用的方法。我们在Spark shell中加载第一幅图片来测试它：

```
val aePath = "/PATH/lfw/Aaron_Eckhart/Aaron_Eckhart_0001.jpg"
val aeImage = loadImageFromFile(aePath)
```

你将会看到前端显示的图片细节：

```
aeImage: java.awt.image.BufferedImage = BufferedImage@f41266e: type =
5 ColorModel: #pixelBits = 24 numComponents = 3 color space =
java.awt.color.ICC_ColorSpace@7e420794 transparency = 1 has alpha =
false isAlphaPre = false ByteInterleavedRaster: width = 250 height =
250 #numDataElements 3 dataOff[0] = 2
```

这里有很多信息。对我们来说特别有意义的是图片的宽和高都是250像素。并且我们可以看到，颜色组件（就是RGB值）数为3，在前面的输出中加粗了。

(2) 转换灰度图片并改变图片尺寸

我们定义了下面的函数来读取前一个函数加载的图片，把图片从彩色变为灰度，并改变图片的宽和高。

这一步并不是严格必须的，但是为了效率在很多场景下这两步都会涉及。使用RGB彩色图片而不是灰度图片会使处理的数据量增加三倍。类似地，较大的图片也大大增加了处理和存储的负担。我们原始的250 × 250图片每幅包含187 500个使用三原色的数据点。对于1055幅图片而言，就是197 812 500个数据点。即使以整数值存储，每一个值占用4字节内存，也会占用800 MB内存。你会看到，图片处理任务很容易成为大量消耗内存的任务。

如果转换成灰度图片，并改变图片尺寸，比方50 × 50像素大小，我们仅仅需要2500个数据点存储每幅图片。对于1055张图片，大概等同于10 MB的内存，更适合我们演示的需要。

另一个改变尺寸的原因是MLlib的PCA模型在少于10 000列的又高又瘦的模型上表现最好。我们会产生2500列（每个像素也就是我们特征向量的一个元素），所以较好地符合这个限制。

让我们定义自己的处理函数。我们将使用java.awt.image包一步做完灰度转换和尺寸改变：

```
def processImage(image: BufferedImage, width: Int, height: Int):
BufferedImage = {
  val bwImage = new BufferedImage
  (width, height, BufferedImage.TYPE_BYTE_GRAY)
  val g = bwImage.getGraphics()
  g.drawImage(image, 0, 0, width, height, null)
  g.dispose()
  bwImage
}
```

函数的第一行创建了一个指定宽、高和灰度模型的新图片。第三行从原始图片绘制出灰度图片。`drawImage`方法负责颜色转换和尺寸变化！最后我们返回了一个新的处理过的图片。

测试示例图片的输出。转换灰度图片并改变尺寸到100 × 100像素：

```
val grayImage = processImage(aeImage, 100, 100)
```

控制台中应该出现以下输出：

```
grayImage: java.awt.image.BufferedImage = BufferedImage@21f8ea3b:
type = 10 ColorModel: #pixelBits = 8 numComponents = 1 color space =
java.awt.color.ICC_ColorSpace@5cd9d8e9 transparency = 1 has alpha =
false isAlphaPre = false ByteInterleavedRaster: width = 100 height =
100 #numDataElements 1 dataOff[0] = 0
```

正如输出中高亮的部分所示，图片的高和宽确实是100，颜色组件数也变成了1。

然后存储处理过的图片文件到临时路径，这样我们可以在IPython控制台中读取回来并显示。

```
import javax.imageio.ImageIO
import java.io.File
ImageIO.write(grayImage, "jpg", new File("/tmp/aeGray.jpg"))
```

你应该看到控制台显示了`true`，说明我们成功把灰度图片`aeGrey.jpg`保存到了`/tmp`文件夹。

最后在Python中使用matplotlib读取并显示图片。在IPython NoteBook或者前端中输入下面的代码（这些操作会打开新的终端窗口）：

```
tmpPath = "/tmp/aeGray.jpg"
aeGary = imread(tmpPath)
imshow(aeGary, cmap=plt.cm.gray)
```

这样就会显示出图片（再次注意我们这里就不展示图片了）。可以看到灰度图片和原来图片比较，质量稍差。另外，你会发现坐标的尺度也是不同的，250 × 250的原始尺度已经被更新为100 × 100的新尺寸。

(3) 提取特征向量

处理流程的最后一步是提取真实的特征向量作为我们降维模型的输入。正如之前提到的，纯灰度像素数据将作为特征。我们将通过打平二维的像素矩阵来构造一维的向量。`BufferedImage`类为此提供了一个工具方法，可以在我们的函数中使用：

```
def getPixelsFromImage(image: BufferedImage): Array[Double] = {
  val width = image.getWidth
  val height = image.getHeight
  val pixels = Array.ofDim[Double](width * height)
  image.getData.getPixels(0, 0, width, height, pixels)
}
```

之后我们在一个功能函数中组合这三个函数，接受一个图片文件位置和需要处理的宽和高，返回一个包含像素数据的`Array[Doubel]`值：

```
def extractPixels(path: String, width: Int, height: Int):
Array[Double] = {
  val raw = loadImageFromFile(path)
  val processed = processImage(raw, width, height)
  getPixelsFromImage(processed)
}
```

把这个函数应用到包含图片路径的RDD的每一个元素上将产生一个新的RDD，新的RDD包含每张图片的像素数据。让我们通过下面的代码看看开始的几个元素：

```
val pixels = files.map(f => extractPixels(f, 50, 50))
println(pixels.take(10).map(_.take(10).mkString
("", ",", ", ...")).mkString("\n"))
```

你会看到类似下面的输出：

```
0.0,0.0,0.0,0.0,0.0,0.0,1.0,1.0,0.0,0.0, ...
241.0,243.0,245.0,244.0,231.0,205.0,177.0,160.0,150.0,147.0, ...
253.0,253.0,253.0,253.0,253.0,253.0,254.0,254.0,253.0,253.0, ...
244.0,244.0,243.0,242.0,241.0,240.0,239.0,239.0,237.0,236.0, ...
44.0,47.0,47.0,49.0,62.0,116.0,173.0,223.0,232.0,233.0, ...
0.0,0.0,0.0,0.0,0.0,0.0,0.0,0.0,0.0,0.0, ...
1.0,1.0,1.0,1.0,1.0,1.0,1.0,1.0,0.0,0.0, ...
26.0,26.0,27.0,26.0,24.0,24.0,25.0,26.0,27.0,27.0, ...
240.0,240.0,240.0,240.0,240.0,240.0,240.0,240.0,240.0,240.0, ...
0.0,0.0,0.0,0.0,0.0,0.0,0.0,0.0,0.0,0.0, ...
```

8

最后一步是为每一张图片创建MLlib向量对象。我们将缓存RDD来加速我们之后的计算：

```
import org.apache.spark.mllib.linalg.Vectors
val vectors = pixels.map(p => Vectors.dense(p))
vectors.setName("image-vectors")
vectors.cache
```

我们使用setName函数尽早赋给RDD一个名字。这里，我们起名image-vectors。这会使之后在Spark的Web界面中更容易识别它。

4. 正则化

在运行降维模型尤其是PCA之前，通常会对输入数据进行标准化。正如我们在第5章使用Spark创建分类模型时做的，我们将使用MLlib的特征包提供的内建StandardScaler函数。在这个例子中，我们将只从数据中提取平均值：

```
import org.apache.spark.mllib.linalg.Matrix
import org.apache.spark.mllib.linalg.distributed.RowMatrix
import org.apache.spark.mllib.feature.StandardScaler
val scaler = new StandardScaler
(withMean = true, withStd = false).fit(vectors)
```

调用fit函数会导致基于RDD[Vector]的计算。你应该可以看到类似这里的输出：

```
...
14/09/21 11:46:58 INFO SparkContext: Job finished: reduce at
RDDFunctions.scala:111, took 0.495859 s

scaler: org.apache.spark.mllib.feature.StandardScalerModel =
org.apache.spark.mllib.feature.StandardScalerModel@6bb1a1a1
```

注意，对于稠密的输入数据可以提取平均值，但是对于稀疏数据，提取平均值将会使之变稠密。对于很高维度的输入，这将很可能耗尽可用内存资源，所以是不建议使用的。

最后，我们将使用返回的scaler来转换原始的图像向量，让所有向量减去当前列的平均值：

```
val scaledVectors = vectors.map(v => scaler.transform(v))
```

我们之前提到改变尺寸的灰度图像将会占用大概10 MB的内存。事实上，你可以在Spark应用监控台存储页面中看到内存使用情况：http://localhost:4040/storage/。

因为我们给了图像RDD一个友好的名字image-vectors，你应该会看到如图8-1所示的信息（注意我们正在使用的是Vector[Double]，每一个元素占用8比特数据而不是4比特，因此实际需要20 MB的内存）：

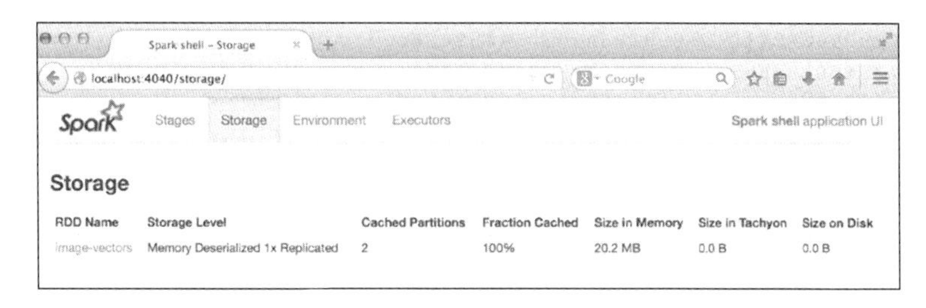

图8-2 内存中图像向量的大小

8.3 训练降维模型

MLlib中的降维模型需要向量作为输入。但是，并不像聚类直接处理`RDD[Vector]`，PCA和SVD的计算是通过提供基于`RowMatrix`的方法实现的（区别主要是语法的不同，`RowMatrix`也仅仅是一个`RDD[Vector]`的简单封装）。

在LFW数据集上运行PCA

因为我们已经从图像的像素数据中提取出了向量，现在可以初始化一个新的`RowMatrix`，并调用`computePrincipalComponents`来计算我们的分布式矩阵的前k个主成分：

```
import org.apache.spark.mllib.linalg.Matrix
import org.apache.spark.mllib.linalg.distributed.RowMatrix
val matrix = new RowMatrix(scaledVectors)
val K = 10
val pc = matrix.computePrincipalComponents(K)
```

运行模型的时候，将会在控制台看到大量的输出。

如果看到这样的警告：WARN LAPACK: Failed to load implementation from: com.github.fommil.netlib.NativeSystemLAPACK或者WARN LAPACK: Failed to load implementation from: com.github.fommil.netlib. NativeRefLAPACK，你可以放心地忽略掉。

这段警告是说MLlib使用的线性代数库不能加载本地库。这时，基于Java的备选库会被使用，虽然会慢一点，但对我们的例子来说一点都不用担心。

模型训练结束后，应该会在控制台看到类似下面的结果：

```
pc: org.apache.spark.mllib.linalg.Matrix =
-0.023183157256614906  -0.010622723054037303  ... (10 total)
-0.023960537953442107  -0.011495966728461177  ...
-0.024397470862198022  -0.013512219690177352  ...
-0.02463158818330343   -0.014758658113862178  ...
-0.024941633606137027  -0.014878858729655142  ...
```

```
-0.02525998879466241   -0.014602750644394844  ...
-0.025494722450369593  -0.014678013626511024  ...
-0.02604194423255582   -0.01439561589951032   ...
-0.025942214214865228  -0.013907665261197633  ...
-0.026151551334429365  -0.014707035797934148  ...
-0.026106572186134578  -0.016701471378568943  ...
-0.026242986173995755  -0.016254664123732318  ...
-0.02573628754284022   -0.017185663918352894  ...
-0.02545319635905169   -0.01653357295561698   ...
-0.025325893980995124  -0.0157082218373399...
```

1. 可视化特征脸

现在我们已经训练了自己的PCA模型，但结果如何？让我们分析一下结果矩阵的不同维度：

```
val rows = pc.numRows
val cols = pc.numCols
println(rows, cols)
```

正如你从控制台输出看到的结果，主成分矩阵有2500行10列：

```
(2500,10)
```

因为每张图片的维度是50×50，所以我们得到了前10个主成分向量，每一个向量的维度都和输入图片的维度一样。可以认为这些主成分是一组包含了原始数据主要变化的隐层（隐藏）特征。

在面部识别和图像处理时，这些主成分总是被称为**特征脸**，这是因为PCA和原始数据的协方差矩阵的特征值分解非常相关。参见http://en.wikipedia.org/wiki/Eigenface获得更多细节。

因为每一个主成分都和原始图像有相同维度，每一个成分本身可以看作是一张图像，这使得我们下面要做的可视化特征脸成为可能。

正如之前本书中经常做的，使用Breeze线性函数库和Python的numpy及matplotlib的函数来可视化特征脸。

首先，我们使用变量（一个MLlib矩阵）创建一个Breeze `DenseMatrix`：

```
import breeze.linalg.DenseMatrix

val pcBreeze = new DenseMatrix(rows, cols, pc.toArray)
```

Breeze的`linalg`包中提供了实用的函数把矩阵写到CSV文件中。我们将使用它把主成分保存为临时CSV文件：

```
import breeze.linalg.csvwrite
csvwrite(new File("/tmp/pc.csv"), pcBreeze)
```

之后，我们将在IPython中加载矩阵并以图像的形式可视化主成分。幸运的是，numpy提供了从CSV文件中读取矩阵的功能函数：

```
pcs = np.loadtxt("/tmp/pc.csv", delimiter=",")
print(pcs.shape)
```

你应该看到下面的输出，确认读取的矩阵和保存的矩阵维度相同：

```
(2500, 10)
```

我们需要使用函数显示图片，像这样定义函数：

```
def plot_gallery(images, h, w, n_row=2, n_col=5):
    """Helper function to plot a gallery of portraits"""
    plt.figure(figsize=(1.8 * n_col, 2.4 * n_row))
    plt.subplots_adjust(bottom=0, left=.01, right=.99, top=.90,
    hspace=.35)
    for i in range(n_row * n_col):
        plt.subplot(n_row, n_col, i + 1)
        plt.imshow(images[:, i].reshape((h, w)), cmap=plt.cm.gray)
        plt.title("Eigenface %d" % (i + 1), size=12)
        plt.xticks(())
        plt.yticks(())
```

这个函数取自scikit-learn文档的LFW数据集样例代码，网址为：http://scikitlearn.org/stable/auto_examples/applications/face_recognition.html。

现在，我们将使用这个函数绘制前10个特征脸：

```
plot_gallery(pcs, 50, 50)
```

结果如图8-3所示：

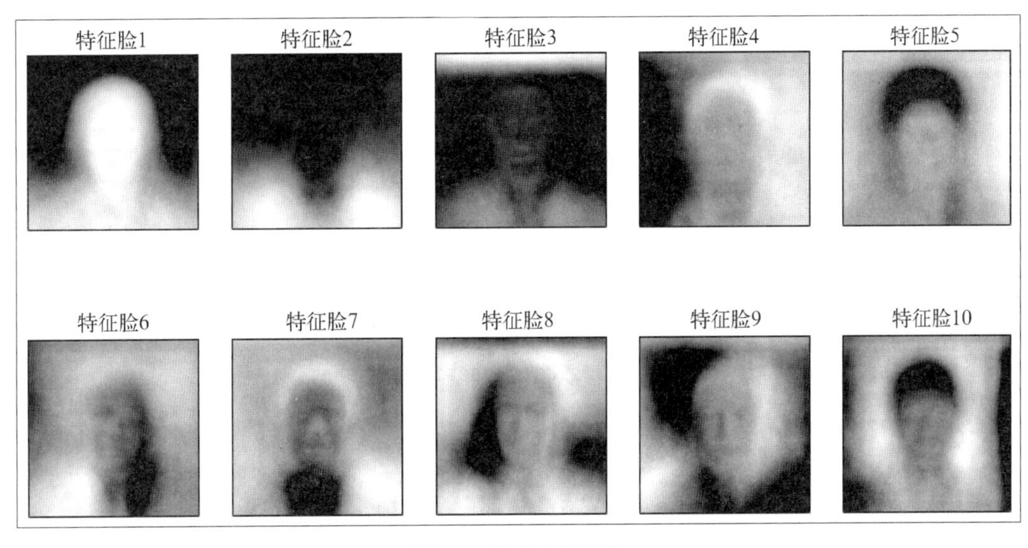

图8-3　前十个特征脸

2. 解释特征脸

通过观察处理过的图像，我们可以看到PCA模型有效地提取出了反复出现的变化模式，表现了脸部图像的各种特征。就像聚类模型一样，每个主成分脸都是可以解释的。和聚类一样，并不总能直接精确地解释每个主成分代表的意义。

从这些图片中我们可以看出，有些图像好像选择了方向性的特征（例如图像6和图像9），有些集中表现了发型（例如图像4、5、7和10），而其他的似乎和面部特征更相关，比如眼睛、鼻子和嘴（例如图像1、7和9）。

8.4　使用降维模型

用这种方式可视化一个模型的结果是很有意思的；但是降维方法最终的目标则是要得到数据更加压缩化的表示，并能包含原始数据之中重要的特征和变化。为了做到这一点，我们需要通过使用训练好的模型，把原始数据投影到用主成分表示的新的低维空间上。

8.4.1　在LFW数据集上使用PCA投影数据

我们将通过把每一个LFW图像投影到10维的向量上来演示这个概念。用矩阵乘法把图像矩阵和主成分矩阵相乘来实现投影。因为图像矩阵是分布式的MLlib `RowMatrix`，Spark帮助我们实现了分布式计算的`multiply`函数：

```
val projected = matrix.multiply(pc)
println(projected.numRows, projected.numCols)
```

这将产生下面的输出：

```
(1055,10)
```

注意每幅2500维度的图像已经被转换成为一个大小为10的向量。让我们看看前几个向量：

```
println(projected.rows.take(5).mkString("\n"))
```

输出如下：

```
[2648.9455749636277,1340.3713412351376,443.67380716760965,
-353.0021423043161,52.53102289832631,423.39861446944354,
413.8429065865399,-484.18122999722294,87.98862070273545,
-104.62720604921965]
[172.67735747311974,663.9154866829355,261.0575622447282,
-711.4857925259682,462.7663154755333,167.3082231097332,
-71.44832640530836,624.4911488194524,892.3209964031695,
-528.0056327351435]
[-1063.4562028554978,388.3510869550539,1508.2535609357597,
361.2485590837186,282.08588829583596,-554.3804376922453,
```

```
604.6680021092125,-224.16600191143075,-228.0771984153961,
-110.21539201855907]
[-4690.549692385103,241.83448841252638,-153.58903325799685,
-28.26215061165965,521.8908276360171,-442.0430200747375,
-490.1602309367725,-456.78026845649435,-78.79837478503592,
70.62925170688868]
[-2766.7960144161225,612.8408888724891,-405.76374113178616,
-468.56458995613974,863.1136863614743,-925.0935452709143,
69.24586949009642,-777.3348492244131,504.54033662376435,
257.0263568009851]
```

这些以向量形式表示的投影后的数据可以用来作为另一个机器学习模型的输入。例如我们可以通过使用这些投影后的脸的投影数据和一些没有脸的图像产生的投影数据，共同训练一个面部识别模型。

8.4.2 PCA和SVD模型的关系

我们之前提到PCA和SVD有着密切的联系。事实上，可以使用SVD恢复出相同的主成分向量，并且应用相同的投影矩阵投射到主成分空间。

在我们的例子中，SVD计算产生的右奇异向量等同于我们计算得到的主成分。可以通过在图像矩阵上计算SVD并比较右奇异向量和PCA的结果说明这一点。这里PCA和SVD的计算都可以通过分布式`RowMatrix`提供的函数完成：

```
val svd = matrix.computeSVD(10, computeU = true)
println(s"U dimension: (${svd.U.numRows}, ${svd.U.numCols})")
println(s"S dimension: (${svd.s.size}, )")
println(s"V dimension: (${svd.V.numRows}, ${svd.V.numCols})")
```

可以看到SVD返回一个1055×10维的矩阵U，一个长度为10的奇异值向量S和一个2500×10维的右奇异值向量V：

```
U dimension: (1055, 10)
S dimension: (10, )
V dimension: (2500, 10)
```

矩阵V和PCA的结果完全一样（不考虑正负号和浮点数误差）。可以通过使用一个工具函数大致比较两个矩阵的向量数据来确定这一点：

```
def approxEqual(array1: Array[Double], array2: Array[Double],
tolerance: Double = 1e-6): Boolean = {
  // note we ignore sign of the principal component / singular
  vector elements
  val bools = array1.zip(array2).map { case (v1, v2) => if
  (math.abs(math.abs(v1) - math.abs(v2)) > 1e-6) false else true }
  bools.fold(true)(_ & _)
}
```

我们在一些数据上测试这个函数：

```
println(approxEqual(Array(1.0, 2.0, 3.0), Array(1.0, 2.0, 3.0)))
```

这会给我们下面的输出：

```
true
```

来尝试另一组测试数据：

```
println(approxEqual(Array(1.0, 2.0, 3.0), Array(3.0, 2.0, 1.0)))
```

会给我们下面的输出：

```
false
```

最后，可以这样使用我们的相等函数：

```
println(approxEqual(svd.V.toArray, pc.toArray))
```

下面是输出：

```
true
```

另外一个相关性体现在：矩阵U和向量S（或者严格来讲，对角矩阵S）的乘积和PCA中用来把原始图像数据投影到10个主成分构成的空间中的投影矩阵相等：

```
val breezeS = breeze.linalg.DenseVector(svd.s.toArray)
val projectedSVD = svd.U.rows.map { v =>
  val breezeV = breeze.linalg.DenseVector(v.toArray)
  val multV = breezeV :* breezeS
  Vectors.dense(multV.data)
}
projected.rows.zip(projectedSVD).map { case (v1, v2) =>
approxEqual(v1.toArray, v2.toArray) }.filter(b => true).count
```

运行结果是1055，因此基本可以确定投影后的每一行和SVD投影后的每一行相等。

注意在前面的代码中，高亮的：*运算符表示对向量执行对应元素和元素的乘法。

8.5　评价降维模型

PCA和SVD都是确定性模型，就是对于给定输入数据，总可以产生确定结果的模型。这和很多我们之前看到的依赖一些随机因素的模型不同（大部分是由模型的始化权重向量等原因导致）。

这两个模型都确定可以返回多个主成分或者奇异值，因此控制模型的唯一参数就是k。就像聚类模型，增加k总是可以提高模型的表现（对于聚类，表现在相对误差函数值；对于PCA和SVD，整体的不确定性表现在k个成分上）。因此，选择k的值需要折中，看是要包含尽量多的数据的结构信息，还是要保持投影数据的低维度。

在LFW数据集上估计SVD的*k*值

通过观察在我们的图像数据集上计算SVD得到的奇异值，可以确定奇异值每次运行结果相同，并且是按照递减的顺序返回，如下所示：

```
val sValues = (1 to 5).map { i => matrix.computeSVD(i, computeU =
false).s }
sValues.foreach(println)
```

这会展示给我们类似下面的输出：

```
[54091.00997110354]
[54091.00997110358,33757.702867982436]
[54091.00997110357,33757.70286798241,24541.193694775946]
[54091.00997110358,33757.70286798242,24541.19369477593,
23309.58418888302]
[54091.00997110358,33757.70286798242,24541.19369477593,
23309.584188882982,21803.09841158358]
```

为了估算SVD（和PCA）做聚类时的*k*值，以一个较大的*k*的变化范围绘制一个奇异值图是很有用的。可以看到每增加一个奇异值时增加的变化总量是否基本保持不变。

首先计算最大的300个奇异值：

```
val svd300 = matrix.computeSVD(300, computeU = false)
val sMatrix = new DenseMatrix(1, 300, svd300.s.toArray)
csvwrite(new File("/tmp/s.csv"), sMatrix)
```

再把奇异值对应的向量*S*写到临时CSV文件（正如之前我们在处理特征脸的矩阵时所作的）并且在IPython控制台中读回，为每个*k*绘制对应的奇异值图：

```
s = np.loadtxt("/tmp/s.csv", delimiter=",")
print(s.shape)
plot(s)
```

你应该可以看到类似图8-4所示的结果：

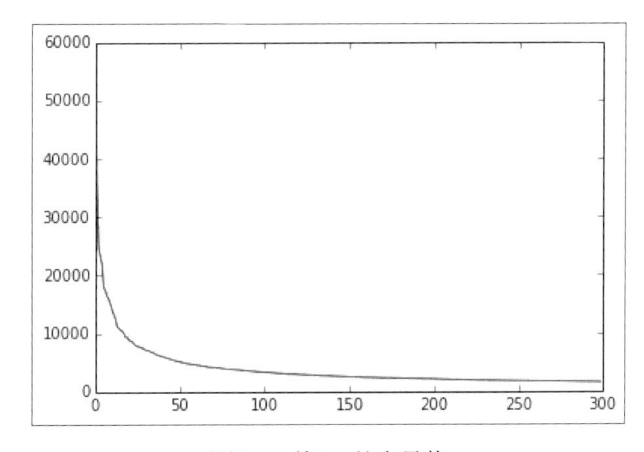

图8-4 前300的奇异值

在前300个奇异值的累积和变化曲线中可以看到一个类似的模式（我们对y轴取了log对数）：

```
plot(cumsum(s))
plt.yscale('log')
```

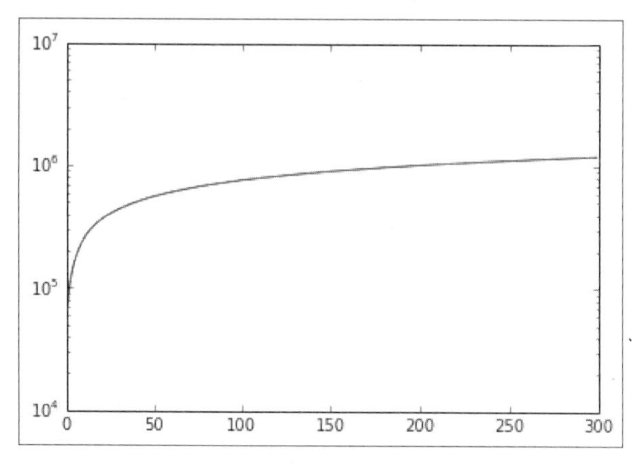

图8-5　前300个奇异值的累积和

可以看到在k的某个区间之后（本例中大概是100），图形基本变平。这表明多大的奇异值（或者主成分）的k值可以足够解释原始数据的变化。

当然，如果使用降维来帮助我们提高另一个模型的性能，我们可以使用和那个模型相同的评价模型来帮助我们选择k值。例如，我们可以使用AUX矩阵和交叉验证，来为分类模型选择模型参数和为降维模型选择k值。但是这会耗费更高的计算资源，因为我们必须重算整个模型的训练和测试过程。

8.6　小结

在这一章，我们学习了两个新的无监督学习模型，用于降低维度的PCA和SVD。我们了解了如何从脸部图像数据中提取特征来训练模型。通过特征脸可视化模型的结果，学习了如何利用模型把原始数据转换成缩减维度后的表示，并研究了PCA和SVD之间的紧密联系。

下一章，我们将深入学习Spark在文本处理和分析方面的技术。

第 9 章

Spark高级文本处理技术

在第3章中，我们讨论了有关特征提取和数据处理的多个问题，其中包括从文本数据中提取特征的基础知识。在这一章中，我们将继续介绍MLlib中的高级文本处理技术，这些技术专门针对大规模的文本处理。

在本章中，我们将：

- 学习几个和文本数据相关的数据处理、特征提取和建模流程的详细例子；
- 根据文档中的文字比较两篇文章的相似性；
- 使用提取的文本特征作为分类模型的训练输入；
- 讨论近期新产生的自然语言处理的词向量建模模型，演示如何使用Spark的Word2Vec模型来根据词义比较两个词语的相似性。

9.1 处理文本数据有什么特别之处

文本数据处理的复杂性源于两个原因。第一，文本和语言有隐含的结构信息，使用原始的文本很难捕捉到（例如，含义、上下文、不同词性的词语、句法结构和不同的语言，这些都是表现明显的几个方面）。因此，单纯的特征提取方法常常没有太大效果。

第二，文本数据的有效维度一般都非常巨大甚至是无限的。试想一下英语中的单词、所有特殊词、字符、俗语等的总数有多少，然后加上其他语言和所有可以在互联网上找到的文本。因此，即使在较小的数据集上，文本数据按照单词得到的维度也可以轻易超过数十万甚至数百万。例如，Common Cawl数据集就是从几十亿个网站爬得的，包含了8400亿单词。

为了处理这个问题，我们需要提取更多的结构特征，并需要一种可以处理极大维度文本数据的方法。

9.2 从数据中抽取合适的特征

自然语言处理（NLP）领域研究文本处理的技术包括提取特征、建模和机器学习。在这一章中，我们着重讨论MLlib包含的两种特征提取技术：TF-IDF短语加权表示和特征哈希。

通过学习TF-IDF的例子，还可以了解用于提取特征的文本处理、分词和过滤技术，帮助我们降低输入数据的维度，并能提高提取特征的信息含量和有用性。

9.2.1　短语加权表示

在第3章中，我们学习了词袋模型，即把文本特征映射到简单的二进制向量的词向量形式。另一个实践中通常会用到的形式叫作词频–逆文本频率（TF-IDF）。

TF-IDF给一段文本（叫作文档）中每一个词赋予一个权值。这个权值是基于单词在文本中出现的频率（词频）计算得到的。同时还要应用逆向文本频率做全局的归一化。逆向文本频率是基于单词在所有文档（所有文档的集合对应的数据集通常称作文集）中的频率计算得到的。TF-IDF计算的标准定义如下：

$$tf-\text{idf}(t,d) = tf(t,d) \times \text{idf}(t)$$

这里，$tf(t,d)$是单词t在文档d中的频率（出现的次数），$\text{idf}(t)$是文集中单词t的逆向文本频率；定义如下：

$$\text{idf}(t) = \log(N/d)$$

这里N是文档的总数，d是出现过单词t的文档数量。

TF-IDF公式的含义是：在一个文档中出现次数很多的词相比出现次数少的词应该在词向量表示中得到更高的权值。而IDF归一化起到了减弱在所有文档中总是出现的词的作用。最后的结果就是，稀有的或者重要的词被给予了更高的权值，而更加常用的单词（被认为比较不重要）则在考虑权重的时候有较小的影响。

这本书是学习词袋模型（或者**词向量空间模型**）的一个优秀资源：《信息检索导论》，Christopher D. Manning、Prabhakar Raghavan和Hinrich Schütze著，剑桥大学出版社出版（HTML格式可在http://nlp.stanford.edu/IRbook/html/htmledition/ irbook.html获得）。

这本书中有几节简述了文本处理技术，包括分词、移除连接词、词根技术、向量空间模型，还有类似TF-IDF这样的权重表示。

这里也有一个相关的概要介绍：http://en.wikipedia.org/wiki/Tf%E2%80%93idf。

9.2.2 特征哈希

特征哈希是一种处理高维数据的技术，并经常被应用在文本和分类数据集上，这些数据集的特征可以取很多不同的值（经常是好几百万个值）。前几章中，我们经常使用k分之一编码方法处理包括文本的分类特征。这种方法简单有效，但是对于非常高维的数据却不易使用。

构造使用k分之一特征编码需要在一个向量中维护可能的特征值到下标的映射。另外，构建这个映射的过程本身至少需要额外对数据集的一次遍历，这在并行场景下会比较麻烦。到现在为止，我们已经使用了一个简单的方法收集不同的特征值，并把这个集合和一组下标组合在一起创建一个特征值到下标的映射关系。这个映射关系被广播（显式地写在我们的代码中或者隐式地被Spark处理）到各个执行节点。

但是，处理文本时会经常遇到上千万甚至更多维度的特征需要处理，这种方法就会很慢，并且Spark的主节点（收集每一个节点的计算结果）和工作节点都会消耗巨量的内存（为了对本地输入的数据切片应用特征编码，需要广播映射结果到每一个工作节点，并存储在内存）及网络资源。

特征哈希通过使用哈希方程对特征赋予向量下标，这个向量下标是通过对特征的值做哈希得到的（通常是整数）。例如，对分类特征中的美国这个位置特征得到的哈希值是342。我们将使用哈希值作为向量下标，对应的值是1.0，表示美国这个特征出现了。使用的哈希方程必须是一致的（就是说，对于一个给定的输入，每次返回相同的输出）。

这种编码工作的方式和基于映射的编码一样，只不过需要预先选择特征向量的大小。因为最常用的哈希函数返回整个整数域内的任意值，我们将使用模操作来限制下标的值到一个特定的大小，远远小于整数域的大小（根据需要取数千上万直至几百万）。

特征哈希的优势在于不再需要构建映射并把它保存在内存中。特征哈希很容易实现，并且非常快，可以在线或者实时生成，因此不需要预先扫描一遍数据集。最后，因为我们选择了维度远远小于原始数据集的特征向量，限制了模型的训练和预测时内存的使用规模，所以内存使用量并不会随数据量和维度的增加而增加。

然而，特征哈希依然有两个重要的缺陷。

- 因为我们没有创建特征到下标的映射，也就不能做逆向转换把下标转换为特征。例如，如何判断哪些特征在我们的模型中是含有信息量最大的将会变得比较困难。
- 因为我们限制了特征向量的大小，当两个不同的特征被哈希到同一个下标时会产生哈希冲突。令人惊讶的是，只要我们选择了一个相对合理的特征向量维度，这种冲突貌似对于模型的效果没有太大的影响。

在下面的网址中可以找到关于哈希技术的更多信息：http://en.wikipedia.org/wiki/Hash_function。

这里有一篇重要的使用哈希做特征抽取和机器学习的论文：Kilian Weinberger, Anirban Dasgupta, John Langford, Alex Smola, and Josh Attenberg. *Feature Hashing for Large Scale Multitask Learning. Proc. ICML 2009*，可以从http://alex.smola.org/ papers/2009/Weinbergeretal09.pdf下载。

9.2.3　从20新闻组数据集中提取TF-IDF特征

为了说明本章的概念，我们将使用一个非常有名的数据集，叫作20 Newsgroups；这个数据集一般用来做文本分类。这是一个由20个不同主题的新闻组消息组成的集合，有很多种不同的数据格式。对于我们的任务来说，可以使用按日期组织的数据集。在下面的网站下载这个数据集：http://qwone.com/~jason/20Newsgroups。

这个数据集把可用数据拆分成训练集和测试集两部分，分别包含原数据集的60%和40%。测试集中的新闻组消息发生的时候在在训练集之后。这个数据集也排除了用来分辨所属真实新闻组的消息头信息；因此，这是一个测试分类模型在现实中表现的很合适的数据集。

想了解该数据集的更多信息，请参考UCI机器学习档案库：http://kdd.ics.uci.edu/ databases/20newsgroups/20newsgroups.data.html。

下面我们开始，首先通过命令下载解压文件：

```
>tar xfvz 20news-bydate.tar.gz
```

创建了两个文件夹：一个是20news-bydate-train，另一个是20news-bydate-test。看一下训练集目录下的子文件夹结构：

```
>cd 20news-bydate-train/
>ls
```

可以看到它包含很多子文件夹，每个新闻组一个文件夹：

```
alt.atheism              comp.windows.x          rec.sport.hockey
soc.religion.christian
comp.graphics            misc.forsale            sci.crypt
talk.politics.guns
comp.os.ms-windows.misc  rec.autos               sci.electronics
talk.politics.mideast
comp.sys.ibm.pc.hardware rec.motorcycles         sci.med
talk.politics.misc
```

```
comp.sys.mac.hardware    rec.sport.baseball      sci.space
talk.religion.misc
```

每一个新闻组文件夹内都有很多文件，每个文件包含一条消息：

```
> ls rec.sport.hockey
52550 52580 52610 52640 53468 53550 53580 53610 53640 53670 53700
53731 53761 53791
...
```

我们来看其中一条消息的部分内容以了解格式：

```
> head -20 rec.sport.hockey/52550
From: dchhabra@stpl.ists.ca (Deepak Chhabra)
Subject: Superstars and attendance (was Teemu Selanne, was +/-
leaders)
Nntp-Posting-Host: stpl.ists.ca
Organization: Solar Terresterial Physics Laboratory, ISTS
Distribution: na
Lines: 115


Dean J. Falcione (posting from jrmst+8@pitt.edu) writes:
[I wrote:]

>>When the Pens got Mario, granted there was big publicity, etc, etc,
>>and interest was immediately generated. Gretzky did the same thing
for LA.
>>However, imnsho, neither team would have seen a marked improvement
in
>>attendance if the team record did not improve. In the year before
Lemieux
>>came, Pittsburgh finished with 38 points. Following his arrival,
the Pens
>>finished with 53, 76, 72, 81, 87, 72, 88, and 87 points, with a
couple of
                            ^^
>>Stanley Cups thrown in.
...
```

我们看到每条消息都包含一个消息头，其中有发送者、主题和一些其他原始信息，然后是消息的原始内容。

1. 分析20 Newsgroups数据

打开Spark的Scala控制台，确保有足够大的内存：

```
>./SPARK_HOME/bin/spark-shell --driver-memory 4g
```

看看目录结构，确认我们的数据以独立文件的形式存在（每个文件一条消息）。因此，我们需要使用Spark的`wholeTextFiles`方法来把每个文件的内容读取到RDD的一个记录中。

在下面的代码中，PATH指向的路径是解压20news-bydate压缩包后的文件夹：

```
val path = "/PATH/20news-bydate-train/*"
val rdd = sc.wholeTextFiles(path)
val text = rdd.map { case (file, text) => text }
println(text.count)
```

第一次运行上面的命令可能需要花费一些时间，因为Spark需要扫描整个目录结构。同样也会看到很多控制台输出，因为Spark会记录处理过的所有文件路径。在这里，你会看到下面一行，即Spark一共发现的文件总数：

```
...
14/10/12 14:27:54 INFO FileInputFormat: Total input paths to process
: 11314
...
```

命令运行结束，将会看到总共的记录数目，这个数目应该和之前的“Total input paths to process”的屏幕输出一致：

```
11314
```

然后我们看一下得到的新闻组主题：

```
val newsgroups = rdd.map { case (file, text) =>
file.split("/").takeRight(2).head }
val countByGroup = newsgroups.map(n => (n, 1)).reduceByKey
(_ + _).collect.sortBy(-_._2).mkString("\n")
println(countByGroup)
```

将会产生下面的输出：

```
(rec.sport.hockey,600)
(soc.religion.christian,599)
(rec.motorcycles,598)
(rec.sport.baseball,597)
(sci.crypt,595)
(rec.autos,594)
(sci.med,594)
(comp.windows.x,593)
(sci.space,593)
(sci.electronics,591)
(comp.os.ms-windows.misc,591)
(comp.sys.ibm.pc.hardware,590)
(misc.forsale,585)
(comp.graphics,584)
(comp.sys.mac.hardware,578)
(talk.politics.mideast,564)
(talk.politics.guns,546)
(alt.atheism,480)
(talk.politics.misc,465)
(talk.religion.misc,377)
```

各个主题中的消息数量基本相等。

2. 应用基本的分词方法

我们文本处理流程的第一步就是切分每一个文档的原始内容为多个单词（也叫作词项），组成集合。这个过程叫作分词。我们实现最简单的空格分词，并把每个文档的所有单词变为小写：

```
val text = rdd.map { case (file, text) => text }
val whiteSpaceSplit = text.flatMap(t => t.split(" ").map(_.toLowerCase))
println(whiteSpaceSplit.distinct.count)
```

因为需要进行探索性分析，上面代码中没有使用map，而是使用flatMap函数。在本章后面，我们将对每篇文章应用相同的分词方案，到时候将使用map函数。

运行完之前的代码片段，你将会得到分词之后不同单词的数量：

```
402978
```

正如你所见，即使对于相对较小的文本集，不同单词的个数（也就是我们特征向量的维度）也可能会非常高。

让我们看一篇随机选择的文档：

```
println(whiteSpaceSplit.sample
(true, 0.3, 42).take(100).mkString(","))
```

注意我们传给sample函数的第三个参数，一个随机种子。我们设置它为42，这样就会在每次调用sample后得到相同的结果，你们的结果也应该和书中的相同。

此时会显示下面的结果：

```
atheist,resources
summary:,addresses,,to,atheism
keywords:,music,,thu,,11:57:19,11:57:19,gmt
distribution:,cambridge.,290
archive-name:,atheism/resources
alt-atheism-archive-name:,december,,,,,,,,,,,,,,,,,,,,,,addresses,address
es,,,,,,,
religion,to:,to:,,p.o.,53701.
telephone:,sell,the,,fish,on,their,cars,,with,and,written
inside.,3d,plastic,plastic,,evolution,evolution,7119,,,,,san,san,san,
mailing,net,who,to,atheist,press

aap,various,bible,,and,on.,,,one,book,is:

"the,w.p.,american,pp.,,1986.,bible,contains,ball,,based,based,james,of
```

3. 改进分词效果

之前简单的分词方法产生了很多单词，而且许多不是单词的字符（比如标点符号）没有过滤掉。大部分分词方案都会把这些字符移除。我们可以使用正则表达切分原始文档来移除这些非单词字符：

```
val nonWordSplit = text.flatMap(t =>
t.split("""\W+""").map(_.toLowerCase))
println(nonWordSplit.distinct.count)
```

这将极大减少不同单词的数量：

```
130126
```

观察一下前几个单词，我们已经去除了文本中大部分没有用的字符：

```
println(nonWordSplit.distinct.sample
(true, 0.3, 42).take(100).mkString(","))
```

输出结果：

```
bone,k29p,w1w3s1,odwyer,dnj33n,bruns,_congressional,mmejv5,mmejv5,art
ur,125215,entitlements,beleive,1pqd9hinnbmi,
jxicaijp,b0vp,underscored,believiing,qsins,1472,urtfi,nauseam,tohc4,k
ielbasa,ao,wargame,seetex,museum,typeset,pgva4,
dcbq,ja_jp,ww4ewa4g,animating,animating,10011100b,10011100b,413,wp3d,
wp3d,cannibal,searflame,ets,1qjfnv,6jx,6jx,
detergent,yan,aanp,unaskable,9mf,bowdoin,chov,16mb,createwindow,kjznk
h,df,classifieds,hour,cfsmo,santiago,santiago,
1r1d62,almanac_,almanac_,chq,nowadays,formac,formac,bacteriophage,bar
king,barking,barking,ipmgocj7b,monger,projector,
hama,65e90h8y,homewriter,cl5,1496,zysec,homerific,00ecgillespie,00ecg
illespie,mqh0,suspects,steve_mullins,io21087,
funded,liberated,canonical,throng,0hnz,exxon,xtappcontext,mcdcup,mcdc
up,5seg,biscuits
```

尽管我们使用非单词正则模式来切分文本的效果不错，但仍然有很多包含数字的单词剩下。在有些情况下，数字会成为文档中的重要内容。但对于我们来说，下一步就是要过滤掉数字和包含数字的单词。

使用正则模式可以过滤掉和这个模式不匹配的单词：

```
val regex = """[^0-9]*""".r
val filterNumbers = nonWordSplit.filter(token =>
regex.pattern.matcher(token).matches)
println(filterNumbers.distinct.count)
```

这再次减小了单词集的大小：

```
84912
```

让我们再随机来看另一个过滤完单词后的例子：

```
println(filterNumbers.distinct.sample
(true, 0.3, 42).take(100).mkString(","))
```

输出：

```
reunion,wuair,schwabam,eer,silikian,fuller,sloppiness,crying,crying,
beckmans,leymarie,fowl,husky,rlhzrlhz,ignore,
loyalists,goofed,arius,isgal,dfuller,neurologists,robin,jxicaijp,
majorly,nondiscriminatory,akl,sively,adultery,
urtfi,kielbasa,ao,instantaneous,subscriptions,collins,collins,za_,za_
,jmckinney,nonmeasurable,nonmeasurable,
seetex,kjvar,dcbq,randall_clark,theoreticians,theoreticians,
congresswoman,sparcstaton,diccon,nonnemacher,
arresed,ets,sganet,internship,bombay,keysym,newsserver,connecters,
igpp,aichi,impute,impute,raffle,nixdorf,
nixdorf,amazement,butterfield,geosync,geosync,scoliosis,eng,eng,eng,
kjznkh,explorers,antisemites,bombardments,
abba,caramate,tully,mishandles,wgtn,springer,nkm,nkm,alchoholic,chq,
shutdown,bruncati,nowadays,mtearle,eastre,
discernible,bacteriophage,paradijs,systematically,rluap,rluap,blown,
moderates
```

可以看到，我们移除了所有的数字字符。尽管还有一些奇怪的单词剩下，但已经可以接受了。

4. 移除停用词

*停用词*是指出现在一个文本集（和大多数文本集）所有文档中很多次的常用词。标准的英语停用词包括and、but、the、of等。提取文本特征的标准做法是从抽取的词中排除停用词。

当使用TF-IDF加权时，加权模式已经做了这点。一个停用词总是有很低的IDF分数，会有一个很低的TF-IDF权值，因此成为一个不重要的词。有些时候，对于信息检索和搜索任务，停用词又需要被包含。但是，最好还是在提取特征时移除停用词，因为这可以降低最后特征向量的维度和训练数据的大小。

来看看所有文档中高频的词语，看看还有没有需要除掉的停用词：

```
val tokenCounts = filterNumbers.map(t => (t, 1)).reduceByKey(_ + _)
val oreringDesc = Ordering.by[(String, Int), Int](_._2)
println(tokenCounts.top(20)(oreringDesc).mkString("\n"))
```

这段代码中，我们用过滤完数字字符之后的单词集合生成一个每个单词在文档中出现频率的集合。现在可以使用Spark的`top`函数来得到前20个出现次数最多的单词。注意需要提供给`top`函数一个排序方法，告诉Spark如何给RDD中的元素排序。在这种情况下，我们需要按照次数排序，因此设置按照键值对的第二个元素排序。

运行上面的代码，得到下面名列前茅的单词：

```
(the,146532)
(to,75064)
(of,69034)
(a,64195)
(ax,62406)
(and,57957)
(i,53036)
(in,49402)
(is,43480)
(that,39264)
(it,33638)
(for,28600)
(you,26682)
(from,22670)
(s,22337)
(edu,21321)
(on,20493)
(this,20121)
(be,19285)
(t,18728)
```

如我们预料，很多常用词可以被标注为停用词。把这些词中的某些词和其他常用词集合成一个停用词集，过滤掉这些词之后就可以看到剩下的单词：

```
val stopwords = Set(
  "the","a","an","of","or","in","for","by","on","but", "is", "not",
"with", "as", "was", "if",
  "they", "are", "this", "and", "it", "have", "from", "at", "my",
"be", "that", "to"
)
val tokenCountsFilteredStopwords = tokenCounts.filter { case
(k, v) => !stopwords.contains(k) }
println(tokenCountsFilteredStopwords.top(20)(oreringDesc).mkString
("\n"))
```

输出：

```
(ax,62406)
(i,53036)
(you,26682)
(s,22337)
(edu,21321)
(t,18728)
(m,12756)
(subject,12264)
(com,12133)
(lines,11835)
(can,11355)
(organization,11233)
(re,10534)
(what,9861)
(there,9689)
(x,9332)
```

```
(all,9310)
(will,9279)
(we,9227)
(one,9008)
```

你可能注意到了，排行榜里仍然有一些常用词。事实上，我们应该有一个大得多的停用词集合。但这里我们将使用小地停用词集（部分原因是为了之后展示TF-IDF对于常用词的影响）。

下一步，我们将删除那些仅仅含有一个字符的单词。这和我们移除停用词的原因类似。这些单独字符组成的单词不太可能包含太多信息。因此可以删除它们来降低特征维度和模型大小：

```
val tokenCountsFilteredSize = tokenCountsFilteredStopwords.filter
{ case (k, v) => k.size >= 2 }
println(tokenCountsFilteredSize.top(20)(oreringDesc).mkString
("\n"))
```

再来检查一下过滤之后剩下的单词：

```
(ax,62406)
(you,26682)
(edu,21321)
(subject,12264)
(com,12133)
(lines,11835)
(can,11355)
(organization,11233)
(re,10534)
(what,9861)
(there,9689)
(all,9310)
(will,9279)
(we,9227)
(one,9008)
(would,8905)
(do,8674)
(he,8441)
(about,8336)
(writes,7844)
```

除了那些尚未删掉的经常出现的词，我们发现了一些可能有意义的词。

5. 基于频率去除单词

在分词的时候，还有一种比较常用的去除单词的方法是去掉在整个文本库中出现频率很低的单词。例如，检查文本库中出现频率最低的单词（注意这里我们使用不同的排序方式，返回上升排序的结果）：

```
val oreringAsc = Ordering.by[(String, Int), Int](-_._2)
println(tokenCountsFilteredSize.top(20)(oreringAsc).mkString
("\n"))
```

结果：

```
(lennips,1)
(bluffing,1)
(preload,1)
(altina,1)
(dan_jacobson,1)
(vno,1)
(actu,1)
(donnalyn,1)
(ydag,1)
(mirosoft,1)
(xiconfiywindow,1)
(harger,1)
(feh,1)
(bankruptcies,1)
(uncompression,1)
(d_nibby,1)
(bunuel,1)
(odf,1)
(swith,1)
(lantastic,1)
```

正如我们看到的，很多短语在整个文集中只出现一次。对于使用提取特征来完成的任务，比如文本相似度比较或者生成机器学习模型，只出现一次的单词是没有价值的，因为这些单词我们没有足够的训练数据。应用另一个过滤函数来排除这些很少出现的单词：

```
val rareTokens = tokenCounts.filter{ case (k, v) => v < 2 }.map {
case (k, v) => k }.collect.toSet
val tokenCountsFilteredAll = tokenCountsFilteredSize.filter { case
(k, v) => !rareTokens.contains(k) }
println(tokenCountsFilteredAll.top(20)(oreringAsc).mkString("\n"))
```

剩下的是至少出现了两次的单词：

```
(sina,2)
(akachhy,2)
(mvd,2)
(hizbolah,2)
(wendel_clark,2)
(sarkis,2)
(purposeful,2)
(feagans,2)
(wout,2)
(uneven,2)
(senna,2)
(multimeters,2)
(bushy,2)
(subdivided,2)
(coretest,2)
(oww,2)
(historicity,2)
```

```
(mmg,2)
(margitan,2)
(defiance,2)
```

现在，计算不同的单词有多少：

```
println(tokenCountsFilteredAll.count)
```

会看到下面的输出：

```
51801
```

通过在分词流程中应用所有这些过滤步骤，把特征的维度从402 978降到了51 801。

现在把过滤逻辑组合到一个函数中，并应用到RDD中的每个文档：

```
def tokenize(line: String): Seq[String] = {
  line.split("""\W+""")
    .map(_.toLowerCase)
    .filter(token => regex.pattern.matcher(token).matches)
    .filterNot(token => stopwords.contains(token))
    .filterNot(token => rareTokens.contains(token))
    .filter(token => token.size >= 2)
    .toSeq
}
```

通过下面的代码可以检查这个函数是否给出相同的输出：

```
println(text.flatMap(doc => tokenize(doc)).distinct.count)
```

结果会输出51 801，这和我们一步一步执行整个流程得到的结果完全一致。

我们可以把RDD中的每个文档按照下面的方式分词：

```
val tokens = text.map(doc => tokenize(doc))
println(tokens.first.take(20))
```

你将会看到类似下面的输出，这里展示了第一篇文档第一部分的分词结果：

```
WrappedArray(mathew, mathew, mantis, co, uk, subject, alt, atheism,
faq, atheist, resources, summary, books, addresses, music, anything,
related, atheism, keywords, faq)
```

6. 关于提取词干

提取词干在文本处理和分词中比较常用。这是一种把整个单词转换为一个基的形式（叫作词根）的方法。例如，复数形式可以转换为单数（dogs变成dog），像walking和walker这样的可以转换为walk。提取词干很复杂，一般通过标准的NLP方法或者搜索引擎软件实现（例如NLTK、OpenNLP和Lucene）。在这里的例子中，我们将不考虑提取词干。

完整的提取词干的方法超出了本书讨论的范围。可以在下面的网址中找到更多的信息：http://en.wikipedia.org/wiki/Stemming。

7. 训练TF-IDF模型

现在我们使用MLlib把每篇处理成词项形式的文档以向量形式表达。第一步是使用HashingTF实现，它使用特征哈希把每个输入文本的词项映射为一个词频向量的下标。之后，使用一个全局的IDF向量把词频向量转换为TF-IDF向量。

每个词项的下标是这个词的哈希值（依次映射到特征向量的某个维度）。词项的值是本身的TF-IDF权重（即词项的频率乘以逆文本频率）。

首先，引入我们需要的类，创建一个HashingTF实例，传入维度参数dim。默认特征维度是2^{20}（或者接近一百万），因此我们选择2^{18}（或者26 000），因为使用50 000个单词应该不会产生很多的哈希冲突，而较少的维度占用内存更少并且展示起来更方便：

```
import org.apache.spark.mllib.linalg.{ SparseVector => SV }
import org.apache.spark.mllib.feature.HashingTF
import org.apache.spark.mllib.feature.IDF
val dim = math.pow(2, 18).toInt
val hashingTF = new HashingTF(dim)

val tf = hashingTF.transform(tokens)
tf.cache
```

注意我们使用别名SV引入了MLlib的SparseVector包。因为之后我们将使用Breeze的linalg模块，其中也引用了SparseVector包，这样可以避免命名空间的冲突。

HashingTF的transform函数把每个输入文档（即词项的序列）映射到一个MLlib的Vector对象。我们将调用cache来把数据保持在内存来加速之后的操作。

让我们观察一下转换后数据的第一个元素：

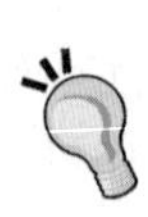

HashingTF的transform函数返回一个RDD[Vector]的引用，因此我们可以把返回的结果转换成MLlib的SparseVector形式。

transform方法可以接收Iterable参数（例如一个以Seq[String]形式出现的文档）对每个文档进行处理，最后返回一个单独的结果向量。

```
val v = tf.first.asInstanceOf[SV]
println(v.size)
println(v.values.size)
```

```
println(v.values.take(10).toSeq)
println(v.indices.take(10).toSeq)
```

将会显示下面的输出：

```
262144
706
WrappedArray(1.0, 1.0, 1.0, 1.0, 2.0, 1.0, 1.0, 2.0, 1.0, 1.0)
WrappedArray(313, 713, 871, 1202, 1203, 1209, 1795, 1862, 3115, 3166)
```

我们可以看到每一个词频的稀疏向量的维度是262 144（正如我们期望的2^{18}）。然而向量中的非0项仅仅只有706个。输出的最后两行展示了向量中前几列的下标和词频值。

现在通过创建新的IDF实例并调用RDD中的`fit`方法，利用词频向量作为输入来对文库中的每个单词计算逆向文本频率。之后使用IDF的`transform`方法转换词频向量为TF-IDF向量：

```
val idf = new IDF().fit(tf)
val tfidf = idf.transform(tf)
val v2 = tfidf.first.asInstanceOf[SV]
println(v2.values.size)
println(v2.values.take(10).toSeq)
println(v2.indices.take(10).toSeq)
```

检查一下TF-IDF向量的第一个元素，会看到类似如下的输出：

```
706
WrappedArray(2.3869085659322193, 4.670445463955571,
6.561295835827856, 4.597686109673142, ...
WrappedArray(313, 713, 871, 1202, 1203, 1209, 1795, 1862, 3115, 3166)
```

可以看到非零项的数量改变了（现在是706），词向量的下标也变了。之前向量表示每个单词在文档中出现的频率，而现在新的向量表示IDF的加权频率。

8. 分析TF-IDF权重

接下来，我们观察几个单词的TF-IDF权值，分析一个单词的常用或者极少使用的情况会对TF-IDF值产生什么样的影响。

首先计算整个文档的TF-IDF最小和最大权值：

```
val minMaxVals = tfidf.map { v =>
  val sv = v.asInstanceOf[SV]
  (sv.values.min, sv.values.max)
}
val globalMinMax = minMaxVals.reduce { case ((min1, max1),
(min2, max2)) =>
  (math.min(min1, min2), math.max(max1, max2))
}

println(globalMinMax)
```

正如我们看到的，最小的TF-IDF值是0，最大的是一个非常大的数：

```
(0.0,66155.39470409753)
```

现在我们来观察不同单词的TF-IDF权值。在之前一节关于停用词的讨论中，我们过滤掉很多高频常用词。记得我们并没有移除所有这样潜在的停用词，而是在文库中保留了一些，以使得我们可以看到使用TF-IDF加权会有什么影响。

对之前计算得到的频率最高的几个词的TF-IDF表示进行计算，可以看到TF-IDF加权会对常用词赋予较低的权值：

```
val common = sc.parallelize(Seq(Seq("you", "do", "we")))
val tfCommon = hashingTF.transform(common)
val tfidfCommon = idf.transform(tfCommon)
val commonVector = tfidfCommon.first.asInstanceOf[SV]
println(commonVector.values.toSeq)
```

如果形成了这个文档的TF-IDF向量表示，会看到下面赋予每个单词的值。注意我们使用了特征哈希，所以将不能再确定这些值分别表达的是哪个向量。但是，这些值说明赋给这些词的权重相对较低：

```
WrappedArray(0.9965359935704624, 1.3348773448236835,
0.5457486182039175)
```

现在，让我们对几个不常出现的单词应用相同的转换。直觉上，我们认为这些词和某些话题更相关：

```
val uncommon = sc.parallelize(Seq(Seq("telescope", "legislation","investment")))
val tfUncommon = hashingTF.transform(uncommon)
val tfidfUncommon = idf.transform(tfUncommon)
val uncommonVector = tfidfUncommon.first.asInstanceOf[SV]
println(uncommonVector.values.toSeq)
```

从下面的结果中可以看出，这些词的TF-IDF值确实远远高于那些常用词：

```
WrappedArray(5.3265513728351666, 5.308532867332488,
5.483736956357579)
```

9.3 使用 TF-IDF 模型

虽然我们总说训练一个TF-IDF模型，事实上我们做的是特征提取或者转化的过程，而不是训练机器学习模型。TF-IDF加权经常用来作为降维、分类和回归等的预处理步骤。

为了展示TF-IDF的潜在用途，我们将学习两个实例。第一个实例使用TF-IDF向量来计算文本相似度，而第二个使用TF-IDF向量作为输入训练一个多标签分类模型。

9.3.1 20 Newsgroups数据集的文本相似度和TF-IDF特征

我们在第4章提到，可以通过计算两个向量的距离比较两个向量的相似度。两个向量离得越近就越相似。其中有一个用来计算电影相似度的度量是余弦相似度。

正如在比较电影时所做的，也可以计算两个文档的相似度。我们已经通过TF-IDF把文本转换成向量表示。因此可以使用和比较电影向量相同的技术来计算两个文本的相似度。

可以认为两个文档共有的单词越多相似度越高，反之相似度越低。因为我们通过计算两个向量的点积来计算余弦相似度，而每一个向量都由文档中的单词构成，所以共有单词更多的文档余弦相似度也会更高。

现在来看TF-IDF如何发挥作用。我们有理由期待即使非常不同的文档也可能包含很多相同的常用词（例如停用词）。然而，因为较低的TF-IDF权值，这些单词不会对点积的结果产生较大影响，因此不会对相似度的计算产生太大影响。

例如，我们预估两个从曲棍球新闻组随机选择的新闻比较相似。然后看一下是不是这样：

```
val hockeyText = rdd.filter { case (file, text) =>
file.contains("hockey") }
val hockeyTF = hockeyText.mapValues(doc =>
hashingTF.transform(tokenize(doc)))
val hockeyTfIdf = idf.transform(hockeyTF.map(_._2))
```

上面的代码首先过滤原始的输入RDD，使其只包含来自曲棍球话题组的消息。然后使用我们的分词和词频转换函数。注意使用的`transform`方法是处理单个文档（形式为`Seq[String]`的）的版本，而不是处理包含所有文档的RDD的版本。

最后，我们使用IDF转换（使用之前已经基于所有文本库计算出来相同的IDF值）。

有了曲棍球文档向量后，就可以随机选择其中两个向量，并计算它们的余弦相似度（正如之前所做的，我们会使用Breeze的线性代数函数，首先把MLlib向量转换成Breeze稀疏向量）：

```
import breeze.linalg._
val hockey1 = hockeyTfIdf.sample
(true, 0.1, 42).first.asInstanceOf[SV]
val breeze1 = new SparseVector(hockey1.indices, hockey1.values,
hockey1.size)
val hockey2 = hockeyTfIdf.sample
(true, 0.1, 43).first.asInstanceOf[SV]
val breeze2 = new SparseVector(hockey2.indices, hockey2.values,
hockey2.size)
val cosineSim = breeze1.dot(breeze2) / (norm(breeze1) *
norm(breeze2))
println(cosineSim)
```

计算得到文档余弦相似度大概是0.06：

```
0.060250114361164626
```

这个值看起来太低了，但文本数据中大量唯一的单词总会使特征的有效维度很高。因此，我们可以认为即使两个谈论相同话题的文档也可能有着较少的相同单词，因而会有较低的相似度分数。

作为对照，我们可以和另一个计算结果做比较，其中一个文档来自曲棍球文档，而另一个文档随机选择自comp.graphics新闻组，使用完全相同的方法：

```
val graphicsText = rdd.filter { case (file, text) =>
file.contains("comp.graphics") }
val graphicsTF = graphicsText.mapValues(doc =>
hashingTF.transform(tokenize(doc)))
val graphicsTfIdf = idf.transform(graphicsTF.map(_._2))
val graphics = graphicsTfIdf.sample
(true, 0.1, 42).first.asInstanceOf[SV]
val breezeGraphics = new SparseVector(graphics.indices,
graphics.values, graphics.size)
val cosineSim2 = breeze1.dot(breezeGraphics) / (norm(breeze1) *
norm(breezeGraphics))
println(cosineSim2)
```

余弦相似度非常低，是0.0047：

```
0.004664850323792852
```

最后，相比一篇计算机话题组的文档，一篇运动相关话题组的文档很可能会和曲棍球文档有较高的相似度。但我们希望谈论棒球的文档不应该和谈论曲棍球的文档那么相似。下面通过计算从棒球新闻组随机得到的消息和曲棍球文档的相似度来看看是否如此：

```
val baseballText = rdd.filter { case (file, text) =>
file.contains("baseball") }
val baseballTF = baseballText.mapValues(doc =>
hashingTF.transform(tokenize(doc)))
val baseballTfIdf = idf.transform(baseballTF.map(_._2))
val baseball = baseballTfIdf.sample
(true, 0.1, 42).first.asInstanceOf[SV]
val breezeBaseball = new SparseVector(baseball.indices,
baseball.values, baseball.size)
val cosineSim3 = breeze1.dot(breezeBaseball) / (norm(breeze1) *
norm(breezeBaseball))
println(cosineSim3)
```

事实上，正如我们预料的，我们找到的棒球和曲棍球文档的余弦相似度是0.05。与comop.graphics文档相比已经很高，但是和另一篇曲棍球文档相比则较低：

```
0.05047395039466008
```

9.3.2　基于20 Newsgroups数据集使用TF-IDF训练文本分类器

当使用TF-IDF向量时，我们希望基于文档中共现的词语来计算余弦相似度，从而捕捉文档之间的相似度。类似地，我们可能也希望通过使用机器学习模型（比如一个分类模型）学习每个单词的权重，来得到某些单词出现（及权重）情况到特定主题的映射；可以用来区分不同主题的文档。也就是说，应该可以学习到一个从某些单词是否出现（和权重）到特定主题的映射关系。

在20 Newsgroups的例子中，每一个新闻组的主题就是一个类，我们能使用TF-IDF转换后的向量作为输入训练一个分类器。

因为我们将要处理的是一个多分类的问题，我们使用MLlib中的朴素贝叶斯方法，这种方法支持多分类。第一步，引入要使用的Spark类：

```
import org.apache.spark.mllib.regression.LabeledPoint
import org.apache.spark.mllib.classification.NaiveBayes
import org.apache.spark.mllib.evaluation.MulticlassMetrics
```

之后，抽取20个主题并把它们转换到类的映射。可以像在*k*选1编码中那样，给每个类赋予一个数字下标：

```
val newsgroupsMap =
newsgroups.distinct.collect().zipWithIndex.toMap
val zipped = newsgroups.zip(tfidf)
val train = zipped.map { case (topic, vector) =>
LabeledPoint(newsgroupsMap(topic), vector) }
train.cache
```

在上面的代码中，从新闻组RDD开始，其中每个元素是一个话题，使用`zip`函数把它和由TF-IDF向量组成的`tfidf` RDD组合。然后对新生成的`zipped` RDD中的每个键值对通过映射函数创建一个`LabeledPoint`对象，其中每个`label`是一个类下标，特征就是TF-IDF向量。

注意`zip`算子假设每一个RDD有相同数量的分片，并且每个对应分片有相同数量的记录。如果不是这样将会失败。这里我们可以这么假设，是因为事实上`tfidf` RDD和`newsgroup` RDD都是我们对相同的RDD做了一系列的`map`操作后得到的，都保留了分片结构。

现在我们有了格式正确的输入RDD，可以简单地把它传到朴素贝叶斯的`train`方法中：

```
val model = NaiveBayes.train(train, lambda = 0.1)
```

让我们在测试数据集上评估一下模型的性能。我们将从20news-bydate-test文件夹中加载原始的测试数据，然后使用`wholeTextFiles`把每一条信息读取为RDD中的记录。使用和得到`newsgroups` RDD相同的方法从文件路径中提取类标签：

```
val testPath = "/PATH/20news-bydate-test/*"
val testRDD = sc.wholeTextFiles(testPath)
val testLabels = testRDD.map { case (file, text) =>
  val topic = file.split("/").takeRight(2).head
  newsgroupsMap(topic)
}
```

使用和训练集相同的方法处理测试数据集中的文本——这里将应用我们的tokenize方法，然后使用词频转换，之后再次使用完全相同的从训练数据中计算得到的IDF，把TF向量转换为TF-IDF向量。最后，合并测试类标签和TF-IDF向量，创建我们的测试RDD[LabeledPoint]：

```
val testTf = testRDD.map { case (file, text) =>
hashingTF.transform(tokenize(text)) }
val testTfIdf = idf.transform(testTf)
val zippedTest = testLabels.zip(testTfIdf)
val test = zippedTest.map { case (topic, vector) =>
LabeledPoint(topic, vector) }
```

注意，有一点很重要，我们使用训练集的IDF来转换测试集，这会在新数据集上产生更加真实的模型估计，因为新的数据集上包含训练集没有训练的单词。如果基于测试集重新计算IDF向量会比较“取巧”，且更重要的是，有可能对通过交叉验证产生的模型最优参数做出非常严重的错误估计。

现在我们准备计算预测结果和我们模型的真实类标签。我们将使用RDD为模型来计算准确度和多分类加权F-指标：

```
val predictionAndLabel = test.map(p => (model.predict(p.features), p.label))
val accuracy = 1.0 * predictionAndLabel.filter
(x => x._1 == x._2).count() / test.count()
val metrics = new MulticlassMetrics(predictionAndLabel)
println(accuracy)
println(metrics.weightedFMeasure)
```

加权F-指标是一个综合了准确率和召回率的指标（这里类似ROC曲线下面的面积，当接近1.0时有较好的表现），并通过类之间加权平均整合。

可以看到，我们简单的多分类朴素贝叶斯模型在准确率和召回率上均接近80%：

```
0.7915560276155071
0.7810675969031116
```

9.4　评估文本处理技术的作用

文本处理技术和TF-IDF加权是特征处理技术的实例，是为了对原始文本数据降低维度和提取某些结构信息。比较基于这些原始文本数据训练得到的模型和基于经过处理及TF-IDF加权得到的数据训练出来的模型，可以看到应用这些处理技术的影响。

在 20 Newsgroups数据集上比较原始特征和处理过的TF-IDF特征

在这个例子中，我们在用空格分词处理后的原始文本上应用哈希单词频率转换。我们将在这些文本上训练模型，并模仿我们对使用TF-IDF特征训练的模型所做的，评估在测试集上的表现：

```
val rawTokens = rdd.map { case (file, text) => text.split(" ") }
val rawTF = texrawTokenst.map(doc => hashingTF.transform(doc))
val rawTrain = newsgroups.zip(rawTF).map { case (topic, vector) =>
LabeledPoint(newsgroupsMap(topic), vector) }
val rawModel = NaiveBayes.train(rawTrain, lambda = 0.1)
val rawTestTF = testRDD.map { case (file, text) =>
hashingTF.transform(text.split(" ")) }
val rawZippedTest = testLabels.zip(rawTestTF)
val rawTest = rawZippedTest.map { case (topic, vector) =>
LabeledPoint(topic, vector) }
val rawPredictionAndLabel = rawTest.map(p =>
(rawModel.predict(p.features), p.label))
val rawAccuracy = 1.0 * rawPredictionAndLabel.filter(x => x._1 ==
x._2).count() / rawTest.count()
println(rawAccuracy)
val rawMetrics = new MulticlassMetrics(rawPredictionAndLabel)
println(rawMetrics.weightedFMeasure)
```

结果可能会令人惊讶，尽管准确率和F-指标比那些TF-IDF模型低几个百分点，原始的模型表现其实也不错。这也部分反映了一个事实，即朴素贝叶斯模型能很好地适用于原始词频格式的数据：

```
0.7661975570897503
0.7628947184990661
```

9.5 Word2Vec 模型

到目前为止，我们一直用词袋向量模型来表示文本，并选择性地使用一些加权模式，比如TF-IDF。另一类最近比较流行的模型是把每一个单词表示成一个向量。

这些模型一般是基于某种文本中与单词共现相关的统计量来构造。一旦向量表示算出，就可以像使用TF-IDF向量一样使用这些模型（例如使用它们作为机器学习的特征）。一个比较通用的例子是使用单词的向量表示基于单词的含义计算两个单词的相似度。

Word2Vec就是这些模型中的一个具体实现，常称作分布向量表示。MLlib模型使用一种skip-gram模型，这是一种考虑了单词出现的上下文来学习词向量表示的模型。

介绍Word2Vec的细节实现超出了本书讨论的范围，Spark的文档可以在下面的网址找到：http://spark.apache.org/docs/latest/mllib-feature-extraction.html#word2vec，其中包含了更多的算法细节，还有相关实现的链接。

关于Word2Vec的一个主要的学术论文是Tomas Mikolov、Kai Chen、Greg Corrado和Jeffrey Dean的"Efficient Estimation Word Representations in Vector Space"，2013年在ICLR的工作室期刊上发表。这篇论文可以在http://arxiv.org/pdf/1301.3781.pdf下载。

另一个近期的词向量表示的模型是GloVe，可以在http://www-nlp.stanford.edu/projects/glove/找到介绍。

基于 20 Newsgroups数据集训练Word2Vec

在Spark中训练一个Word2Vec模型相对简单。我们需要传递一个RDD，其中每一个元素都是一个单词的序列。可以使用我们之前得到的分词后的文档来作为模型的输入：

```
import org.apache.spark.mllib.feature.Word2Vec
val word2vec = new Word2Vec()
word2vec.setSeed(42)
val word2vecModel = word2vec.fit(tokens)
```

注意我们使用setSeed来设置一个随机种子作为模型训练的参数，所以我们每次训练都会得到相同的结果。

训练模型后，我们将看到一些类似下面的输出：

```
...
14/10/25 14:21:59 INFO Word2Vec: wordCount = 2133172, alpha =
0.0011868763094487506
14/10/25 14:21:59 INFO Word2Vec: wordCount = 2144172, alpha =
0.0010640806039941193
14/10/25 14:21:59 INFO Word2Vec: wordCount = 2155172, alpha =
9.412848985394907E-4
14/10/25 14:21:59 INFO Word2Vec: wordCount = 2166172, alpha =
8.184891930848592E-4
14/10/25 14:22:00 INFO Word2Vec: wordCount = 2177172, alpha =
6.956934876302307E-4
14/10/25 14:22:00 INFO Word2Vec: wordCount = 2188172, alpha =
5.728977821755993E-4
14/10/25 14:22:00 INFO Word2Vec: wordCount = 2199172, alpha =
4.501020767209707E-4
14/10/25 14:22:00 INFO Word2Vec: wordCount = 2210172, alpha =
3.2730637126634213E-4
14/10/25 14:22:01 INFO Word2Vec: wordCount = 2221172, alpha =
2.0451066581171076E-4
```

```
14/10/25 14:22:01 INFO Word2Vec: wordCount = 2232172, alpha =
8.171496035708214E-5
...
14/10/25 14:22:02 INFO SparkContext: Job finished: collect at
Word2Vec.scala:368, took 56.585983 s
14/10/25 14:22:02 INFO MappedRDD: Removing RDD 200 from persistence
list
14/10/25 14:22:02 INFO BlockManager: Removing RDD 200
14/10/25 14:22:02 INFO BlockManager: Removing block rdd_200_0
14/10/25 14:22:02 INFO MemoryStore: Block rdd_200_0 of size 9008840
dropped from memory (free 1755596828)
word2vecModel: org.apache.spark.mllib.feature.Word2VecModel =
org.apache.spark.mllib.feature.Word2VecModel@2b94e480
```

训练完成之后，很容易找到某个单词的前20个相近的词汇（也就是通过对词向量计算余弦相似度得到的最相似的单词）。例如，使用下面的代码找到和hockey最相似的20个单词：

```
word2vecModel.findSynonyms("hockey", 20).foreach(println)
```

如下面的输出所示，大部分单词都和hockey或其他一些运动主题相关：

```
(sport,0.6828256249427795)
(ecac,0.6718048453330994)
(hispanic,0.6519884467124939)
(glens,0.6447514891624451)
(woofers,0.6351765394210815)
(boxscores,0.6009076237678528)
(tournament,0.6006366014480591)
(champs,0.5957855582237244)
(aargh,0.584071934223175)
(playoff,0.5834275484085083)
(ahl,0.5784651637077332)
(ncaa,0.5680188536643982)
(pool,0.5612311959266663)
(olympic,0.5552600026130676)
(champion,0.5549421310424805)
(filinuk,0.5528956651687622)
(yankees,0.5502706170082092)
(motorcycles,0.5484763979911804)
(calder,0.5481109023094177)
(rec,0.5432182550430298)
```

作为另一个例子，我们为legislation找到如下20个近义词：

```
word2vecModel.findSynonyms("legislation", 20).foreach(println)
```

在这个例子中，我们发现这些单词与管治、政策和商业特征显著相关：

```
(accommodates,0.8149217963218689)
(briefed,0.7582570314407349)
(amended,0.7310371994972229)
(telephony,0.7139414548873901)
(aclu,0.7080780863761902)
```

```
(pitted,0.7062571048736572)
(licensee,0.6981208324432373)
(agency,0.6880651712417603)
(policies,0.6828961372375488)
(senate,0.6821110844612122)
(businesses,0.6814320087432861)
(permit,0.6797110438346863)
(cpsr,0.6764014959335327)
(cooperation,0.6733141541481018)
(surveillance,0.6670728325843811)
(restricted,0.6666574478149414)
(congress,0.6661365628242493)
(procure,0.6655452251434326)
(industry,0.6650314927101135)
(inquiry,0.6644254922866821)
```

9.6 小结

在这一章中，我们更深入地了解了复杂的文本处理技术，并探索了MLlib的文本特征提取能力，特别是TF-IDF单词加权方式。我们学习了使用TF-IDF特征的结果来计算文本相似度并训练新闻组话题分类模型的例子。最后，还学习了怎么使用前沿的Word2Vec模型来计算一个文本集中单词的向量表示，并使用训练好的模型找到和给定单词上下文语义相近的词。

在下一章中，我们将了解在线学习，讨论如何使用Spark Streaming来训练在线学习模型。

第 10 章

Spark Streaming在实时机器学习上的应用

本书到目前为止一直重点讲批量数据处理。也就是我们所有的分析、特征提取和模型训练都被应用于一组固定不变的数据。这很好地适用于Spark对RDD的核心抽象，即不可变的分布式数据集。尽管可以使用Spark的转换函数和行动算子从原始的RDD创建新RDD，但是RDD一旦创建，其中包含的数据就不会改变。

我们的注意力一直集中于批量机器学习模型，训练模型的固定训练集通常表示为一个特征向量（在监督学习模型的例子中是标签）的RDD。

在本章，我们将：

- 介绍在线学习的概念，当新的数据出现时，模型被训练和更新；
- 学习使用Spark Streaming做流处理；
- 如何将Spark Streaming应用于在线学习。

10.1 在线学习

本书使用的批量机器学习模型关注处理已经存在的不变训练集合。一般来说，这些方法也是迭代的，即在训练集上实施多轮处理直到收敛到最优模型。

相比于离线计算，在线学习是以对训练数据通过完全增量的形式顺序处理一遍为基础（就是说，一次只训练一个样例）。当处理完每一个训练样本，模型会对测试样例做预测并得到正确的输出（例如得到分类的标签或者回归的真实目标）。在线学习背后的想法就是模型随着接收到新的消息不断更新自己，而不是像离线训练一次次重新训练。

在某种配置下，当数据量很大的时候，或者生成数据的过程快速变化的时候，在线学习方法可以快速接近实时地响应，而不需要离线学习中昂贵的重新训练。

然而，在线学习方法并不是必须以完全在线的方式使用。事实上，当我们使用随机梯度下降优化方法训练分类和回归模型时，已经学习了在离线环境下使用在线学习模型的例子。每处理完一个样例，SGD更新一次模型。然而，为了收敛到更好的结果，我们仍然对整个训练集处理了多次，使得模型收敛到更好的结果。

在完全在线环境下，我们不会（或者也许不能）对整个训练集做多次训练，因此当输入到达时我们需要立刻处理。在线方法还包括小批量离线方法，并不是每次处理一个输入，而是每次一个小批量地训练数据。

在线和离线的方法在真实场景中也可以组合使用。例如，我们可以不断（比方说每天）使用批量方法离线重新训练模型。然后在生产环境下应用模型，并使用在线方法实时更新模型（即在这一天之中，在两次离线数据训练之间）。

我们在本章将会看到，在线学习环境非常适合流处理和Spark Streaming框架。

更多关于在线学习的资料：http://en.wikipedia.org/wiki/Online_machine_learning。

10.2　流处理

在学习如何使用Spark进行在线学习之前，我们首先需要了解流处理的基本知识并介绍Spark Streaming库。

除了Spark API内核的API和函数，Spark项目还包含另一个主要的子项目（和MLlib一样），叫Spark Streaming，主要负责实时处理数据流。

数据流是连续的顺序记录。常见的例子包括从网页和移动设备获取的活动流数据、时间戳日志文件、交易数据，甚至传感器或者设备网络传入的事件流。

批量处理的方法一般包括保存数据流到一个临时的存储系统（如HDFS或数据库）和在存储的数据上运行批量处理。为了生成最新的结果，批量处理必须在最新的可用数据上周期性地运行（每天、每小时，甚至几分钟一次）。

相反，流处理方法是当数据产生时就开始处理，接近实时（从不足一秒到十几分之一秒，而非批处理的以分钟、小时、天，甚至周计）。

10.2.1　Spark Streaming介绍

处理流计算有几种通用的技术，其中最常见的两种如下：

- 单独处理每条记录，并在记录出现时立刻处理；
- 把多个记录组合为小批量任务，可以通过记录数量或者时间长度切分出来。

Spark Streaming使用第二种方法，其核心概念是离散化流，或DStream（Discretized Stream）。一个DStream是指一个小批量作业的序列，每一个小批量作业表示为一个Spark RDD，如图10-1所示：

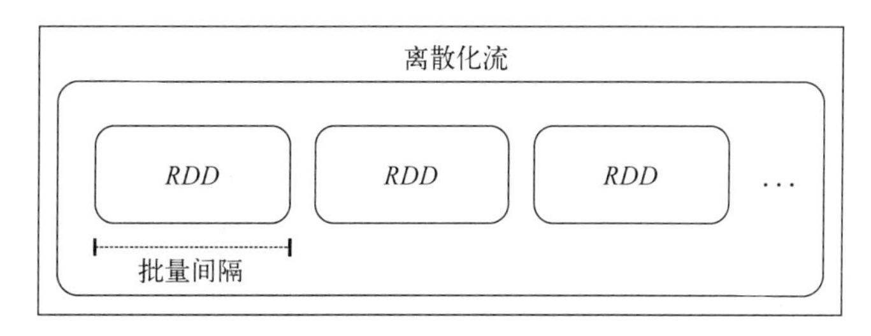

图10-1 离散化流的抽象表示

离散化流是通过输入数据源和叫作批量处理间隔的时间窗口来定义的。数据流被分成和批处理间隔相等的时间段（从应用开始执行开始）。流中每一个RDD将包含从Spark Streaming应用程序接收到的一个批处理时间段内的记录。如果在所给时间段内没有数据产生，将得到一个空的RDD。

1. 输入源

Spark Streaming接收端负责从数据源接收数据并转换成由Spark RDD组成的DStream。

Spark Streaming支持多种输入源，包括基于文件的源（接收端在输入位置等待新文件，然后从新文件中读取内容并创建DStream）和基于网络的输入源（数据来自Twitter API流、Akka actors或消息队列等基于网络套接字的数据源，或者Flume、Kafka、Amazon Kinesis等分布式流及日志传输框架）。

关于更多输入源的细节和各种更高级输入源，请参考这里：http://spark.apache.org/docs/latest/streaming-programming-guide.html#input-dstreams。

2. 转换

正如我们在第1章和其他章看到的，Spark支持对RDD进行各种转换。因为DStream是由RDD组成的，Spark Streaming提供了一个可以在DStream上使用的转换集合；这些转换集合和RDD上可用的转换类似。包括`map`、`flatMap`、`join`和`reduceByKey`。

与针对RDD的转换类似，Spark Streaming的转换操作DStream包含的数据。就是说，这些转换应用于DStream的每个RDD，进而应用于RDD的每个元素上。

Spark Streaming还提供了`reduce`和`count`这样的算子，它们返回由一个元素（如每批的数目）组成的DStream对象。并不像RDD上的操作，这些算子不会直接触发DStream计算。也就是说，它们不是动作，但仍然是转换，因为会返回另一个DStream。

(1) 跟踪状态

处理RDD的批量计算时，维护和更新一个状态变量比较直观。可以从某个状态（如值的数目或和）开始，然后使用广播变量或者累增变量来并行更新这个状态。一般来说，我们可以使用RDD的算子来收集并更新驱动端的状态，然后更新全局状态。

使用DStream时这样的操作会有点复杂，因为需要在容错的前提下跟踪批量数据的状态。Spark Streaming提供了`updateStateByKey`函数用于处理DStream中的键值对，比较方便地为我们解决了这种问题。这个方法帮助我们创建某种状态信息组成的流，并在每次遇到批量任务时更新它。这里的状态可以是每一个网页被访问的次数，每一个广告被点击的次数，每一个用户发表的推文的数量，或者每个产品被购买的次数。

(2) 普通转换

Spark Streaming的API也提供了一般转换函数来方便用户访问流中每个RDD含有的批量数据。如更高层的`map`将一个DStream转换为另一个DStream。我们可以使用RDD的`join`算子联合流中的每一批数据和已经存在的不是我们的streaming应用（可能是Spark或者其他系统）生成的RDD。

完整的转换函数列表和这些函数的更多的信息请参考这个文档：http://spark.apache.org/docs/latest/streaming-programming-guide.html#transformations-on-dstreams。

3. 执行算子

Spark Streaming在遇到`count`这样的算子时，不会做批量RDD中的执行操作。Spark Streaming自己有一套在DStream之上执行算子的概念。执行算子是输出算子，调用时会触发DStream之上的计算。比如下面几个。

- `print`：输出每批量处理的前10个元素到控制台，一般用来做调试和测试。
- `saveAsObjectFile`、`saveAsTextFiles`和`saveAsHadoopFiles`：这几个函数把每一批数据输出到Hadoop的文件系统中，用批量数据的开始时间戳来命名。
- `forEachRDD`：这个算子是最常用的，允许用户对DStream的每一个批量数据对应的RDD本身做任意操作。经常用来产生附加效果，比如保存数据到外部系统、打印测试、导出到图表等。

注意就像使用Spark批量处理一样，DStream算子是懒惰的。我们同样需要调用执行算子，像在RDD上调用count以保证处理开始，我们需要调用上面算子的中的一个来触发DStream上的计算。另外，我们的流式应用并不会真的执行任何计算。

4. 窗口算子

因为Spark Streaming基于时间顺序批量处理数据流，所以引入了一个新的概念，叫作**时间窗**。时间窗函数计算在流上的滑动窗口中的数据转换。

窗口由窗口长度和和滑动间隔定义。例如，10秒的窗口和5秒的滑动间隔可以定义一个窗口，它每5秒计算一次前10秒接收的DStream数据。例如，可以计算前10秒中按PV计算的网站排名，使用滑动窗口每5秒重算一次。

图10-2展示了这种窗口DStream：

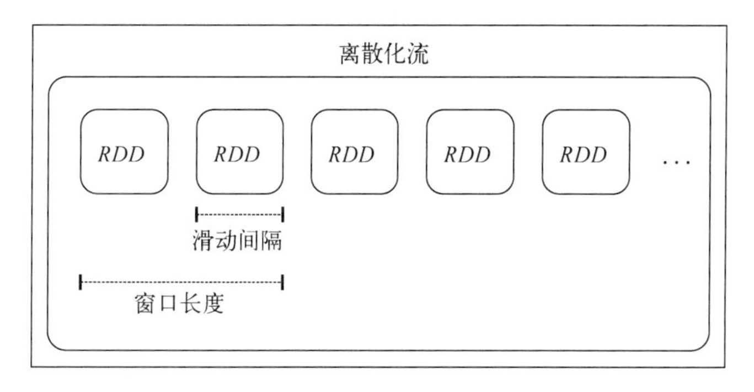

图10-2 滑动窗口DStream

10.2.2 使用Spark Streaming缓存和容错

和Spark的RDD一样，DStream也可以被缓存在内存里。缓存的使用场景也和RDD类似，如果需要多次访问DStream中的数据（执行多次不同的分析和聚合或者输出到多个外部系统），缓存会带来很大好处。状态相关的算子，包括window函数和updateStateByKey，为提高效率都会缓存。

之前讲过RDD是不可变的数据集合，并由输入数据源和类群（lineage）定义。所谓类群，就是应用到RDD上的转换算子和执行算子的集合。RDD中的容错，就是重建因为节点失败导致数据丢失的RDD（或RDD的分片）。

因为DStream本身是处理批量的RDD，可以被重算以应对阶段节点的情况。然而，这依赖于输入数据依然可用。如果数据源本身是容错的并且持久化的（HDFS或者一些其他的容错数据源），那么DStream就可以重算。

如果数据流的源头来自于网络（对流处理很常见），Spark Streaming的默认持久化方式就是复制数据到两个节点。这就保证了网络DStreams可以在失败的情况下重算。然而需要注意，任何节点接收到但是还没有复制的数据都可能在节点失败的时候丢失。

Spark Streaming也支持失败时从驱动节点恢复。但是在处理网络流入数据时，工作节点内存中的数据还是会丢失。因此，Spark Streaming在驱动节点或者程序失败时并不能支持完全容错。

更多细节请参看http://spark.apache.org/docs/latest/streaming-programming-guide.html#caching-persistence和http://spark.apache.org/docs/latest/streaming-programming-guide.html#fault-tolerance-properties。

10.3　创建 Spark Streaming 应用

我们将通过创建第一个Spark Streaming应用来演示之前介绍的Spark Streaming相关的基本概念。

接下来我们扩展第1章的样例程序。当时我们使用了一个简单的产品购买活动的样例数据集。在这个例子中，我们将创建一个简单的应用来随机产生活动并通过网络发送。然后，将创建几个Spark Streaming消费者应用来处理这个事件流。

本章的项目文件里包含所需的代码。项目名字叫scala-spark-streaming-app，包含一个Scala SBT项目定义文件、样例程序代码和\src\main\resources目录下叫names.csv的资源文件。

build.sbt文件包含以下项目定义：

```
name := "scala-spark-streaming-app"

version := "1.0"

scalaVersion := "2.10.4"

libraryDependencies += "org.apache.spark" %% "spark-mllib"
% "1.1.0"

libraryDependencies += "org.apache.spark" %% "spark-streaming"
% "1.1.0"
```

注意我们加了对Spark MLlib和Spark Streaming的依赖，其中已经包含了对Spark内核的依赖。

names.csv文件含有20个随机产生的用户名。我们将使用这些名字作为消息产生应用的数据生成函数的一部分：

```
Miguel,Eric,James,Juan,Shawn,James,Doug,Gary,Frank,Janet,Michael,
James,Malinda,Mike,Elaine,Kevin,Janet,Richard,Saul,Manuela
```

10.3.1 消息生成端

消息发送端需要创建一个网络连接，并随机生成购买活动数据并通过这个连接发送出去。首先，我们会定义对象和主函数。然后从names.csv源读入随机姓名并创建一个产品价格集合，生成随机产品活动：

```
/**
 * 随机生成“产品活动”的消息生成端
 * 每秒最多5个，然后通过网络连接发送
 */
object StreamingProducer {

  def main(args: Array[String]) {

    val random = new Random()

    // 每秒最大活动数
    val MaxEvents = 6

    // 读取可能的名称
    val namesResource =
    this.getClass.getResourceAsStream("/names.csv")
    val names = scala.io.Source.fromInputStream(namesResource)
      .getLines()
      .toList
      .head
      .split(",")
      .toSeq

    // 生成一系列可能的产品
    val products = Seq(
      "iPhone Cover" -> 9.99,
      "Headphones" -> 5.49,
      "Samsung Galaxy Cover" -> 8.95,
      "iPad Cover" -> 7.49
    )
```

通过使用名字序列并映射到产品名和价格，我们将创建一个函数从这些数据中随机选择产品和名称，生成确定数量的购买活动：

```
/** 生成随机产品活动 */
def generateProductEvents(n: Int) = {
  (1 to n).map { i =>
    val (product, price) =
    products(random.nextInt(products.size))
    val user = random.shuffle(names).head
```

```
      (user, product, price)
    }
  }
```

最后，创建一个网络套接字并设置消息生成器来监听这个套接字。一旦连接成功（从我们的消费者流应用），生成器将会以0到5秒随机的频率来生成随机的事件：

```
    // 创建网络生成器
    val listener = new ServerSocket(9999)
    println("Listening on port: 9999")

    while (true) {
      val socket = listener.accept()
      new Thread() {
        override def run = {
          println("Got client connected from: " +
          socket.getInetAddress)
          val out = new PrintWriter(socket.getOutputStream(),
          true)

          while (true) {
            Thread.sleep(1000)
            val num = random.nextInt(MaxEvents)
            val productEvents = generateProductEvents(num)
            productEvents.foreach{ event =>
              out.write(event.productIterator.mkString(","))
              out.write("\n")
            }
            out.flush()
            println(s"Created $num events...")
          }
          socket.close()
        }
      }.start()
    }
  }
}
```

这个消息生成器的例子是基于Spark Streaming中`PageViewGenerator`的例子写的。

正如第1章提到的，通过切换根目录到scala-spark-streaming-app，并且使用SBT来运行这个应用：

```
>cd scala-spark-streaming-app
>sbt
[info] ...
>
```

使用`run`命令执行这个应用：

```
>run
```

应该能看到类似下面的输出：

```
...
Multiple main classes detected, select one to run:

 [1] StreamingProducer
 [2] SimpleStreamingApp
 [3] StreamingAnalyticsApp
 [4] StreamingStateApp
 [5] StreamingModelProducer
 [6] SimpleStreamingModel
 [7] MonitoringStreamingModel

Enter number:
```

选择`StreamingProducer`选项。程序将开始运行，可以看到下面的输出：

```
[info] Running StreamingProducer
Listening on port: 9999
```

可以看到生成器正在监听9999端口，等待我们的消费者程序连接。

10.3.2 创建简单的流处理程序

下面创建第一个流处理程序。我们将简单地连接生成器并打印出每一个批次的内容。流处理代码如下：

```
/**
 * 用Scala写的一个简单的Spark Streaming应用
 */
object SimpleStreamingApp {

  def main(args: Array[String]) {

    val ssc = new StreamingContext("local[2]",
    "First Streaming App", Seconds(10))
    val stream = ssc.socketTextStream("localhost", 9999)

    // 简单地打印每一批的前几个元素
    // 批量运行
    stream.print()
    ssc.start()
    ssc.awaitTermination()

  }
}
```

看上去很简单，这主要是因为Spark Streaming已经帮我们处理了复杂的过程。首先初始化一个`StreamingContext`对象（一个和`SparkContext`类似的流处理对象），设定和之前`SparkContext`相似的配置项。注意我们需要提供批量处理的时间间隔，这里设为10秒。

然后使用定义好的流数据源`socketTextStream`创建一个数据流，从套接字服务器读取文本并创建一个`DStream[String]`对象。然后在DStream上调用`print`函数，打印出每批数据的前几个元素。

> 在DStream上调用`print`类似于在RDD上调用`take`，只输出前几个元素。

可以通过SBT运行程序。打开第二个终端窗口，让生成器程序运行，然后运行`sbt`：

```
>sbt
[info] ...
>run
....
```

然后我们应该看到几个可以选择的选项：

```
Multiple main classes detected, select one to run:

 [1] StreamingProducer
 [2] SimpleStreamingApp
 [3] StreamingAnalyticsApp
 [4] StreamingStateApp
 [5] StreamingModelProducer
 [6] SimpleStreamingModel
 [7] MonitoringStreamingModel
```

运行`SimpleStreamingApp`的主类。你应该看到流计算程序开始运行，打印出了类似下面的结果：

```
...
14/11/15 21:02:23 INFO scheduler.ReceiverTracker: ReceiverTracker
started
14/11/15 21:02:23 INFO dstream.ForEachDStream: metadataCleanupDelay =
-1
14/11/15 21:02:23 INFO dstream.SocketInputDStream:
metadataCleanupDelay = -1
14/11/15 21:02:23 INFO dstream.SocketInputDStream: Slide time = 10000
ms
14/11/15 21:02:23 INFO dstream.SocketInputDStream: Storage level =
StorageLevel(false, false, false, false, 1)
14/11/15 21:02:23 INFO dstream.SocketInputDStream: Checkpoint
interval = null
14/11/15 21:02:23 INFO dstream.SocketInputDStream: Remember duration
= 10000 ms
14/11/15 21:02:23 INFO dstream.SocketInputDStream: Initialized and
validated org.apache.spark.streaming.dstream.SocketInputDStream@ff3436d
14/11/15 21:02:23 INFO dstream.ForEachDStream: Slide time = 10000 ms
14/11/15 21:02:23 INFO dstream.ForEachDStream: Storage level =
StorageLevel(false, false, false, false, 1)
14/11/15 21:02:23 INFO dstream.ForEachDStream: Checkpoint interval =
null
```

```
14/11/15 21:02:23 INFO dstream.ForEachDStream: Remember duration =
10000 ms
14/11/15 21:02:23 INFO dstream.ForEachDStream: Initialized and
validated org.apache.spark.streaming.dstream.ForEachDStream@5a10b6e8
14/11/15 21:02:23 INFO scheduler.ReceiverTracker: Starting 1
receivers
14/11/15 21:02:23 INFO spark.SparkContext: Starting job: runJob at
ReceiverTracker.scala:275
...
```

与此同时，应该看到运行生成器的终端窗口显示下面的内容：

```
...
Got client connected from: /127.0.0.1
Created 2 events...
Created 2 events...
Created 3 events...
Created 1 events...
Created 5 events...
...
```

10秒钟之后，这也是我们批量处理流数据的时间间隔，Spark Streaming将在流上触发一次计算，因为我们使用了`print`算子。这将会展示出这批数据的前几个活动，输出如下：

```
...
14/11/15 21:02:30 INFO spark.SparkContext: Job finished: take at
DStream.scala:608, took 0.05596 s
-------------------------------------------
Time: 1416078150000 ms
-------------------------------------------
Michael,Headphones,5.49
Frank,Samsung Galaxy Cover,8.95
Eric,Headphones,5.49
Malinda,iPad Cover,7.49
James,iPhone Cover,9.99
James,Headphones,5.49
Doug,iPhone Cover,9.99
Juan,Headphones,5.49
James,iPhone Cover,9.99
Richard,iPad Cover,7.49
...
```

可能会看到不同的结果，因为生成器每秒钟生成活动的数量是随机的。

可以按Ctrl+C结束流计算程序的运行。如果愿意，也可以结束消息生成器（结束之后，需要在启动下一个流计算程序之前再次重启）。

10.3.3 流式分析

下面，我们创建一个复杂点的流计算程序。我们在第1章已经对产品购买数据集计算了几个统计量。包括总购买量、唯一用户数、总收入和最畅销的产品（及其购买总数和总收入）。

在这个例子中，我们将在购买活动流之上计算相同的指标。关键的不同在于这些统计值会按照每个批次计算并输出。

我们像下面这样编写流计算程序：

```
/**
 * 稍复杂的Streaming App应用，计算DStream中每一批的指标并打印结果
 */
object StreamingAnalyticsApp {

  def main(args: Array[String]) {
    val ssc = new StreamingContext("local[2]",
"First Streaming App", Seconds(10))
    val stream = ssc.socketTextStream("localhost", 9999)

    // 基于原始文本元素生成活动流
    val events = stream.map { record =>
      val event = record.split(",")
      (event(0), event(1), event(2))
    }
```

首先，我们创建了和之前完全相同的StreamingContext和套接字流。接下来在原始文本上应用map转换函数，文本中的每一条记录都是一个逗号分隔的购买活动。map函数分隔文本并创建一个“(用户，产品，价格)”元组。这里演示了如何在DStream上使用map，和我们在RDD上的操作相同。

之后，使用foreachRDD函数来对流上的每个RDD应用任意处理函数，计算我们需要的指标并打印结果到控制台：

```
/*
  计算并输出每一个批次的状态。因为每个批次都会生成RDD，所以在DStream上调用
  forEachRDD，应用第1章使用过的普通的RDD函数
 */
events.foreachRDD { (rdd, time) =>
  val numPurchases = rdd.count()
  val uniqueUsers = rdd.map { case (user, _, _) => user
  }.distinct().count()
  val totalRevenue = rdd.map { case (_, _, price) =>
  price.toDouble }.sum()
  val productsByPopularity = rdd
    .map { case (user, product, price) => (product, 1) }
    .reduceByKey(_ + _)
    .collect()
    .sortBy(-_._2)
  val mostPopular = productsByPopularity(0)

  val formatter = new SimpleDateFormat
  val dateStr = formatter.format(new Date(time.milliseconds))
  println(s"== Batch start time: $dateStr ==")
```

```
            println("Total purchases: " + numPurchases)
            println("Unique users: " + uniqueUsers)
            println("Total revenue: " + totalRevenue)
            println("Most popular product: %s with %d
            purchases".format(mostPopular._1, mostPopular._2))
        }

        // 开始执行Spark上下文
        ssc.start()
        ssc.awaitTermination()

    }

}
```

这里foreachRDD中RDD上的操作算子和第1章使用的完全是相同的代码。这说明了可以通过操作其中的RDD在流计算中应用任何RDD相关的处理，包括内置的高级流计算操作。

调用sbt run再次运行流计算程序并选择StreamingAnalyticsApp。

如果你之前终止了程序，需要重启消息产生器。这应该在启动流计算程序之前完成。

大约10秒钟后，应该能看到如下输出：

```
...
14/11/15 21:27:30 INFO spark.SparkContext: Job finished: collect at
Streaming.scala:125, took 0.071145 s
== Batch start time: 2014/11/15 9:27 PM ==
Total purchases: 16
Unique users: 10
Total revenue: 123.72
Most popular product: iPad Cover with 6 purchases
...
```

可以使用Ctrl+C再次终止流计算程序。

10.3.4 有状态的流计算

作为最后的例子，我们将使用updateStateByKey函数基于状态流计算营收和每个用户购买量这个全局状态，而且会使用每10秒的批量数据更新一次。我们的StreamingStateApp程序如下：

```
object StreamingStateApp {
  import org.apache.spark.streaming.StreamingContext._
```

首先定义一个updateState函数来基于运行状态值和新的当前批次数据计算新状态。状态在这种情况下是一个“(产品数量，营收)”元组，针对每个用户。给定当前时刻的当前批次和累积状态的“(产品，收入)”对的集合，计算得到新的状态。

把当前状态的值处理为Option，因为它可能是空的（第一批数据），并且需要定义一个默认值，通过下面的getOrElse来实现：

```
def updateState(prices: Seq[(String, Double)], currentTotal:
Option[(Int, Double)]) = {
  val currentRevenue = prices.map(_._2).sum
  val currentNumberPurchases = prices.size
  val state = currentTotal.getOrElse((0, 0.0))
  Some((currentNumberPurchases + state._1, currentRevenue +
  state._2))
}

  def main(args: Array[String]) {

    val ssc = new StreamingContext("local[2]", "First Streaming
    App", Seconds(10))
    // 对有状态的操作，需要设置一个检查点
    ssc.checkpoint("/tmp/sparkstreaming/")
    val stream = ssc.socketTextStream("localhost", 9999)

    // 基于原始文本元素生成活动流
    val events = stream.map { record =>
      val event = record.split(",")
      (event(0), event(1), event(2).toDouble)
    }
    val users = events.map{ case (user, product, price) => (user,
    (product, price)) }
    val revenuePerUser = users.updateStateByKey(updateState)
    revenuePerUser.print()

    // 启动上下文
    ssc.start()
    ssc.awaitTermination()

  }
}
```

在使用和之前例子中相同的字符串切分转换后，我们在DStream上调用了updateStateByKey，传入updateState函数。然后把结果打印到控制台。

使用sbt run并选择[4]StreamingStateApp来启动流计算的例子（如果有必要，也重启消息生成器程序）。

大约10秒钟后，开始看到第一个状态输出集合。再等待10秒钟看下一个输出集合，此时会看到整个被更新的状态：

```
...
-------------------------------------------
Time: 1416080440000 ms
-------------------------------------------
(Janet,(2,10.98))
(Frank,(1,5.49))
(James,(2,12.98))
(Malinda,(1,9.99))
(Elaine,(3,29.97))
(Gary,(2,12.98))
(Miguel,(3,20.47))
(Saul,(1,5.49))
(Manuela,(2,18.939999999999998))
(Eric,(2,18.939999999999998))
...
-------------------------------------------
Time: 1416080441000 ms
-------------------------------------------
(Janet,(6,34.94))
(Juan,(4,33.92))
(Frank,(2,14.44))
(James,(7,48.93000000000001))
(Malinda,(1,9.99))
(Elaine,(7,61.89))
(Gary,(4,28.46))
(Michael,(1,8.95))
(Richard,(2,16.439999999999998))
(Miguel,(5,35.95))
...
```

可以看到每个用户的购买数量和总收入按批相加了。

现在，看看是否可以应用这个例子来使用Spark Streaming的`window`函数。例如，可以对每个用户以30秒作为滑动窗口计算上一分钟相似的统计值。

10.4　使用 Spark Streaming 进行在线学习

如前所示，使用Spark Streaming与我们操作RDD的方式很接近，处理数据流也变得简单了。使用Spark的流处理元素结合MLlib的基于SGD的在线学习能力，可以创建实时的机器学习模型，当数据流到达时实时更新学习模型。

10.4.1　流回归

Spark在`StreamingLinearAlgorithm`类中提供了内建的流式机器学习模型。当前只实现了线性回归（`StreamingLinearRegressionWithSGD`），未来的版本将包含分类。

流回归模型提供两个方法。

- trainOn：这个方法接收DStream[LabeledPoint]作为参数，参数告诉模型在每一个输入的DStream上训练模型。可以被调用多次在不同的流上训练。
- predictOn：这个方法接收DStream[LabeledPoint]作为参数，参数告诉模型对输入的DStream做出预测，返回一个新的DStream[Double]，包含模型的预测结果。

流回归模型在后台使用foreachRDD和map来完成上述操作。同时，该模型也在每个批次后更新模型变量并暴露出最近训练的模型，允许我们在其他应用中使用这个模型或者把模型保存到外部。

和标准的批量回归一样，流回归模型的步长和迭代次数可以通过参数配置，使用的模型类相同。我们同样可以设置初始化模型权重向量。

第一次训练模型，可以设置初始化权重为零向量或者随机的向量，或者从一个离线训练的结果加载最近的模型。可以周期性地把模型保存到外部系统，并且使用最近的模型状态作为开始点（例如，在一个节点或者应用失败的情况下重启）。

10.4.2　一个简单的流回归程序

为了演示流回归，我们将创建一个和之前一个示例类似的例子，之前的示例使用的是模拟数据。我们将写一个生成器程序来生成随机的特征向量和目标变量，给定固定的已知权重向量并把训练例子写入网络流。

我们的消费者程序将会运行流回归模型，训练，然后测试模拟数据流。第一个示例中，消费者将简单地打印它的预测结果。

1. 创建流数据生成器

数据生成器的运行方式与活动生成器类似。记得第5章介绍过，一个线性模型是一个权值向量ω和一个特征向量x的线性组合（或者是向量的点积wTx）。我们的生成器将使用固定的已知的权重向量和随机生成的特征向量产生合成的数据。这个数据完全符合线性回归模型公式，所以预计我们的回归模型将会很容易学习到正确的权重向量。

首先，设定每秒处理活动的最大数目（如100）和特征向量中的特征数量（也是100）：

```
/**
 * 随机线性回归数据的生成器
 */
object StreamingModelProducer {
  import breeze.linalg._

  def main(args: Array[String]) {

    // 每秒处理活动的最大数目
```

```
val MaxEvents = 100
val NumFeatures = 100

val random = new Random()
```

generateRandomArray函数创建一个大小确定的数组，其中的元素通过正态分布随机生成。我们将使用这个函数初步生成已知的权重向量ω，它在生成器的整个生命周期中固定。我们还将创建一个随机的偏移值，也将被固定。权重向量和偏移值将会被用来生成流中的每一个数据：

```
/** 生成服从正态分布的稠密向量的函数*/
def generateRandomArray(n: Int) = Array.tabulate(n)(_ =>
random.nextGaussian())

// 生成一个确定的随机模型权重向量
val w = new DenseVector(generateRandomArray(NumFeatures))
val intercept = random.nextGaussian() * 10
```

我们也需要一个函数来生成确定数量的随机数据点。每一个活动包含一个随机的特征向量，和通过计算已知向量及随机特征点积并加上偏移后的值对应的目标值：

```
/** 生成一些随机数据事件 */
def generateNoisyData(n: Int) = {
  (1 to n).map { i =>
    val x = new DenseVector(generateRandomArray(NumFeatures))
    val y: Double = w.dot(x)
    val noisy = y + intercept
    (noisy, x)
  }
}
```

最后，使用和之前生成器类似的代码来初始化一个网络连接，并以文本形式每秒发送随机数量（在0到100之间）的数据点：

```
// 创建网络生成器
val listener = new ServerSocket(9999)
println("Listening on port: 9999")

while (true) {
  val socket = listener.accept()
  new Thread() {
    override def run = {
      println("Got client connected from: " +
      socket.getInetAddress)
      val out = new PrintWriter(socket.getOutputStream(),
      true)

      while (true) {
        Thread.sleep(1000)
        val num = random.nextInt(MaxEvents)
        val data = generateNoisyData(num)
        data.foreach { case (y, x) =>
          val xStr = x.data.mkString(",")
```

```
          val eventStr = s"$y\t$xStr"
          out.write(eventStr)
          out.write("\n")
        }
        out.flush()
        println(s"Created $num events...")
      }
      socket.close()
    }
  }.start()
  }
 }
}
```

你可以通过使用`sbt run`来说启动生成器，通过选择来执行`StreamingModelProducer`主方法。这将导致下面的输出，这表明生成器程序在等待我们的流回归应用的连接：

```
[info] Running StreamingModelProducer
Listening on port: 9999
```

2. 创建流回归模型

下一步，我们将创建流回归模型程序。基本的输出和设置和之前的流分析的例子相同：

```
/**
 * 一个简单的线性回归计算出每个批次的预测值
 */
object SimpleStreamingModel {

  def main(args: Array[String]) {

    val ssc = new StreamingContext("local[2]", "First Streaming App", Seconds(10))
    val stream = ssc.socketTextStream("localhost", 9999)
```

这里将建立大量的特征来匹配输入的流数据记录的特征。我们将创建一个零向量来作为流回归模型的初始权值向量。最后，我们将选择迭代次数和步长：

```
val NumFeatures = 100
    val zeroVector = DenseVector.zeros[Double](NumFeatures)
    val model = new StreamingLinearRegressionWithSGD()
      .setInitialWeights(Vectors.dense(zeroVector.data))
      .setNumIterations(1)
      .setStepSize(0.01)
```

然后，再次使用map函数把DStream中字符串表示的每个记录转换成`LabelPoint`实例，包含目标值和特征向量：

```
// 创建一个标签点的流
val labeledStream = stream.map { event =>
  val split = event.split("\t")
  val y = split(0).toDouble
  val features = split(1).split(",").map(_.toDouble)
```

```
    LabeledPoint(label = y, features = Vectors.dense(features))
  }
```

最后一步是通知模型在转换后的DStream上做训练，以及测试并输出DStream每一批数据前几个元素的预测值：

```
    // 在流上训练测试模型，并打印预测结果作为展示
    model.trainOn(labeledStream)
    model.predictOn(labeledStream).print()

    ssc.start()
    ssc.awaitTermination()

  }
}
```

因为使用了与批处理中MLlib一样的模型类处理流，我们可以选择是否在每一个批次的训练数据（就是多个LabeledPoint实例构成的RDD）上执行多次迭代。

这里，我们将设置迭代次数为1来单纯模拟在线学习。实践中，你可以设置更多的迭代次数，但每个批次的训练时间将因此增加。如果每个批次的训练时间大大高于训练间隔，流模型将会滞后于数据流的速度。

可以通过降低迭代次数、增加批量处理间隔，或者增加Spark工作节点以增加流计算程序的并行度来解决这个问题。

现在，准备在第二个终端窗口中使用sbt run运行SimpleStreamingModel，正如运行生成器一样（记住使用SBT来执行正确的主方法）。一旦流处理程序开始运行，就应该在生成器控制台看到下面的输出：

```
Got client connected from: /127.0.0.1
...
Created 10 events...
Created 83 events...
Created 75 events...
...
```

大约10秒钟后，应该开始看到模型预测结果开始出现在流应用程序控制台：

```
14/11/16 14:54:00 INFO StreamingLinearRegressionWithSGD: Model
updated at time 1416142440000 ms
14/11/16 14:54:00 INFO StreamingLinearRegressionWithSGD: Current
model: weights, [0.05160959387864821,0.05122747155689144,-
0.17224086785756998,0.05822993392274008,0.07848094246845688,-
0.1298315806501979,0.006059323642394124, ...
...
14/11/16 14:54:00 INFO JobScheduler: Finished job streaming job
1416142440000 ms.0 from job set of time 1416142440000 ms
14/11/16 14:54:00 INFO JobScheduler: Starting job streaming job
```

```
1416142440000 ms.1 from job set of time 1416142440000 ms
14/11/16 14:54:00 INFO SparkContext: Starting job: take at
DStream.scala:608
14/11/16 14:54:00 INFO DAGScheduler: Got job 3 (take at
DStream.scala:608) with 1 output partitions (allowLocal=true)
14/11/16 14:54:00 INFO DAGScheduler: Final stage: Stage 3(take at
DStream.scala:608)
14/11/16 14:54:00 INFO DAGScheduler: Parents of final stage: List()
14/11/16 14:54:00 INFO DAGScheduler: Missing parents: List()
14/11/16 14:54:00 INFO DAGScheduler: Computing the requested
partition locally
14/11/16 14:54:00 INFO SparkContext: Job finished: take at
DStream.scala:608, took 0.014064 s
-------------------------------------------
Time: 1416142440000 ms
-------------------------------------------
-2.0851430248312526
4.609405228401022
2.817934589675725
3.3526557917118813
4.624236379848475
-2.3509098272485156
-0.7228551577759544
2.914231548990703
0.896926579927631
1.1968162940541283
...
```

恭喜！你已经创建了你第一个流式在线学习模型！

你可以在每个终端窗口按Ctrl + C关掉流应用（或者是否关掉生成器）。

10.4.3　流*K*-均值

MLlib还包含一个流处理版本的*K*-均值聚类，名为`StreamingKMeans`。这是一个小批量*K*-均值算法扩展后的模型。每一批数据到达后，模型都会随着之前批次计算得到的聚类中心和当前批次计算得到的聚类中心来更新模型。

`StreamingKMeans`支持一个遗忘度参数`alpha`（使用`SetDecayFactor`方法来设置），它控制模型对新数据赋权值的激进程度。一个为0的`alpha`意味着模型仅会使用新数据，而当`alpha`为1时，意味着要使用从应用开始后的所有数据。

这里我们不会介绍更多关于流式*K*-均值内容（Spark文档http://spark.apache.org/docs/latest/mllib-clustering.html#streamingclustering包含了更多细节和例子）。除了可以尝试使用之前的流回归数据生成器为`StreamingKMeans`模型生成输入数据，还可以采用流回归应用来使用`StreamingKMeans`。

可以先选择一个分类数目*K*来创建聚类数据生成器，然后通过下面的步骤生成数据点。

- 随机选择一个聚类下标。
- 对每个聚类使用特定的正态分布参数生成随机向量。也就是说K个聚类的每个类将会有一个均值和方差参数，使用与之前generateRandomArray函数类似的方法生成随机的向量。

这样，属于相同聚类的点都服从相同的分布，所以我们的流式聚类模型一段时间后应该能得到正确的聚类中心。

10.5 在线模型评估

机器学习和Spark Streaming组合起来有很多潜在的应用场景。包括保证模型和模型集合在新的训练数据上同步更新，因而使模型能很快适应上下文场景的改变。

另一个有用的实例就是以在线方式跟踪和比较多个模型的性能，甚至可能实时执行模型选择，从而总是用性能最好的模型来生成在线数据的预测结果。

还可以用来对模型做实时“A/B测试”，或者和前沿的在线选择和学习技术组合，例如贝叶斯更新方法和Bandit算法。也可以用来在线模拟模型的性能，如果因为某些原因性能降低也可以及时响应和调整。

本节简单地扩展一下流回归的例子。在这个例子中，随着越来越多的数据进入输入流，我们将比较两个不同参数模型的进化错误率。

使用Spark Streaming比较模型性能

正如我们以前在生成器应用中使用权重向量和偏移值来生成训练数据，我们希望最后模型能学到这些权重向量（这个例子中我们不会加入随机噪音）。

因此，随着处理的数据越来越多，模型错误率会越来越低。我们也能使用标准的回归错误指标来比较多个模型的性能。

在这个例子中，我们将使用不同的学习率来创建两个模型，并在相同的数据流上训练。我们将对每个模型做预测，并对每个批次计算均方误差（MSE）和根均方误差（RMSE）指标。

新的监控流模型代码如下：

```
/**
 * 一个流式回归模型用来比较这两个模型的性能，输出每个批次计算后的性能统计
 */
object MonitoringStreamingModel {
  import org.apache.spark.SparkContext._
```

```
  def main(args: Array[String]) {

    val ssc = new StreamingContext("local[2]", "First Streaming
    App", Seconds(10))
    val stream = ssc.socketTextStream("localhost", 9999)

    val NumFeatures = 100
    val zeroVector = DenseVector.zeros[Double](NumFeatures)
    val model1 = new StreamingLinearRegressionWithSGD()
      .setInitialWeights(Vectors.dense(zeroVector.data))
      .setNumIterations(1)
      .setStepSize(0.01)

    val model2 = new StreamingLinearRegressionWithSGD()
      .setInitialWeights(Vectors.dense(zeroVector.data))
      .setNumIterations(1)
      .setStepSize(1.0)
// 创建一个标签点的流
    val labeledStream = stream.map { event =>
      val split = event.split("\t")
      val y = split(0).toDouble
      val features = split(1).split(",").map(_.toDouble)
      LabeledPoint(label = y, features = Vectors.dense(features))
    }
```

注意大部分前面的安装代码和我们的简单流模型例子一样。不同的是，我们创建了两个StreamingLinearRegressionWithSGD的实例：一个学习率是0.01，另一个学习率是1.0。

然后，我们将在输入流上训练每一个模型，并使用Spark Streaming的transform函数，为此创建一个新的包含每个模型错误率的DStream：

```
// 在同一个流上训练这两个模型
model1.trainOn(labeledStream)
model2.trainOn(labeledStream)
// 使用转换算子创建包含模型错误率的流
val predsAndTrue = labeledStream.transform { rdd =>
  val latest1 = model1.latestModel()
  val latest2 = model2.latestModel()
  rdd.map { point =>
    val pred1 = latest1.predict(point.features)
    val pred2 = latest2.predict(point.features)
    (pred1 - point.label, pred2 - point.label)
  }
}
```

最后，对每个模型使用foreachRDD来计算MSE和RMSE指标，并将结果输出到控制台：

```
    // 对于每个模型每个批次，输出MSE和RMSE统计值
    predsAndTrue.foreachRDD { (rdd, time) =>
      val mse1 = rdd.map { case (err1, err2) => err1 * err1
      }.mean()
      val rmse1 = math.sqrt(mse1)
```

```
      val mse2 = rdd.map { case (err1, err2) => err2 * err2
      }.mean()
      val rmse2 = math.sqrt(mse2)
      println(
        s"""
          |----------------------------------------
          |Time: $time
          |----------------------------------------
        """.stripMargin)
      println(s"MSE current batch: Model 1: $mse1; Model 2:
      $mse2")
      println(s"RMSE current batch: Model 1: $rmse1; Model 2:
      $rmse2")
      println("...\n")
    }

    ssc.start()
    ssc.awaitTermination()

  }
}
```

如果你之前关掉了产生器，执行sbt run并选择StreamingModelProducer重新启动。生成器再次运行后，在第二个终端窗口执行sbt run并且选择主类为MonitoringStreaming-Model。

你将看到流处理程序启动，约10秒后第一批数据处理完毕，输出类似下面这样：

```
...
14/11/16 14:56:11 INFO SparkContext: Job finished: mean at
StreamingModel.scala:159, took 0.09122 s

-------------------------------------------
Time: 1416142570000 ms
-------------------------------------------

MSE current batch: Model 1: 97.9475827857361; Model 2:
97.9475827857361
RMSE current batch: Model 1: 9.896847113385965; Model 2:
9.896847113385965
...
```

同样从初始化权值向量开始，我们看到它们对第一批数据做了完全相同的预测，即有相同的错误率。

如果让程序运行几分钟，最后应该看到其中一个模型开始收敛，错误率越来越低，而另一个模型因为过高的学习率同相对较差。

```
...
14/11/16 14:57:30 INFO SparkContext: Job finished: mean at
StreamingModel.scala:159, took 0.069175 s
```

```
-------------------------------------------
Time: 1416142650000 ms
-------------------------------------------

MSE current batch: Model 1: 75.54543031658632; Model 2:
10318.213926882852
RMSE current batch: Model 1: 8.691687426304878; Model 2:
101.57860959317593
...
```

如果让程序运行更长时间，应该看到第一个模型的错误率会变得很小：

```
...
14/11/16 17:27:00 INFO SparkContext: Job finished: mean at
StreamingModel.scala:159, took 0.037856 s

-------------------------------------------
Time: 1416151620000 ms
-------------------------------------------

MSE current batch: Model 1: 6.551475362521364; Model 2:
1.057088005456417E26
RMSE current batch: Model 1: 2.559584998104451; Model 2:
1.0281478519436867E13
...
```

因为数据随机生成，你看到的结果可能不一样，但总体趋势应该一致：第一批时，模型有相同的错误率，然后第一个模型开始产生较小的错误率。

10.6 小结

在这一章中，我们讨论了在线机器学习和流数据分析的知识点。首先介绍了Spark Streaming库和API，使用和RDD相似的函数来进行连续的数据流处理，实现了流分析应用的一个例子并演示了它的功能。

最后，我们在流式应用中使用了MLlib的流回归模型，在输入特征向量流上计算和比较了模型的性能。

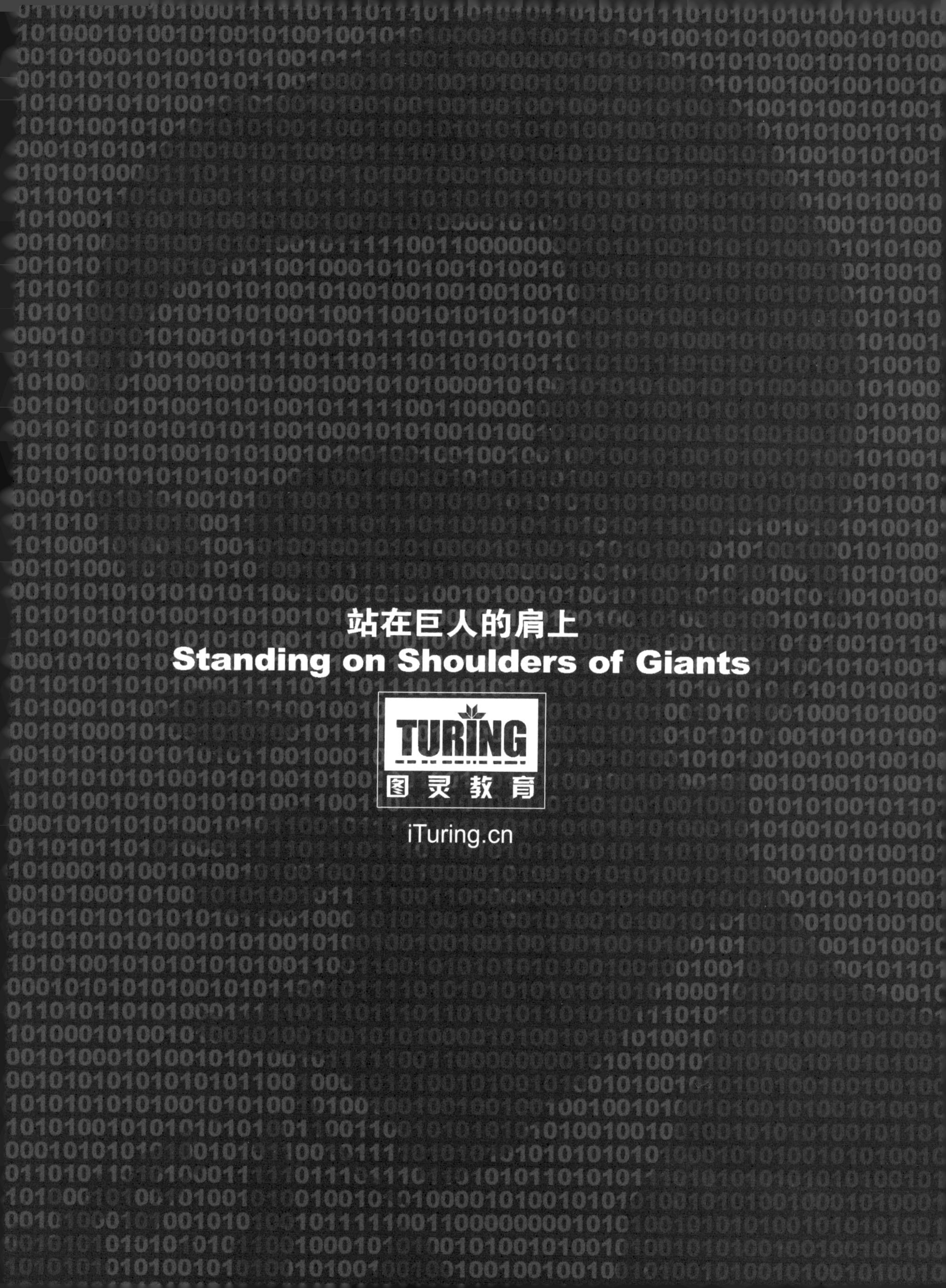

站在巨人的肩上
Standing on Shoulders of Giants
TURING
图灵教育
iTuring.cn

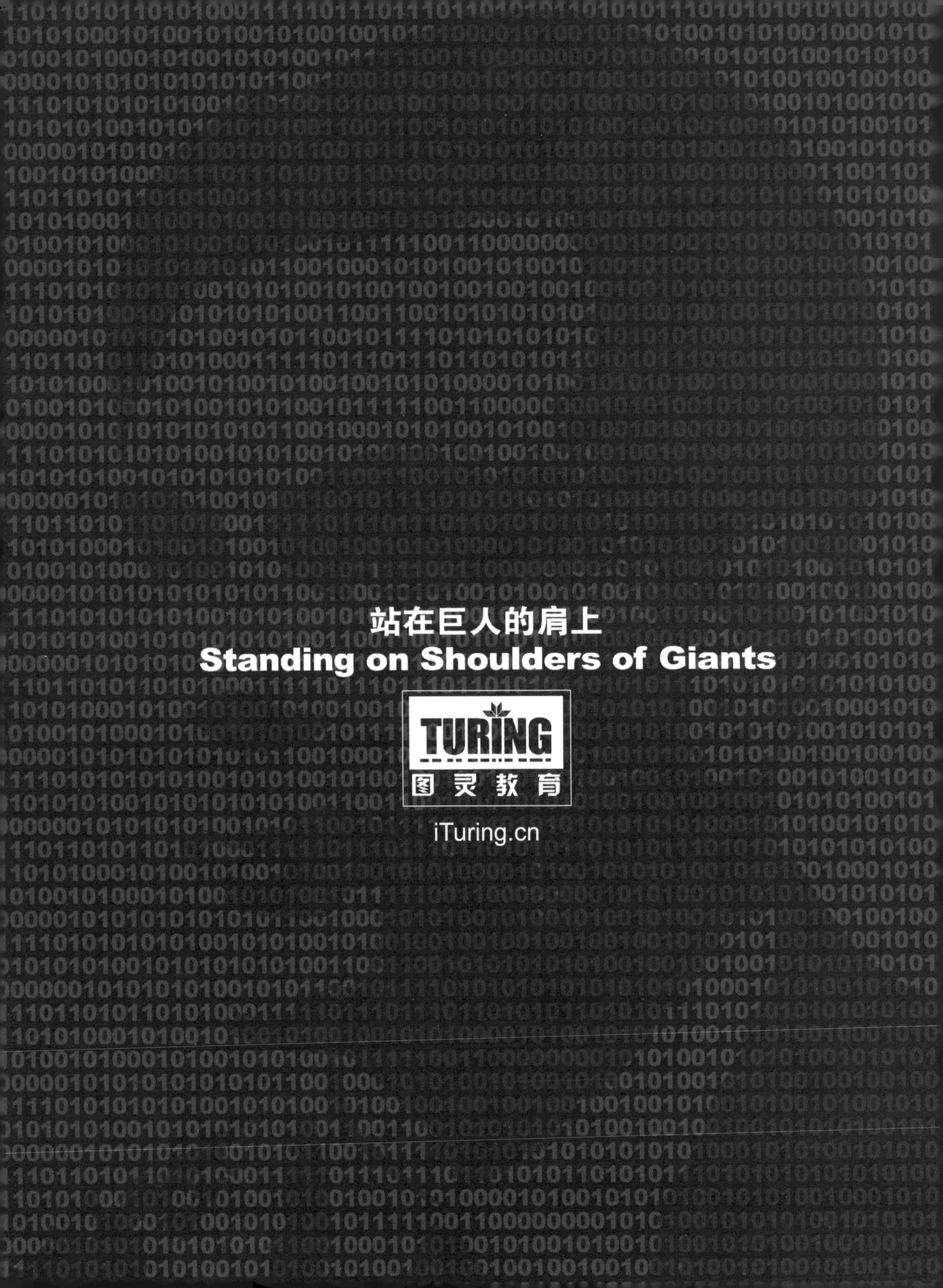
站在巨人的肩上
Standing on Shoulders of Giants
TURING
图灵教育
iTuring.cn